刘卫东 编著

信号与系统分析基础

清華大學出版社
北京

内 容 简 介

本书是学习信号与系统课程的入门教材，重点介绍了基本信号变换的原理、物理意义、相互差别和联系，便于初学者理解.全书包含11章：信号与系统的基本概念，线性时不变连续时间系统的时域分析，线性时不变离散时间系统的时域分析，连续周期信号的傅里叶级数，连续信号的傅里叶变换，拉普拉斯变换，离散周期信号的傅里叶级数，离散非周期信号的离散时间傅里叶变换，Z变换，离散傅里叶变换和快速傅里叶变换，模拟和数字滤波器.

本书可作为高等院校本科生和研究生信号与系统课程的教材和教学参考书.

图书在版编目(CIP)数据

信号与系统分析基础/刘卫东编著.—北京：清华大学出版社，2008.2（2024.1重印）
ISBN 978-7-302-16977-2

Ⅰ.信… Ⅱ.刘… Ⅲ.①信号分析 ②信号系统－系统分析 Ⅳ.TN911.6

中国版本图书馆CIP数据核字(2008)第016839号

责任编辑：石 磊 王海燕
责任校对：赵丽敏
责任印制：曹婉颖

出版发行：清华大学出版社
网 址：https://www.tup.com.cn，https://www.wqxuetang.com
地 址：北京清华大学学研大厦A座 **邮 编**：100084
社 总 机：010-83470000 **邮 购**：010-62786544
投稿与读者服务：010-62776969，c-service@tup.tsinghua.edu.cn
质量反馈：010-62772015，zhiliang@tup.tsinghua.edu.cn
印 装 者：涿州市般润文化传播有限公司
经 销：全国新华书店
开 本：185mm×230mm **印 张**：13 **字 数**：264千字
版 次：2008年2月第1版 **印 次**：2024年1月第8次印刷
定 价：39.00元

产品编号：028084-04

前　　言

回想我自己刚开始学习信号与系统课程时的情形，学习了一个变换又一个变换，但对一些变换的物理意义、它们之间的差别和联系、为什么是这样的计算式等，难以全面深入理解，通过了较长一段时间的反复学习和琢磨后才理出头绪. 例如，刚学习完这门课程时，仍旧说不清楚离散时间傅里叶变换(DTFT)和离散傅里叶变换(DFT)概念之间的差别.

我现在从事本科生"信号与系统"课程的教学. 当初我在学习中遇到的问题，现在的初学者也同样地遇到. 因此，我在教学中注重了各种信号变换的原理、物理意义和相互关系的介绍，突出描述了离散信号变换和连续信号变换的对应关系. 在此把这几年教学的成果总结为此教材，期望能给初学者以帮助.

本书是信号与系统学习的入门教材，包含信号与系统分析的最基础的内容，适合安排48或64学时.

本书编写过程中参考了郑君里、应启珩、杨为理三位老师合著的《信号与系统》(高等教育出版社，2000年5月第二版)和姜建国、曹建中、高玉明三位老师合著的《信号与系统分析基础》(清华大学出版社，1994年2月第一版). 姜建国老师帮助审阅了本书的第1章至第6章. 对于以上所得到的各种帮助，在此致以衷心的感谢.

由于编者水平有限，书中一定有错误之处，恳请读者指正.

清华大学电机工程与应用电子技术系
刘卫东
2008年1月

目　录

第1章　信号与系统的基本概念

1.1　引言

系统是一个广泛使用的概念,指由多个元件组成的相互作用、相互依存的整体.我们学习过"电路分析原理"的课程,电路是典型的系统,由电阻、电容、电感和电源等元件组成.我们还熟悉汽车在路面运动的过程,汽车、路面、空气组成一个力学系统.更为复杂一些的系统如电力系统,它包括若干发电厂、变电站、输电网和电力用户等,大的电网可以跨越千公里.

我们在观察、分析和描述一个系统时,总要借助于对系统中一些元件状态的观测和分析.例如,在分析一个电路时,会计算或测量电路中一些位置的电压和电流随时间的变化;在分析一个汽车的运动时,会计算或观测驱动力、阻力、位置、速度和加速度等状态变量随时间的变化.系统状态变量随时间变化的关系称为信号,包含了系统变化的信息.

很多实际系统的状态变量是非电的,我们经常使用各种各样的传感器,把非电的状态变量转换为电的变量,得到便于测量的电信号.

隐去不同信号所代表的具体物理意义,信号就可以抽象为函数,即变量随时间变化的关系.信号用函数表示,可以是数学表达式,或是波形,或是数据列表.在本课程中,信号和函数的表述经常不加区分.

信号和系统分析的最基本的任务是获得信号的特点和系统的特性.系统的分析和描述借助于建立系统输入信号和输出信号之间关系,因此信号分析和系统分析是密切相关的.

系统的特性千变万化,其中最重要的区别是线性和非线性、时不变和时变.这些区别导致分析方法的重要差别.本课程的内容限于线性时不变系统.

我们最熟悉的信号和系统分析方法是时域分析,即分析信号随时间变化的时域波形.例如,对于一个电压测量系统,要判断测量的准确度,可以直接分析比较被测的电压波形(系统输入信号)和测量得到的波形(系统输出信号),观察它们之间的相似程度.为了充分地和规范地描述测量系统的特性,经常给系统输入一个阶跃电压信号,得到系统的阶跃响应,图1-1所示是典型的波形,通过阶跃响应的电压上升时间(电压从10%上升至90%的时间)和过冲(百分比)等特征量,表述测量系统的特性,上升时间和过冲越小,系统特性越好. 其中电压上升时间反映了系统的响应速度,小的上升时间对应快的响应速度. 如果被测电压快速变化,而测量系统的响应特性相对较慢,则必然产生较大的测量误差.

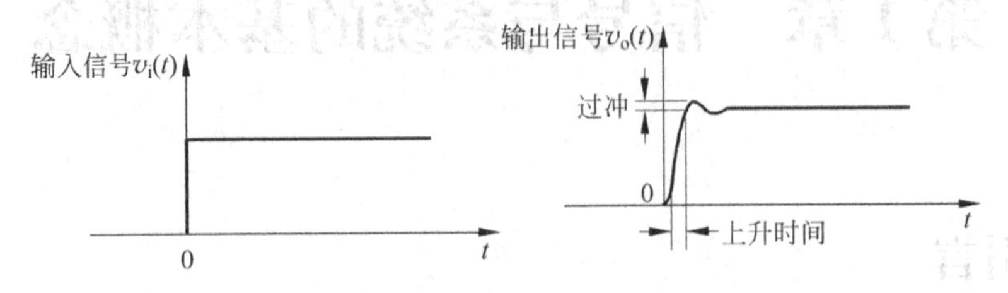

图 1-1　典型电压测量系统的输入和输出波形

信号与系统分析的另一种方法是频域分析. 信号频域分析的基本原理是把信号分解为不同频率三角信号的叠加,观察信号所包含的各频率分量的幅值和相位,得到信号的频谱特性. 图 1-2 所示是从时域和频域观察一个周期矩形波信号的示意图,由此可以看到信号频域和时域的关系. 系统的频域分析是观察系统对不同频率激励信号的响应,得到系统的频率响应特性. 频域分析的重要优点包括: (1)对信号变化的快慢和系统的响应速度给出定量的描述. 例如,当我们要用一个示波器观察一个信号时,需要了解信号的频谱特性和示波器的模拟带宽,当示波器的模拟带宽能够覆盖被测信号的频率范围时,可以保证测量的准确. (2)为线性系统分析提供了一种简化的方法,在时域分析中需要进行的微分或积分运算,在频域分析中简化成了代数运算.

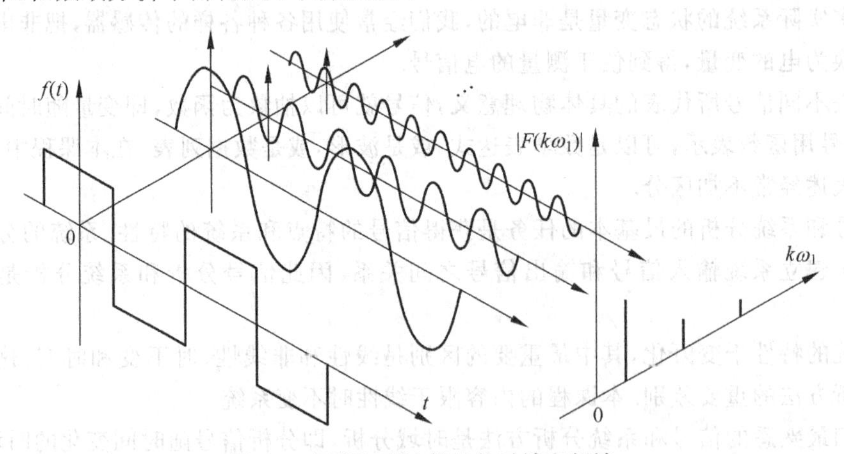

图 1-2　周期矩形波信号的时域和频域

信号和系统分析还有复频域分析的方法,对于连续信号和系统,采用拉普拉斯变换,称为 s 域分析; 对于离散信号和系统,采用 Z 变换,称为 z 域分析. 基于复频域分析,能够得到信号和系统响应的特征参数,即频率和衰减,分析系统的频率响应特性和系统稳定性等; 复频域分析也能简化系统分析,将在时域分析中需要进行的微分或积分运算简化为复频域中的代数运算.

本课程将学习信号和系统分析的基本方法和原理,包括时域分析、频域分析和复频域分析.随着计算机技术和数字信号处理技术的发展和应用,离散信号和离散系统的分析方法具有非常广泛的实际应用.本课程在深入学习连续信号和系统的分析方法的基础上,进一步学习离散信号和系统的分析方法.信号和系统分析的重要工具是信号变换,本课程依据信号变换方法的内在联系,将依次介绍连续周期信号傅里叶级数(FS)、连续信号傅里叶变换(FT)、拉普拉斯变换、离散周期信号傅里叶级数(DFS)、离散时间傅里叶变换(DTFT)、Z 变换,以及用于计算机计算的离散傅里叶变换(DFT)和快速傅里叶变换(FFT).

1.2　信号的分类

1.2.1　连续时间信号和离散时间信号

连续时间信号简称为连续信号,在所讨论的信号时间区间内,除了若干不连续点之外,任意时间都有确定的信号取值.连续信号的符号表示为 $f(t)$,t 为时间,连续取值.当需要区分连续信号和离散信号时,以下标 a 表示连续信号,表示为 $f_a(t)$.图 1-3 是一个连续信号的示意图.

连续信号可分为非奇异信号和奇异信号.当信号和信号的各阶导数在整个时间区间都是连续时,称为非奇异信号;当信号或信号的某阶导数存在不连续点(跳变点)时,称为奇异信号.注意,如果一个信号本身是连续的,但若干次求导以后的导函数存在不连续点,则是奇异信号.一个非奇异信号和一个奇异信号相加或相乘,其结果通常仍为一个奇异信号.

离散时间信号简称为离散信号,在所讨论的信号时间区间内,信号只在一些离散时间点取值,其他时间无定义.离散信号的符号表示为 $f_d(n)$,n 为离散点序数,取整数值.这里用下标 d 表示离散信号,以区别于连续信号.图 1-4 是一个离散信号的示意图.注意,在离散点之间,信号无定义,不要理解为信号取零值.

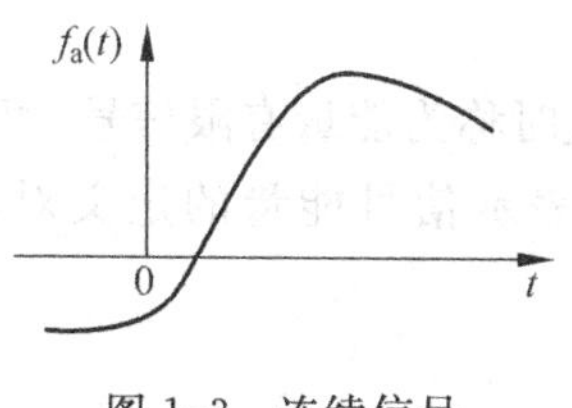

图 1-3　连续信号

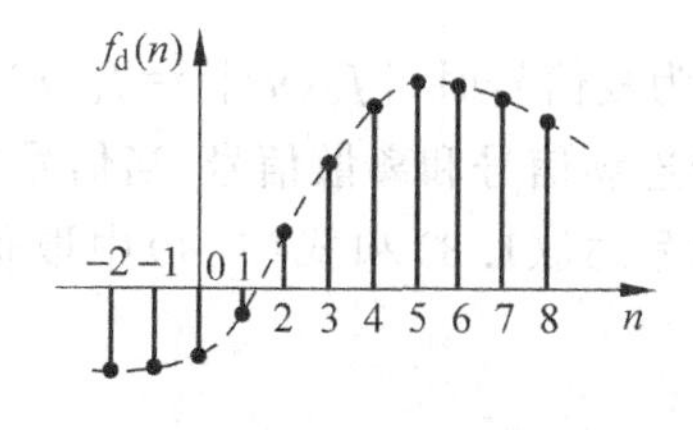

图 1-4　离散信号

离散信号通常来自于对连续信号的抽样，并且经常是等间隔抽样.相邻两个抽样点之间的时间间隔称为抽样周期或抽样间隔，用 T_s 表示；单位时间的抽样点数称为抽样率，用 f_s 表示，有 $f_s=1/T_s$.信号抽样满足关系 $f_d(n)=f_a(nT_s)$.在离散信号分析中，经常隐去时间的概念，因此也称为离散序列.

实际中还经常用到模拟信号和数字信号的概念.所谓模拟信号，信号的时间和幅值都连续取值.本课程中不区分模拟信号和连续信号.所谓数字信号，信号的时间和幅值都离散取值.实际中的信号抽样，由于模数转换器(A/D转换器)的位数限制，抽样得到的离散点的信号幅值都是离散的，所以是数字信号.

1.2.2 周期信号和非周期信号

周期信号是以一定时间间隔周期重复的信号，无始无终.

连续周期信号满足关系

$$f_a(t)=f_a(t+T), \tag{1.1}$$

其中 T 称为连续周期信号的周期.

离散周期信号满足关系

$$f_d(n)=f_d(n+N), \tag{1.2}$$

N 取正整数，称为离散周期信号的周期.

1.2.3 能量有限信号和能量无限信号

一个连续信号 $f_a(t)$ 的能量定义为

$$E_a=\int_{-\infty}^{\infty}|f_a(t)|^2\mathrm{d}t, \tag{1.3}$$

当 $f_a(t)$ 为复信号时，$|f_a(t)|^2=f_a(t)f_a^*(t)$.信号 $f_a(t)$ 的能量可理解为：假设 $f_a(t)$ 是一个电压信号或电流信号，它作用在一个 1Ω 电阻上时所消耗的能量为信号能量.

一个离散信号 $f_d(n)$ 的能量定义为

$$E_d=\sum_{n=-\infty}^{\infty}|f_d(n)|^2, \tag{1.4}$$

当 $f_d(n)$ 为复信号时，$|f_d(n)|^2=f_d(n)f_d^*(n)$.

对于连续信号和离散信号，当信号的能量为有限值时称为能量有限信号，否则称为能量无限信号.式(1.3)和式(1.4)中取信号的绝对值，表示信号能量的定义对复信号也成立.

1.3　典型信号

1.3.1　典型连续非奇异信号

1. 三角信号

三角信号有正弦和余弦两种表示形式，为方便起见，本教材选择余弦函数的表示方式. 三角信号的一般表达式为

$$f(t)=M\cos(\omega t+\phi),\tag{1.5}$$

式中 M 为信号幅值，ω 为角频率，ϕ 为初始相位. 以后在提到三角信号的初始相位时，均指余弦表示方式下的初始相位. 三角信号的角频率 ω、频率 f 和周期 T 满足关系：$T=1/f=2\pi/\omega$. 当三角信号的角频率 $\omega=0$ 时为直流信号，直流信号是三角信号的一个特例. 图 1-5 是一个三角信号的典型波形.

2. 指数信号

指数信号的表达式为

$$f(t)=A\mathrm{e}^{at},\tag{1.6}$$

式中 A 和 a 均为实数，A 为 $t=0$ 时的信号幅值，a 为衰减系数，当 $a>0$ 时，$|f(t)|$ 随时间增大而增加；当 $a<0$ 时，$|f(t)|$ 随时间增大而减小. 图 1-6 是指数信号的典型波形.

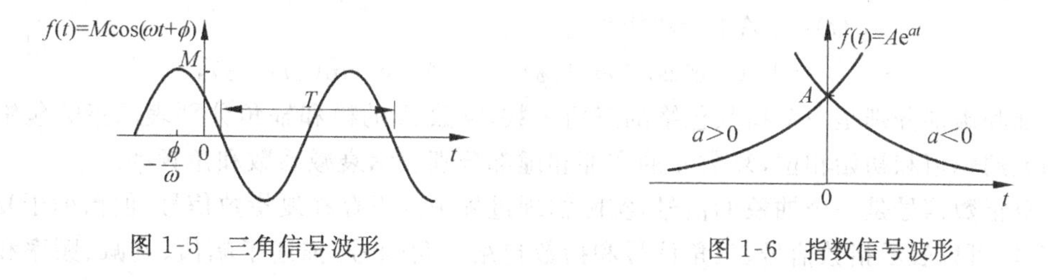

图 1-5　三角信号波形　　图 1-6　指数信号波形

3. 复指数信号

复指数信号的表达式为

$$f(t)=A\mathrm{e}^{at},\tag{1.7}$$

式中 A 和 a 既可为实数也可为复数，有以下几种情况.

(1) 当 A 和 a 都为实数时，$f(t)$ 就是一个指数信号. 指数信号是复指数信号的一个特例.

(2) 当 A 为实数,a 为复数时,设

$$a=\sigma+\mathrm{j}\omega, \tag{1.8}$$

有

$$f(t)=A\mathrm{e}^{(\sigma+\mathrm{j}\omega)t}, \tag{1.9}$$

根据欧拉公式

$$\begin{cases}\mathrm{e}^{\mathrm{j}\omega t}=\cos\omega t+\mathrm{j}\sin\omega t,\\ \mathrm{e}^{-\mathrm{j}\omega t}=\cos\omega t-\mathrm{j}\sin\omega t,\end{cases} \tag{1.10a}$$

$$\begin{cases}\cos\omega t=\dfrac{1}{2}(\mathrm{e}^{\mathrm{j}\omega t}+\mathrm{e}^{-\mathrm{j}\omega t}),\\ \sin\omega t=\dfrac{1}{2\mathrm{j}}(\mathrm{e}^{\mathrm{j}\omega t}-\mathrm{e}^{-\mathrm{j}\omega t}),\end{cases} \tag{1.10b}$$

于是有

$$f(t)=A\mathrm{e}^{\sigma t}\cos\omega t+\mathrm{j}A\mathrm{e}^{\sigma t}\sin\omega t, \tag{1.11}$$

此时 $f(t)$ 的实部和虚部都是一个指数包络的三角函数,复数 a 的实部和虚部分别表示衰减系数和角频率. 当 $\sigma=0$ 时,有

$$f(t)=A\cos\omega t+\mathrm{j}A\sin\omega t, \tag{1.12}$$

它的实部和虚部都是无衰减的三角函数.

(3) 如果 A 和 a 都为复数,设

$$\begin{cases}A=R+\mathrm{j}I=|A|\mathrm{e}^{\mathrm{j}\phi},\\ a=\sigma+\mathrm{j}\omega,\end{cases} \tag{1.13}$$

则有

$$\begin{aligned}f(t)&=|A|\mathrm{e}^{\mathrm{j}\phi}\mathrm{e}^{(\sigma+\mathrm{j}\omega)t}\\&=|A|\mathrm{e}^{\sigma t}\cos(\omega t+\phi)+\mathrm{j}|A|\mathrm{e}^{\sigma t}\sin(\omega t+\phi),\end{aligned} \tag{1.14}$$

其实部和虚部分别是一个指数包络的三角函数,复数 A 的模和辐角分别表示指数包络三角函数的幅值和初始相位,复数 a 的实部和虚部分别表示衰减系数和角频率.

复指数信号是一个抽象的信号,实际物理过程中并不存在复指数信号,但借助于复指数信号,可以表示指数信号、三角信号和指数包络三角信号,描述了幅值、衰减、频率和相位等特征量.

4. 三角信号的复指数表示

一个三角信号可以用一对共轭复指数信号表示,根据欧拉公式,它们满足关系

$$\begin{aligned}f(t)&=M\cos(\omega t+\phi)=\frac{M}{2}[\mathrm{e}^{\mathrm{j}(\omega t+\phi)}+\mathrm{e}^{-\mathrm{j}(\omega t+\phi)}]\\&=\frac{M}{2}\mathrm{e}^{\mathrm{j}\phi}\mathrm{e}^{\mathrm{j}\omega t}+\frac{M}{2}\mathrm{e}^{-\mathrm{j}\phi}\mathrm{e}^{-\mathrm{j}\omega t}=A_1\mathrm{e}^{\mathrm{j}\omega t}+A_2\mathrm{e}^{-\mathrm{j}\omega t}.\end{aligned} \tag{1.15}$$

图 1-7 显示了在复平面上一对共轭复指数信号叠加为一个实三角信号的关系. 在复平面上,共轭复函数 $e^{j\omega t}$ 和 $e^{-j\omega t}$ 是一对旋转的单位向量,向量始端在原点,长度为 1,分别以 ω 和 $-\omega$ 的角速度旋转. 在 $t=0$ 时,两个旋转向量的起始位置在正实轴,即初始相位均为零; 在任意时间 t,两个单位旋转向量与实轴的夹角分别为 ωt 和 $-\omega t$. 两个向量在实轴上的投影都是 $\cos\omega t$,在虚轴上的投影分别为 $j\sin\omega t$ 和 $-j\sin\omega t$. $e^{j\omega t}$ 和 $e^{-j\omega t}$ 始终关于实轴对称,两个向量叠加得到向量 $2\cos\omega t$,始终在实轴上变化,是一个实函数,最大幅值为 2.

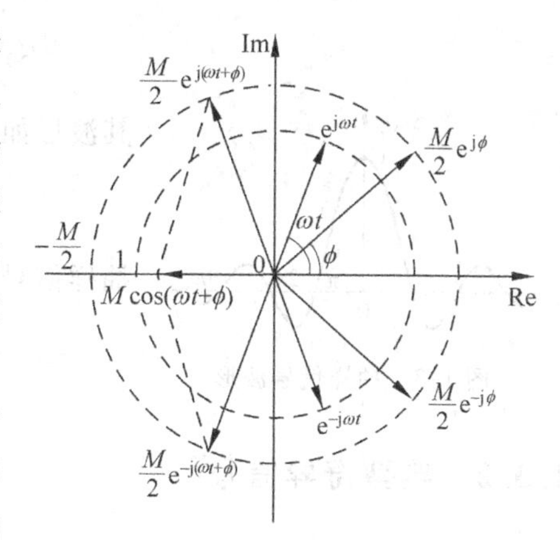

图 1-7　三角信号和复指数信号的关系

式(1.15)中的共轭复数 $A_1=Me^{j\phi}/2$ 和 $A_2=Me^{-j\phi}/2$ 是复平面上两个关于实轴对称的固定向量,向量始端在原点,长度为 $M/2$,辐角分别为 ϕ 和 $-\phi$.

复数 A_1 和 A_2 与复函数 $e^{j\omega t}$ 和 $e^{-j\omega t}$ 分别相乘,得 $\frac{M}{2}e^{j\phi}e^{j\omega t}$ 和 $\frac{M}{2}e^{-j\phi}e^{-j\omega t}$,它们也是复平面上一对旋转的共轭向量,始端在原点,长度为 $\frac{M}{2}$,分别以角速度 ω 和 $-\omega$ 旋转,初始相位分别为 ϕ 和 $-\phi$. 在任意时间 t,两个向量与实轴的夹角分别为 $\omega t+\phi$ 和 $-(\omega t+\phi)$. 这两个向量在实轴上的投影均为 $\frac{M}{2}\cos(\omega t+\phi)$,在虚轴上的投影分别为 $\frac{jM}{2}\sin(\omega t+\phi)$ 和 $-\frac{jM}{2}\sin(\omega t+\phi)$. 两个向量始终关于实轴对称,叠加得向量 $M\cos(\omega t+\phi)$,始终在实轴上变化,最大幅值为 M.

由此可见,一对任意幅值和初始相位的共轭复指数信号的叠加是一个实三角信号. 反过来,任意幅值和初始相位的三角信号可分解为两个共轭复指数信号的叠加. 共轭复数 $A_1=Me^{j\phi}/2$ 和 $A_2=Me^{-j\phi}/2$ 的模和辐角对应于三角信号 $M\cos(\omega t+\phi)$ 的幅值和初始相位,单位共轭复函数 $e^{j\omega t}$ 和 $e^{-j\omega t}$ 的角频率对应于三角信号的角频率.

一个实三角信号分解为正、负两个频率的复指数信号的叠加,引出了负频率的概念,这个负频率的物理意义表示的还是实际的相同数值的正频率.

信号的复指数表示把指数信号、三角信号和指数包络三角信号统一到了同一个形式,同时包含了幅值、衰减、频率和相位等特征量,给信号和系统分析带来了很大方便,因此得到了大量使用.

5. 抽样信号

抽样信号的表达式为

$$\mathrm{Sa}(t)=\frac{\sin t}{t},\tag{1.16}$$

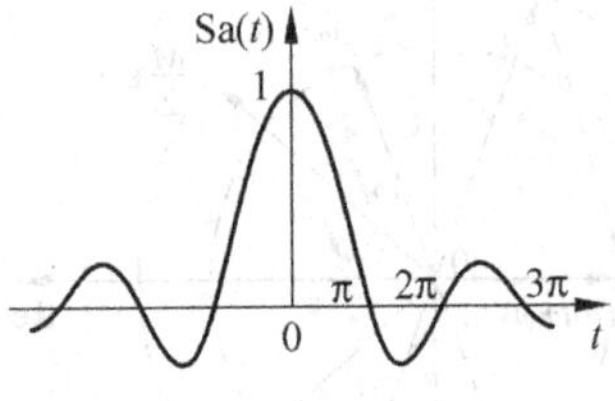

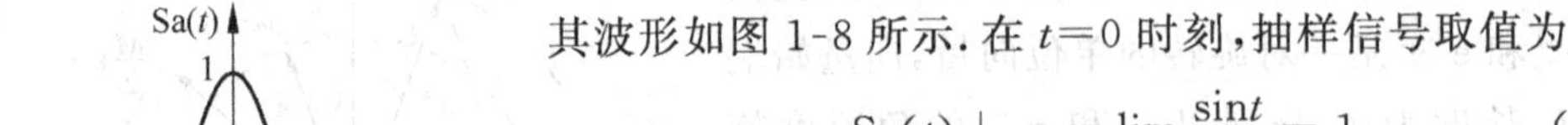

其波形如图 1-8 所示. 在 $t=0$ 时刻,抽样信号取值为

$$\mathrm{Sa}(t)\mid_{t=0}=\lim_{t\to 0}\frac{\sin t}{t}=1.\tag{1.17}$$

抽样信号满足以下关系

$$\int_{-\infty}^{\infty}\mathrm{Sa}(t)\,\mathrm{d}t=\pi.\tag{1.18}$$

图 1-8　抽样信号波形

1.3.2　典型奇异信号

1. 单位阶跃信号

单位阶跃信号的定义为

$$u(t)=\begin{cases}1, & t>0,\\ 0, & t<0,\end{cases}\tag{1.19}$$

$$u(t-t_0)=\begin{cases}1, & t>t_0,\\ 0, & t<t_0.\end{cases}\tag{1.20}$$

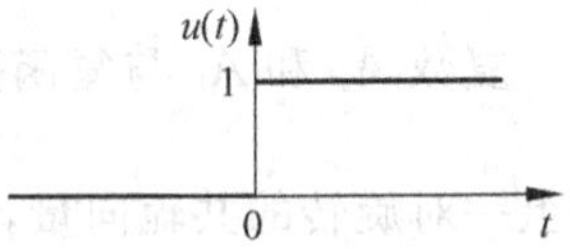

图 1-9　单位阶跃信号

图 1-9 是单位阶跃信号的波形,在 $t=0$ 处信号跳变.

2. 单位冲激信号

单位冲激信号的定义为

$$\delta(t)=\begin{cases}\infty, & t=0,\\ 0, & t\neq 0,\end{cases}\quad 和\quad \int_{-\infty}^{\infty}\delta(t)\,\mathrm{d}t=1,\tag{1.21}$$

$$\delta(t-t_0)=\begin{cases}\infty, & t=t_0,\\ 0, & t\neq t_0,\end{cases}\quad 和\quad \int_{-\infty}^{\infty}\delta(t-t_0)\,\mathrm{d}t=1.\tag{1.22}$$

图 1-10 是单位冲激信号的图形表示.

直观地理解,单位冲激信号具有两个基本特点:其一,信号在一个无穷小时间区间里取非零值,其他区间为零或无穷小;其二,信号波形的净面积为 1. 因为信号在无穷小区间内的净面积是 1,所以信号的幅值必然是无穷大.

图 1-11 所示是用矩形脉冲取极限得单位冲激信号的情况. 设矩形脉冲的宽度为 τ,面积为 1,则高度为 $1/\tau$. 压缩脉冲的宽度,保持其面积不变,则脉冲的高度增加. 当矩形脉冲宽度 $\tau\to 0$ 时,矩形脉冲高度 $\frac{1}{\tau}\to\infty$,矩形脉冲趋于单位冲激脉冲,即

$$\delta(t) = \lim_{\tau\to 0}\frac{1}{\tau}\left[u\left(t+\frac{\tau}{2}\right)-u\left(t-\frac{\tau}{2}\right)\right]. \tag{1.23}$$

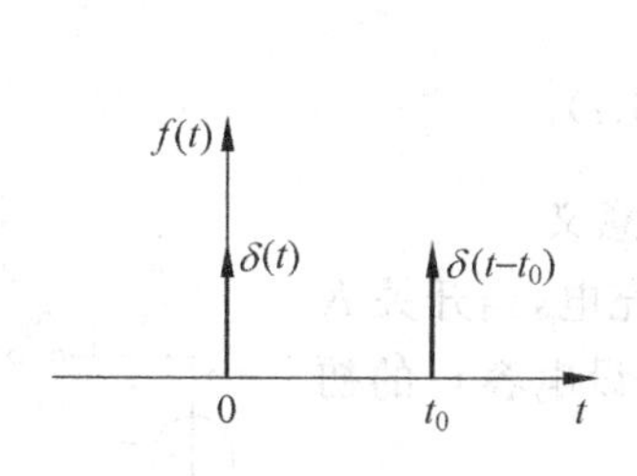

图 1-10　单位冲激信号

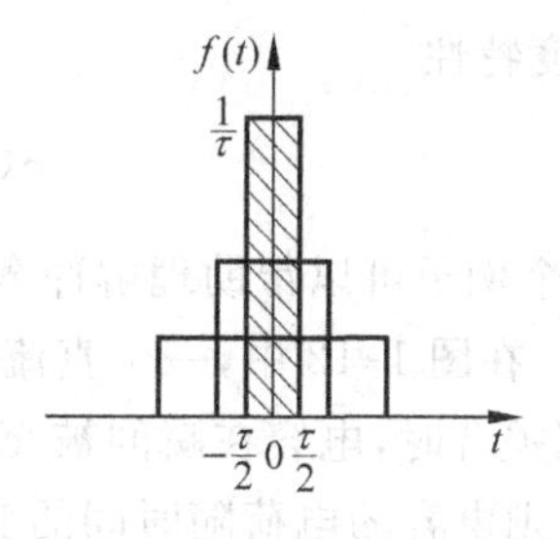

图1-11　单位冲激信号的逼近

抽样信号取极限也可得到冲激信号. 构造信号$\frac{k}{\pi}\mathrm{Sa}(kt)$，当 $k\to\infty$ 和 $t\to 0$ 时，有$\frac{k}{\pi}\mathrm{Sa}(kt)\to\infty$；当 $k\to\infty$ 和 $t\neq 0$ 时，有$\frac{k}{\pi}\mathrm{Sa}(kt)=0$(此处应用了广义极限$\lim\limits_{k\to\infty}\sin kt=0$). 可见，当 $k\to\infty$时，信号波形宽度趋于 0，幅值趋于∞，且有

$$\int_{-\infty}^{\infty}\frac{k}{\pi}\mathrm{Sa}(kt)\,\mathrm{d}t = 1, \tag{1.24}$$

因此

$$\lim_{k\to\infty}\left[\frac{k}{\pi}\mathrm{Sa}(kt)\right] = \delta(t). \tag{1.25}$$

将任意形状的信号进行水平压缩，如果它满足上述冲激信号的两个特点，就可以用冲激信号表示. 如果波形的净面积不是 1，而是一个常数 E，则可以用一个强度为 E 的冲激信号表示，即 $E\delta(t)$.

单位冲激函数具有以下基本特性：

(1) 与单位阶跃函数的关系

$$\delta(t) = \frac{\mathrm{d}u(t)}{\mathrm{d}t}, \tag{1.26}$$

$$u(t) = \int_{-\infty}^{t}\delta(\tau)\,\mathrm{d}\tau. \tag{1.27}$$

(2) 抽样特性

$$\begin{cases} f(t)\delta(t) = f(0)\delta(t), \\ f(t)\delta(t-t_0) = f(t_0)\delta(t-t_0), \end{cases} \tag{1.28}$$

$$\begin{cases} \int_{-\infty}^{\infty} f(t)\delta(t)\,\mathrm{d}t = f(0), \\ \int_{-\infty}^{\infty} f(t)\delta(t-t_0)\,\mathrm{d}t = f(t_0). \end{cases} \tag{1.29}$$

(3) 奇偶特性

$$\delta(-t)=\delta(t). \tag{1.30}$$

(4) 尺度特性

$$\delta(at)=\frac{1}{|a|}\delta(t). \tag{1.31}$$

以下几个例子可以帮助理解冲激信号的物理意义.

例 1.1 在图 1-12 中,一个直流电源对电容充电,当开关 K 在 $t=0$ 时刻关合时,电容在瞬间被充电至电压 E. 设电容 C 的初始电压为 0,则电容的电荷随时间的变化为

$$q(t)=CEu(t). \tag{1.32}$$

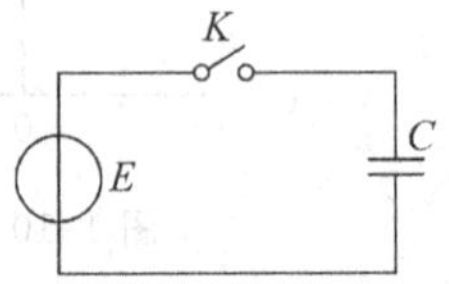

图 1-12 直流电源对电容充电

充电电流是电荷变化的导函数

$$i(t)=\frac{\mathrm{d}q(t)}{\mathrm{d}t}=CE\delta(t), \tag{1.33}$$

它是一个强度为 CE 的冲激信号. 实际电路中不可避免地有电感和电阻,充电时间不可能为无穷小,充电电流幅值也达不到无穷大,但在充电电流持续时间很短、电流幅值很大的情况下,可用冲激信号近似表示.

例 1.2 在图 1-13 中,一个质量为 M 的刚性球处于静止状态,在 $t=0$ 时刻被另一刚性球撞击,开始以速度 V 运动,因为撞击时间很短,则被撞刚性球的速度变化为

$$v(t)=Vu(t), \tag{1.34}$$

其加速度为

$$a(t)=\frac{\mathrm{d}v(t)}{\mathrm{d}t}=V\delta(t), \tag{1.35}$$

其所受到的撞击力为

$$f(t)=Ma(t)=MV\delta(t), \tag{1.36}$$

被撞击球所受的撞击力和运动加速度都可以用冲激信号表示. 实际中的撞击时间不可能为无穷小,因此撞击力也达不到无穷大,但在撞击时间很短的情况下可以用冲激信号近似表示.

例 1.3 图 1-14 所示是一根长线,在 x_1 和 x_2 两位置有两个质量分别为 M_1 和 M_2 的质点,长线其他部分无质量. 该长线质量分布随 x 变化的关系为

$$m(x)=M_1u(x-x_1)+M_2u(x-x_2), \tag{1.37}$$

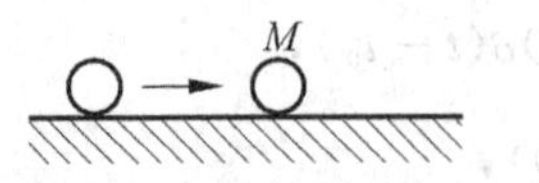

图 1-13 刚性球碰撞

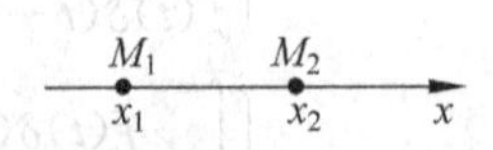

图 1-14 长线上质点的线密度

其质量线密度为

$$d(x)=\frac{\mathrm{d}m(x)}{\mathrm{d}x}=M_1\delta(x-x_1)+M_2\delta(x-x_2). \tag{1.38}$$

实际中的质点总具有一定的尺寸,在尺寸很小的情况下,质量线密度可以用冲激信号表示.

3. 单位冲激偶信号

单位冲激偶信号的定义为

$$\delta'(t)=\frac{\mathrm{d}\delta(t)}{\mathrm{d}t}. \tag{1.39}$$

单位冲激偶信号的基本特性:

$$\int_{-\infty}^{t}\delta'(t)\mathrm{d}t=\delta(t); \tag{1.40}$$

$$\int_{-\infty}^{\infty}\delta'(t)\mathrm{d}t=0; \tag{1.41}$$

$$\int_{-\infty}^{\infty}\delta'(t)f(t)\mathrm{d}t=-f'(0); \tag{1.42}$$

$$\int_{-\infty}^{\infty}\delta'(t-t_0)f(t)\mathrm{d}t=-f'(t_0); \tag{1.43}$$

$$f(t)\delta'(t)=f(0)\delta'(t)-f'(0)\delta(t). \tag{1.44}$$

1.3.3 典型离散信号

1. 单位样值信号

单位样值信号的定义为

$$\delta_{\mathrm{d}}(n)=\begin{cases}1, & n=0,\\ 0, & n\neq 0;\end{cases} \tag{1.45}$$

$$\delta_{\mathrm{d}}(n-m)=\begin{cases}1, & n=m,\\ 0, & n\neq m.\end{cases} \tag{1.46}$$

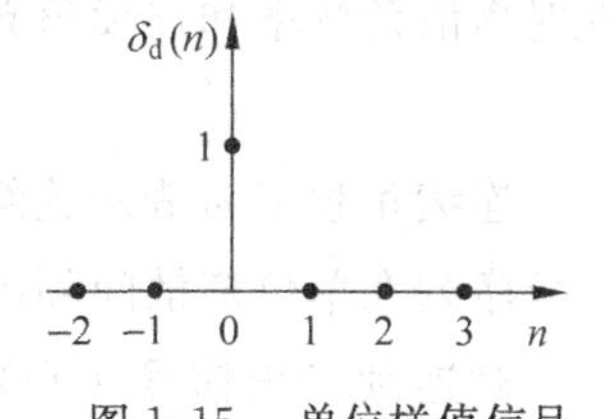

图 1-15 单位样值信号

图 1-15 是单位样值信号的波形. 单位样值信号不是单位冲激信号的抽样.

2. 单位阶跃序列

单位阶跃序列的定义为

$$u_{\mathrm{d}}(n)=\begin{cases}1, & n\geqslant 0,\\ 0, & n<0;\end{cases} \tag{1.47}$$

$$u_d(n-m)=\begin{cases}1, & n\geqslant m,\\ 0, & n<m.\end{cases} \tag{1.48}$$

图 1-16 所示是单位阶跃序列的波形. 对连续单位阶跃信号进行抽样, 并设定在 $t=0$ 时刻对单位阶跃信号的抽样值为 1, 则抽样结果为单位阶跃序列.

3. 三角序列

三角序列的表达式为

$$f_d(n)=M\cos(\theta n+\phi), \tag{1.49}$$

式中 M 为幅值, θ 为离散角频率, 表示单位离散间隔信号变化的角度(用弧度表示), ϕ 为初始相位. 图 1-17 是三角序列的波形. 当三角序列的离散角频率为 0 时, 即为直流序列, 直流序列是三角序列的特例.

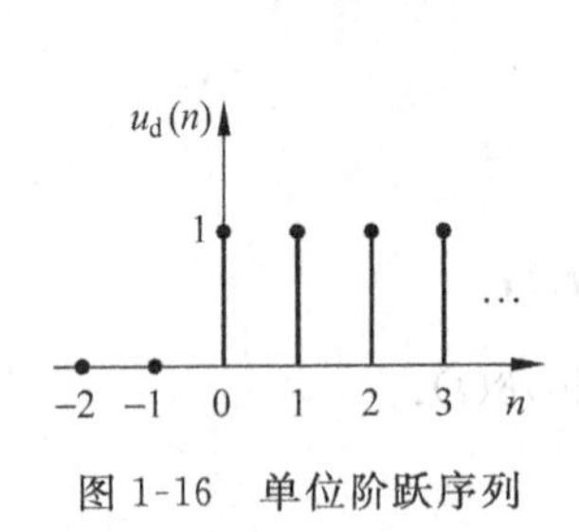

图 1-16 单位阶跃序列

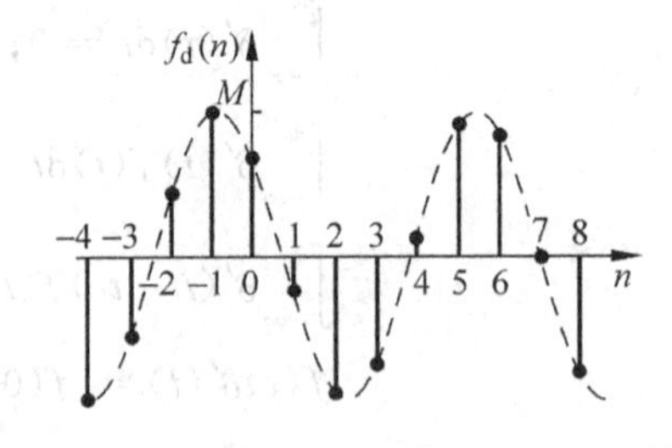

图 1-17 三角序列

三角序列 $f_d(n)=M\cos(\theta n+\phi)$ 经常来自于对连续三角信号 $f_a(t)=M\cos(\omega t+\phi)$ 的数值抽样, 如果抽样周期是 T_s, 则有

$$f_d(n)=f_a(nT_s)=M\cos(\omega nT_s+\phi)=M\cos(\theta n+\phi), \tag{1.50}$$

此时离散角频率和连续角频率的关系为

$$\theta=\omega T_s. \tag{1.51}$$

连续角频率 ω 表示连续三角信号在单位时间内变化的角度, 离散角频率 θ 表示离散三角序列在单位离散间隔内变化的角度, 请注意理解和区分它们的物理意义.

对连续三角信号 $f_a(t)=M\cos(\omega t+\phi)$ 抽样得离散三角序列 $f_d(n)=M\cos(\theta n+\phi)$, 虽然 $f_a(t)$ 是周期信号, 但 $f_d(n)$ 并不一定是周期信号. 设 $f_a(t)$ 的周期为 T, 抽样周期为 T_s, 则 $f_d(n)$ 的周期性取决于 T_s 和 T 的关系. 如果存在非零正整数 K_1 和 K_2, 满足 $K_1T_s=K_2T$, 即 $T_s/T=K_2/K_1$ 为有理数, 则 $f_d(n)$ 为周期序列. 如果 K_2/K_1 是既约分数, 则 $f_d(n)$ 的周期为 $N=K_1$. 当 T_s/T 为无理数时, $f_d(n)$ 不会周期重复, 为非周期序列.

4. 指数序列

指数序列的表达式为

$$f_{\mathrm{d}}(n) = Ar^{n}, \tag{1.52}$$

式中 A 和 r 均为实数，A 为 $n=0$ 时的信号幅值，r 为离散衰减系数，当 $r>1$ 时，$|f_{\mathrm{d}}(n)|$ 随 n 增大而增加；当 $r<1$ 时，$|f_{\mathrm{d}}(n)|$ 随 n 增大而减小. 图 1-18 是指数序列的典型波形.

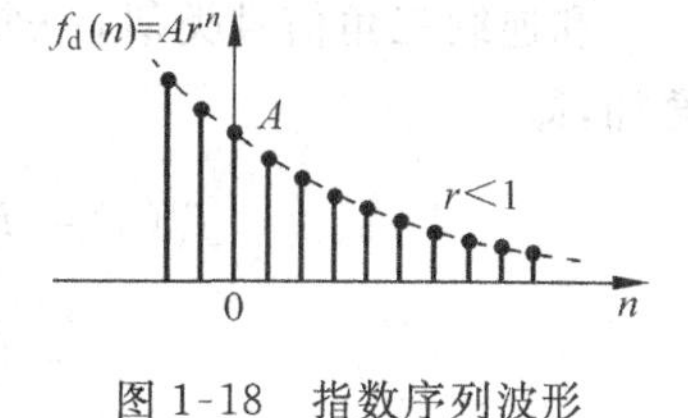

图 1-18　指数序列波形

对连续指数信号 $f_{\mathrm{a}}(t)=Ae^{at}$ 抽样，可得离散指数序列

$$f_{\mathrm{d}}(n) = f_{\mathrm{a}}(nT_{\mathrm{s}}) = Ae^{anT_{\mathrm{s}}} = Ar^{n}, \tag{1.53}$$

其中

$$r = e^{aT_{\mathrm{s}}} \tag{1.54}$$

表示一个抽样间隔中的信号衰减.

5. 复指数序列

复指数序列的表达式为

$$f_{\mathrm{d}}(n) = Ae^{an}, \tag{1.55}$$

式中 A 和 a 可为实数或复数. 类似于连续复指数函数，随着 A 和 a 取值的不同，$f_{\mathrm{d}}(n)$ 也有不同的变化.

(1) 当 A 和 a 都为实数时，有

$$f_{\mathrm{d}}(n) = A(e^{a})^{n} = Ar^{n}, \tag{1.56}$$

此为实指数序列. 指数序列是复指数序列的一个特例.

(2) 当 A 为实数，a 为复数时，设

$$a = \sigma + \mathrm{j}\theta, \tag{1.57}$$

有

$$f_{\mathrm{d}}(n) = Ae^{(\sigma+\mathrm{j}\theta)n} = Ae^{\sigma n}e^{\mathrm{j}\theta n} = Ar^{n}\cos\theta n + \mathrm{j}Ar^{n}\sin\theta n, \tag{1.58}$$

其实部和虚部都是指数包络的三角序列，复数 a 的实部和虚部分别表示了离散信号的衰减和角频率. 当 $\sigma=0$ 时，有

$$f_{\mathrm{d}}(n) = A\cos\theta n + \mathrm{j}A\sin\theta n, \tag{1.59}$$

其实部和虚部都是三角序列.

(3) 当 A 和 a 都为复数时，设

$$a = \sigma + \mathrm{j}\theta, \quad A = R + \mathrm{j}I = |A|e^{\mathrm{j}\phi}, \tag{1.60}$$

则有

$$\begin{aligned} f_{\mathrm{d}}(n) &= |A|e^{\sigma n}\cos(\theta n + \phi) + \mathrm{j}|A|e^{\sigma n}\sin(\theta n + \phi) \\ &= |A|r^{n}\cos(\theta n + \phi) + \mathrm{j}|A|r^{n}\sin(\theta n + \phi), \end{aligned} \tag{1.61}$$

其实部和虚部分别是一个指数包络的三角序列，复数 A 的模和辐角分别表示了指数包络三角序列的幅值和初始相位，复数 a 的实部和虚部分别表示衰减和角频率. 借助于离散复指数信号，可以表示离散指数信号、离散三角信号和离散指数包络三角信号，描述了幅值、衰减、频率和相位等特征量.

和连续三角信号类似，一个离散三角序列可以表示为一对共轭的离散复指数序列的叠加，即

$$\begin{aligned} f_{\mathrm{d}}(n) &= M\cos(\theta n+\phi) = \frac{M}{2}(\mathrm{e}^{\mathrm{j}(\theta n+\phi)}+\mathrm{e}^{-\mathrm{j}(\theta n+\phi)}) \\ &= \frac{M}{2}\mathrm{e}^{\mathrm{j}\phi}\mathrm{e}^{\mathrm{j}\theta n}+\frac{M}{2}\mathrm{e}^{-\mathrm{j}\phi}\mathrm{e}^{-\mathrm{j}\theta n} \\ &= A_1\mathrm{e}^{\mathrm{j}\theta n}+A_2\mathrm{e}^{-\mathrm{j}\theta n}. \end{aligned} \tag{1.62}$$

依然可以用类似于图 1-7 所示的向量图表示离散三角序列和离散复指数序列的关系，差别在于，连续信号情况下，旋转向量连续旋转，旋转角频率分别为 ω 和 $-\omega$；离散信号情况下，旋转向量离散（步进）旋转，旋转角频率（单位离散间隔步进的角度）分别为 θ 和 $-\theta$.

1.4 信号的运算

1.4.1 信号的移位、反褶与尺度变化

已知信号 $f(t)$，$f(t\pm\tau)$是对 $f(t)$的移位运算，正号对应于 $f(t)$波形左移时间 τ；负号对应于 $f(t)$波形右移时间 τ. $f(at)$是对 $f(t)$的尺度运算，当 $a>1$ 时，$f(t)$波形在水平方向被压缩；当 $0<a<1$ 时，$f(t)$波形在水平方向被扩展. $f(-t)$是对 $f(t)$的反褶运算.

信号 $f(at\pm b)$同时包含了对信号 $f(t)$的移位、反褶和尺度运算. 具体运算步骤可分解如下：

(1) 改写信号形式

$$f(at\pm b) = f[a(t\pm b/a)]. \tag{1.63}$$

(2) 由 $f(t)$做尺度和反褶运算得 $f(at)$；

(3) 由 $f(at)$做移位运算得 $f[a(t\pm b/a)]$. 在同时包含移位、反褶和尺度运算时，需注意运算步骤，否则会导致错误.

例 1.4 已知信号 $g(t)$，波形如图 1-19(a)所示. 求 $g(-2t+5)$的波形.

解 改写信号形式，得 $g(-2t+5)=g[-2(t-2.5)]$. 由 $g(t)$做尺度运算，得 $g(2t)$，波形如图 1-19(b)所示. 对 $g(2t)$做反褶运算，得 $g(-2t)$，波形如图 1-19(c)所示. 再对 $g(-2t)$右移 2.5，得 $g[-2(t-2.5)]$，最终波形如图 1-19(d)所示.

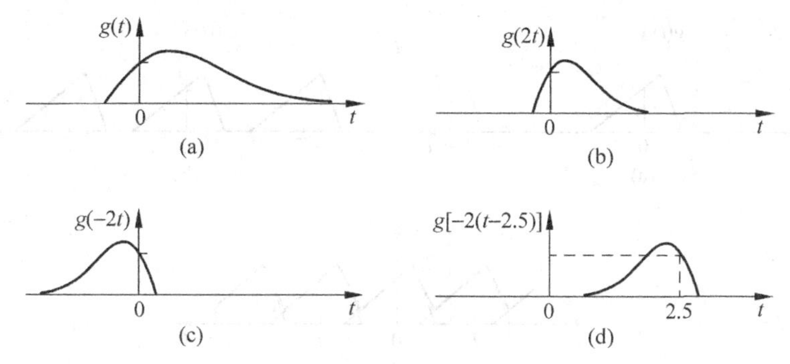

图 1-19　例 1.4 的信号移位、反褶与尺度

1.4.2　信号相加和相乘

已知信号 $f_1(t)$和 $f_2(t)$，信号相加运算为

$$f(t)=f_1(t)+f_2(t), \tag{1.64}$$

信号相乘运算为

$$f(t)=f_1(t)f_2(t). \tag{1.65}$$

如果 $f_1(t)$和 $f_2(t)$为周期信号，它们的周期分别为 T_1 和 T_2，那么 $f(t)=f_1(t)+f_2(t)$或 $f(t)=f_1(t)f_2(t)$的周期性取决于 T_1 和 T_2 的关系. 如果存在非零正整数 K_1 和 K_2，满足 $K_1T_1=K_2T_2$，即 $T_1/T_2=K_2/K_1$ 为有理数，则 $f(t)$为周期信号. 如果 K_2/K_1 是既约分数，则$f(t)$的周期为 K_1T_1 或 K_2T_2. 如果 T_1/T_2 为无理数，则 $f(t)$为非周期信号. 可以看到，周期信号相叠加或相乘，结果并不一定是周期信号，只有它们的周期之比为有理数时，结果才保持周期性.

1.4.3　信号的周期延拓

已知非周期信号 $g(t)$，它的周期延拓为

$$f(t)=\sum_{k=-\infty}^{\infty}g(t+kT), \tag{1.66}$$

其中 T 为延拓周期. $f(t)$为周期信号，周期等于延拓周期 T. 图 1-20 为信号周期延拓示意图，它包括无混叠周期延拓和有混叠周期延拓两种情况. 当信号 $g(t)$非零值的时间有限(简称时间有限)，且 $g(t)$非零值的时间小于延拓周期 T 时，重复移位的 $g(t)$波形互相不混叠，为无混叠延拓，如图 1-20(b)所示. 当信号 $g(t)$非零值的时间无限(简称时间无限)，或者 $g(t)$时间有限，但 $g(t)$非零值的时间大于延拓周期 T 时，重复移位的 $g(t)$波形互相混叠，为有混叠延拓，如图 1-20(c)所示.

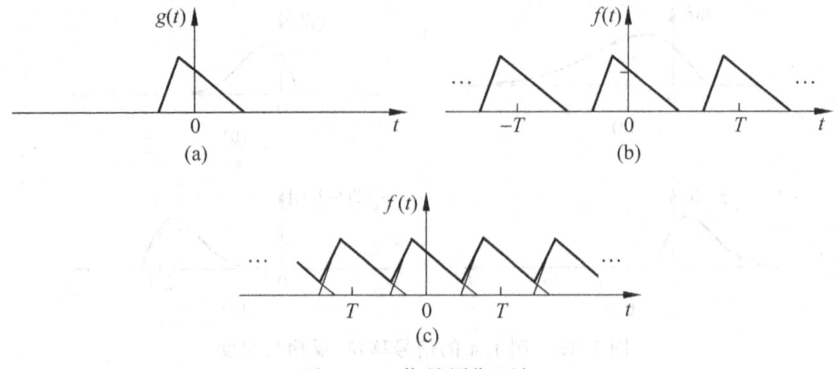

图 1-20 信号周期延拓

1.4.4 信号的抽样

所谓抽样，就是从连续信号 $f_a(t)$ 中，每隔一定时间间隔抽取一个样本，通常为等间隔抽样，抽样间隔 T_s 也称抽样周期. 信号抽样有脉冲抽样和数值抽样两种方式.

脉冲抽样是用一个周期脉冲信号 $s_p(t)$ 和被抽样信号 $f_a(t)$ 相乘，得到抽样信号 $f_s(t)=f_a(t)s_p(t)$，此处下标 p 表示周期信号，下标 a 表示连续信号，下标 s 表示脉冲抽样信号. 当抽样用的周期脉冲信号为矩形脉冲时，称为矩形脉冲抽样，图 1-21 所示为矩形脉冲抽样的情况. 当抽样用的周期脉冲信号为冲激脉冲时，称为冲激脉冲抽样，图 1-22 所示为冲激

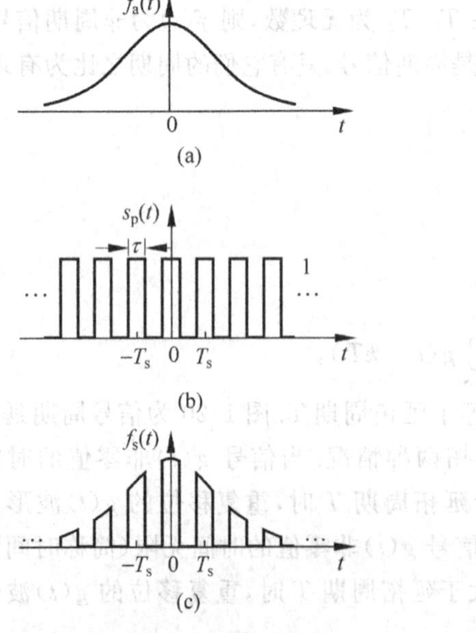

图 1-21 信号矩形脉冲抽样

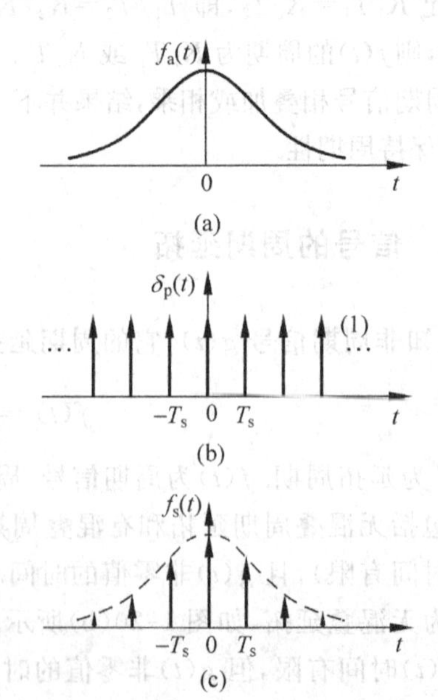

图 1-22 信号冲激脉冲抽样

脉冲抽样的情况. 脉冲抽样信号 $f_s(t)$仍为连续信号.

数值抽样是以 T_s 时间间隔抽取连续信号 $f_a(t)$的函数值,得离散信号 $f_d(n)=f_a(nT_s)$. 此处以下标 d 表示离散信号. 图 1-23 所示为信号数值抽样的情况.

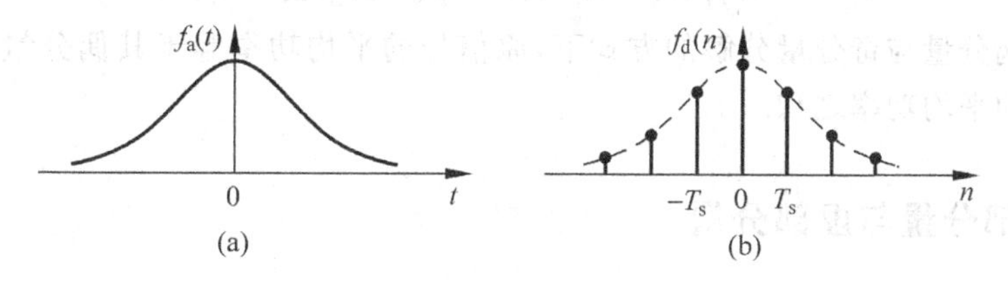

图 1-23　信号数值抽样

1.5　信号的分解

信号分解是为了分析信号的方便把一个信号分解为多个(有限个或无限个)较为简单的信号分量的叠加. 信号分解的概念和方法是信号分析的精髓. 常用的信号分解方式有: 直流分量和交流分量分解,偶分量和奇分量分解,实分量和虚分量分解,脉冲分量分解,正交分量分解等. 信号脉冲分量分解和正交分解的概念留待后面详细介绍.

1.5.1　直流分量与交流分量

任一信号 $f(t)$可分解为直流分量和交流分量之和,即

$$f(t) = D + f_{ac}(t), \tag{1.67}$$

其中 D 是直流分量,为信号的平均值,

$$D = \lim_{T\to\infty}\frac{1}{2T}\int_{-T}^{T} f(t)\,\mathrm{d}t, \tag{1.68}$$

$f_{ac}(t)$是交流分量,是原信号中去掉直流分量后的部分.

在信号直流分量和交流分量分解的方式下,原信号的平均功率等于其直流分量的功率与其交流分量的平均功率之和.

1.5.2　偶分量与奇分量

任一信号 $f(t)$可分解为偶分量和奇分量之和,即

$$f(t) = f_e(t) + f_o(t), \tag{1.69}$$

其中 $f_e(t)$为偶分量，$f_o(t)$为奇分量，且有

$$\begin{cases} f_e(t) = [f(t) + f(-t)]/2, \\ f_o(t) = [f(t) - f(-t)]/2. \end{cases} \tag{1.70}$$

在信号偶分量与奇分量分解的方式下，原信号的平均功率等于其偶分量的平均功率与其奇分量的平均功率之和.

1.5.3 实部分量与虚部分量

任一复信号 $f(t)$可分解为实部信号和虚部信号之和，即

$$f(t) = f_r(t) + \mathrm{j}f_i(t), \tag{1.71}$$

其中 $f_r(t)$为实部分量，$\mathrm{j}f_i(t)$为虚部分量，有

$$\begin{cases} f_r(t) = \mathrm{Re}[f(t)] = [f(t) + f^*(t)]/2, \\ f_i(t) = \mathrm{Im}[f(t)] = [f(t) - f^*(t)]/\mathrm{j}2, \end{cases} \tag{1.72}$$

其中 $f^*(t)$是 $f(t)$的共轭.

在信号实部分量和虚部分量分解的方式下，信号平均功率为

$$\begin{aligned} P &= \frac{1}{T}\int_{-T/2}^{T/2} |f(t)|^2 \mathrm{d}t \\ &= \frac{1}{T}\int_{-T/2}^{T/2} f_r^2(t)\mathrm{d}t + \frac{1}{T}\int_{-T/2}^{T/2} f_i^2(t)\mathrm{d}t, \end{aligned} \tag{1.73}$$

即原信号的平均功率等于其实部分量的平均功率与其虚部分量的平均功率之和.

1.6 系统的分类

1.6.1 连续时间系统和离散时间系统

当系统的输入(激励)信号和输出(响应)信号都是连续信号时，称为连续时间系统. 我们所熟悉的电路系统即为连续时间系统. 连续时间系统通常用微分方程或微分方程组来描述.

当系统的输入信号和输出信号都是离散信号时，称为离散时间系统. 离散时间系统可以通过一个软件程序来实现，在数字信号处理中大量使用. 例如，在数字电度表中，首先对电压和电流进行抽样，得离散电压和离散电流信号，然后则通过实时的数字计算，获得离散的功率信号和电量信号，还可以分析谐波，计算谐波功率和电量. 离散系统通常用差分方程或差分方程组来描述.

存在连续和离散混合的系统，即一个系统中同时包含连续信号和离散信号. 例如数字电度表中的模数(A/D)转换系统，抽样前的信号是连续的，抽样后的信号是离散的.

1.6.2　动态系统和即时系统

如果系统在任意时刻的输出只取决于同时刻的系统输入，和系统过去的状态无关，则称为即时系统. 如果系统的输出不仅取决于同时刻的系统输入，还取决于系统过去的状态，则称为动态系统.

即时系统不包含记忆元件. 例如，对于电路系统，电感和电容能够储能，属于记忆元件，电阻则属于非记忆元件. 因此，一个只包含电源和电阻的系统是即时系统，而包含了电感或电容的系统称为动态系统. 动态系统用微分方程或差分方程描述，即时系统用代数方程描述.

1.6.3　线性系统和非线性系统

线性系统需要满足叠加性和均匀性. 所谓叠加性，即多个激励信号同时作用于系统时所产生的响应等于每个激励单独作用时所产生的响应的叠加. 所谓均匀性，即激励信号变化某个倍数时，响应也变化相同的倍数.

当系统为动态系统时，系统的响应不仅取决于激励，还取决于系统的储能，即系统的初始状态，系统的响应和激励之间不可能满足叠加性和均匀性. 因此，严格意义上的线性系统不可能是动态系统，只能是即时系统.

在系统分析中，对线性系统的界定不是严格意义上的，而是扩展意义上的. 扩展意义上的线性系统需满足：

(1) 系统响应可分解为由激励所产生的零状态响应和由初始状态所产生的零输入响应；

(2) 零状态响应和激励成线性关系，满足叠加性和均匀性；

(3) 零输入响应和初始状态成线性关系，满足叠加性和均匀性.

在线性系统分析中，可以进行信号的分解和叠加，或采用变换域(频域和复频域)分析. 对于非线性系统，线性系统的分析方法不再能够直接使用. 因此，在进行系统分析时，首先明确系统的线性或非线性是十分重要的.

1.6.4　时不变系统和时变系统

如果系统元件的参数不随时间变化，则称为时不变系统；如果系统元件的参数随时间变化，则称为时变系统. 对于时不变系统，如果系统激励为 $e(t)$ 时的系统响应是 $r(t)$，那么当系统激励延时为 $e(t-\tau)$时，系统响应也应是 $r(t)$的相同时间的延时，即 $r(t-\tau)$.

线性系统的时不变特性对应于系统方程(微分方程或差分方程)的常系数.

1.6.5 因果系统和非因果系统

如果系统在任意时刻的响应只和当前和过去的激励有关，和未来的激励无关，则是因果系统.如果系统的响应和未来的激励有关，则是非因果系统.实际的物理系统，如电路系统、机械系统等，必然是因果系统，非因果系统是物理不可实现的，因此因果系统也称为物理可实现系统.对于由计算机程序构造的离散系统，计算方法中有可能包含非因果关系，例如：$r_d(n)=e_d(n)+e_d(n+1)$.

例 1.5 已知系统激励 $e(t)$、初始状态 $r(t_0)$和响应 $r(t)$的关系，判断它们是否线性、时不变和因果.

(1) $r(t)=r^2(t_0)+3t^2e(t)$.

线性与非线性：该系统响应 $r(t)$可以分解为由初始状态引起的响应 $r_{zi}(t)=r^2(t_0)$和由激励引起的响应 $r_{zs}(t)=3t^2e(t)$的叠加，但初始状态引起的响应和初始状态不成线性.根据线性系统的三个条件，此系统是非线性系统.

时变和时不变：观察系统的零状态响应，当激励为 $e(t)$时，零状态响应为 $r_{zs1}(t)=3t^2e(t)$；当激励延时为 $e(t-\tau)$时，零状态响应为 $r_{zs2}(t)=3t^2e(t-\tau)$.因为 $r_{zs1}(t-\tau)=3(t-\tau)^2e(t-\tau)$，$r_{zs2}(t)\neq r_{zs1}(t-\tau)$，所以系统是时变的.

因果和非因果：系统任意时刻的零状态响应只和该时刻的激励有关，因此是因果系统.

(2) $r(t)=\int_{-\infty}^{5t}e(\lambda)\mathrm{d}\lambda$.

线性与非线性：当激励为 $e_1(t)$时，系统响应为 $r_1(t)=\int_{-\infty}^{5t}e_1(\lambda)\mathrm{d}\lambda$；当激励为 $e_2(t)$时，系统响应为 $r_2(t)=\int_{-\infty}^{5t}e_2(\lambda)\mathrm{d}\lambda$.若当激励为 $e_1(t)+e_2(t)$时，系统响应为 $\int_{-\infty}^{5t}[e_1(\lambda)+e_2(\lambda)]\mathrm{d}\lambda=r_1(t)+r_2(t)$，满足叠加性.若当激励为 $ke_1(t)$时，响应为 $\int_{-\infty}^{5t}ke_1(\lambda)\mathrm{d}\lambda=kr_1(t)$，满足均匀性.因此系统是线性的.

时变和时不变：当激励为 $e(t)$时，系统响应为 $r_1(t)=\int_{-\infty}^{5t}e(\lambda)\mathrm{d}\lambda$.当激励延时为 $e(t-\tau)$时，系统响应为 $r_2(t)=\int_{-\infty}^{5t}e(\lambda-\tau)\mathrm{d}\lambda=\int_{-\infty}^{5(t-\tau/5)}e(\sigma)\mathrm{d}\sigma$.因为 $r_1(t-\tau)=\int_{-\infty}^{5(t-\tau)}e(\lambda)\mathrm{d}\lambda$，$r_2(t)\neq r_1(t-\tau)$，所以系统是时变的.

因果和非因果：系统响应 $r(t)$ 是激励 $e(t)$ 在 $(-\infty,5t]$ 时间区间的积分，当 $t>0$ 时，系统在 t 时刻的响应和 t 时刻之后 $(t,5t]$ 时间区间的激励有关，因此是非因果系统.

习　题

1.1　画出信号 $f(t)=\dfrac{\sin(-2t+3)}{-2t+3}$ 的波形.

1.2　已知信号 $f(t)=(t+1)[u(t+1)-u(t-2)]$，画出 $f(-2t+3)$ 的波形.

1.3　画出信号 $f(t)=(t+1)[u(t+1)-u(t-2)]$ 的奇分量和偶分量的波形.

1.4　求下列信号的直流分量：

(1) 升余弦 $f(t)=K(1+\cos\omega t)$；

(2) 全波整流 $f(t)=|\sin\omega t|$；

(3) $f(t)=(1+te^{-t})u(t-5)$.

1.5　画出以下两个离散信号的波形，比较此两信号.

(1) $f_{d1}(n)=\cos\dfrac{\pi}{8}n$；　(2) $f_{d2}(n)=\cos\dfrac{15\pi}{8}n$.

1.6　说明信号 $f(t)=\begin{cases}0, & t<0\\ t^2, & t\geqslant 0\end{cases}$ 是否是奇异信号.

1.7　已知连续信号 $f(t)$ 是有界的，且当 $t\to\infty$ 时 $f(t)\to 0$，说明 $f(t)$ 是否是能量有限信号.

1.8　判断下列信号是否是周期信号. 如果是周期信号，确定其周期.

(1) $f(t)=A\sin 4t+B\cos 7t+C\cos 9t$；

(2) $f_d(n)=e^{-j\frac{\pi}{8}n}$.

1.9　按照欧拉公式，把正弦信号 $A\sin(\omega t+\phi)$ 分解为两个复指数信号的叠加，在复平面上画出它们的关系.

1.10　已知指数包络三角信号 $f(t)=Ae^{-at}\cos(\omega t+\phi)$，请用复指数信号表示该信号. 以 T_s 时间间隔对该信号进行抽样，写出抽样所得离散信号的表达式. 说明连续信号的衰减系数和角频率以及离散信号的衰减系数和角频率的物理意义，说明它们之间的关系.

1.11　求下列表达式的函数值：

(1) $\displaystyle\int_{-\infty}^{\infty} f(t-t_0)\delta(t)\,dt$；　(2) $\displaystyle\int_{-\infty}^{\infty} f(t_0-t)\delta(t)\,dt$；

(3) $\displaystyle\int_{-\infty}^{\infty} \delta(t-t_0)u(t-t_0/2)\,dt$；　(4) $\displaystyle\int_{-\infty}^{\infty} \delta(t-t_0)u(t-2t_0)\,dt$；

(5) $\int_{-\infty}^{\infty}(\mathrm{e}^{-t}+t)\delta(t+2)\mathrm{d}t$；

(6) $\int_{-\infty}^{\infty}(t+\sin t)\delta(t-\pi/6)\mathrm{d}t$；

(7) $\int_{-\infty}^{\infty}\mathrm{e}^{-\mathrm{j}\omega t}[\delta(2t)-\delta(t-t_0)]\mathrm{d}t$.

1.12 判断下列系统是否线性、时不变和因果：

(1) $r(t)=\frac{\mathrm{d}e(t)}{\mathrm{d}t}$；

(2) $r(t)=e(t)u(t)$；

(3) $r(t)=\sin[e(t)]u(t)$；

(4) $r(t)=e(1-t)$；

(5) $r(t)=e(2t)$；

(6) $r(t)=e^2(t)$.

1.13 证明：$f(t)\delta'(t)=f(0)\delta'(t)-f'(0)\delta(t)$. 求 $t\delta'(t)$（冲激偶函数不具有抽样特性）.

第2章 线性时不变连续时间系统的时域分析

一个系统的状态随时间发生变化，影响这个变化过程的因素包括：系统结构、作用在系统上的激励和系统初始时刻的状态. 系统激励可看作系统的输入，系统响应则可看作系统的输出. 系统输出和系统输入之间的关系决定于系统的物理结构，可以建立描述它们相互关系的数学方程. 求解这些方程，则可以得到给定输入信号和初始状态下的系统输出.

对于一个线性时不变连续时间系统，可用状态方程或高阶微分方程进行数学描述. 状态方程为一阶微分方程组，描述系统独立状态变量和系统输入信号之间的关系. 高阶微分方程描述系统单个输出信号和系统输入信号之间的关系. 系统状态方程可通过变量替换转换为高阶微分方程. 一个系统可以包含多个输入信号. 对于线性系统，多输入信号同时作用时的系统响应等于每个输入信号单独作用时的系统响应的叠加，因此多输入情况下的系统响应求解可分解为单输入的情况.

本章介绍单输入单输出线性时不变连续时间系统的时域分析方法，包括高阶微分方程求解和卷积积分求解.

2.1 线性时不变系统的微分方程求解

2.1.1 线性时不变系统的解的构成

设一个线性时不变连续时间系统，输入为 $e(t)$，输出为 $r(t)$，$r(t)$ 和 $e(t)$ 的关系可用如下形式的线性常系数微分方程来描述：

$$\frac{\mathrm{d}^n r(t)}{\mathrm{d}t^n}+a_{n-1}\frac{\mathrm{d}^{n-1} r(t)}{\mathrm{d}t^{n-1}}+\cdots+a_1\frac{\mathrm{d}r(t)}{\mathrm{d}t}+a_0 r(t)$$

$$=b_m\frac{\mathrm{d}^m e(t)}{\mathrm{d}t^m}+b_{m-1}\frac{\mathrm{d}^{m-1} e(t)}{\mathrm{d}t^{m-1}}+\cdots+b_1\frac{\mathrm{d}e(t)}{\mathrm{d}t}+b_0 e(t), \tag{2.1}$$

这是一个 n 阶常系数微分方程，求解该方程需要 n 个初始条件. 在式(2.1)中，当系统激励 $e(t)$ 为零时，得齐次微分方程

$$\frac{\mathrm{d}^n r(t)}{\mathrm{d}t^n}+a_{n-1}\frac{\mathrm{d}^{n-1} r(t)}{\mathrm{d}t^{n-1}}+\cdots+a_1\frac{\mathrm{d}r(t)}{\mathrm{d}t}+a_0 r(t)=0. \tag{2.2}$$

由系统的微分方程可得到系统的特征方程

$$\lambda^n + a_{n-1}\lambda^{n-1} + \cdots + a_1\lambda + a_0 = 0, \tag{2.3}$$

此方程的 n 个根 $\lambda_1, \lambda_2, \cdots, \lambda_n$ 称为微分方程的特征根.

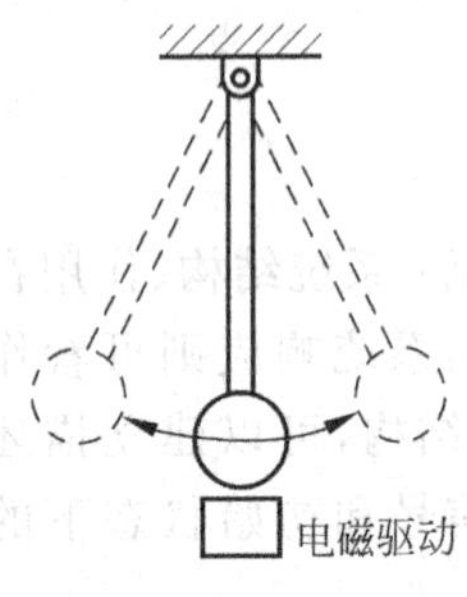

图 2-1 单摆系统

在介绍线性时不变系统的求解过程之前，让我们先通过图 2-1 所示的摆锤系统来说明线性时不变系统的解的构成. 在摆锤的下方有一个电磁驱动装置，可以给摆锤提供一个驱动力. 摆锤的摆动可以有以下几种情况：

(1) 零输入响应：关闭电磁驱动装置，把摆锤从中间位置拉到一定的角度，使摆锤获得初始位能，然后释放摆锤，摆锤将以自身固有的频率自由摆动，以固有的速度衰减，直至停止. 这种情况的摆锤运动完全由初始状态的能量引起的，摆动过程中没有驱动力作用，因此称为零输入响应. 此过程中摆锤摆动的频率和衰减完全取决于摆锤系统自身的特性(摆臂长度、摆锤质量和阻尼)，是系统得到初始能量后的自由发挥，因此也称自由响应.

(2) 零状态响应：使摆锤处于中间零角度的初始位置，摆锤没有初始能量，然后开动电磁驱动装置，给摆锤作用一个驱动力，摆锤将由零角度的初始位置开始摆动. 如果驱动力是一个三角信号的话，则摆锤经过一个过渡过程后，将最终达到一个稳定摆动的状态，摆动频率与驱动力的频率相同. 这种情况的摆锤运动完全是由驱动力引起的，无初始能量，因此称为零状态响应. 摆锤的零状态响应包含两个频率分量，其一是和驱动力相同频率的分量，称为强迫响应，因为驱动力持续存在，所以强迫响应也持续存在；其二是摆锤系统固有频率和衰减的分量，称为自由响应，此时的自由响应是不断衰减的，最终趋于消失，只剩下强迫响应. 如果驱动力的频率和摆锤系统的固有频率相同，则出现我们熟悉的谐振现象.

(3) 全响应：把摆锤拉到一定的初始角度，然后释放，同时也开动电磁驱动装置，给摆锤作用一个驱动力，摆锤将从给定的初始位置开始摆动. 此时摆锤运动是由初始状态和驱动力同时作用引起的，包含零输入响应和零状态响应，称为全响应. 初始状态和激励信号同时作用时的系统全响应是初始状态单独作用时的零输入响应和激励信号单独作用时的零状态响应的叠加. 全响应也包含自由响应和强迫响应，其自由响应是零输入响应的自由响应和零状态响应的自由响应的叠加.

(4) 冲激响应：系统在冲激信号作用下的零状态响应称为冲激响应. 关闭电磁驱动装置，并使摆锤处于零角度的初始位置，然后用锤子敲击一下摆锤，使摆锤开始运动. 摆锤受到的撞击力近似为冲激信号，因此这时的摆锤运动可近似为冲激响应. 在摆锤的冲激响应中，摆锤瞬时获得一个初始能量，即得到一个初始速度，从零角度开始摆动，随后不再有驱动力作用，因此也是自由响应.冲激响应能够反映系统的固有特性，经常用来描述一个系统.

系统的自由响应是由系统自身固有特性所决定的响应，是系统微分方程的齐次解，自由响应的特征参数（频率和衰减）决定于系统特征方程的特征根.

系统的强迫响应是由系统激励强制产生的响应，强迫响应是微分方程的特解，强迫响应的特征参数（频率和衰减）与激励信号相同.当激励信号的特征参数与系统固有特征参数相同时，则产生谐振.

在系统响应中，当 $t\to\infty$ 时而趋于零的分量称为暂态响应；当 $t\to\infty$ 时能保留的分量称为稳态响应.一般情况下，系统的自由响应是衰减的，是暂态响应.在系统无损的情况下，自由响应可以无尽地持续下去，成为稳态响应.也存在不稳定系统，自由响应是发散的.系统的强迫响应可能是稳态的，也可能是暂态的，这取决于激励信号是稳态还是暂态.

图2-2所示是线性时不变系统的解的构成.

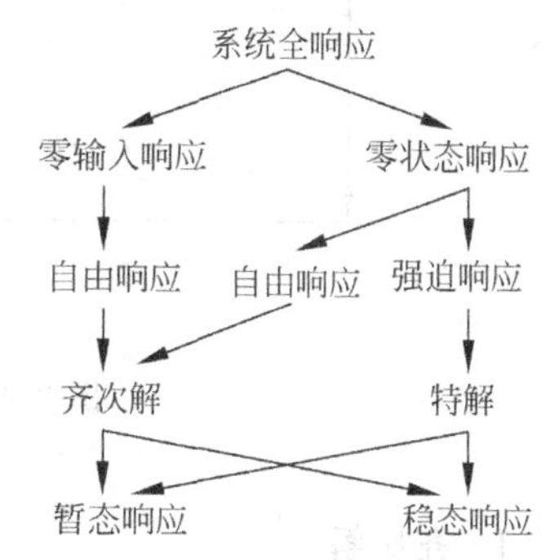

图2-2 线性微分方程的解的构成

2.1.2 系统微分方程的求解

给定系统激励和系统初始状态，求解式(2.1)的系统微分方程，可得到系统的响应.可以直接求解系统的全响应，其过程如图2-3所示；也可以分别求解零输入响应和零状态响应，然后进行叠加，得到全响应，其过程如图2-4所示.这两种途径都包括求解系统微分方程的齐次解和特解.齐次解是系统的自由响应，特解是系统的强迫响应.

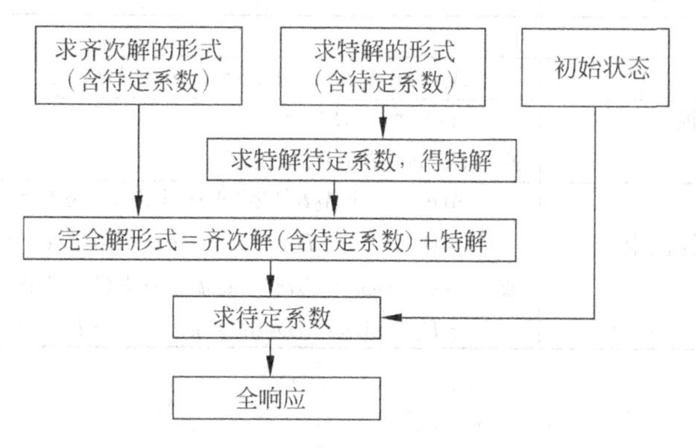

图2-3 系统全响应直接求解

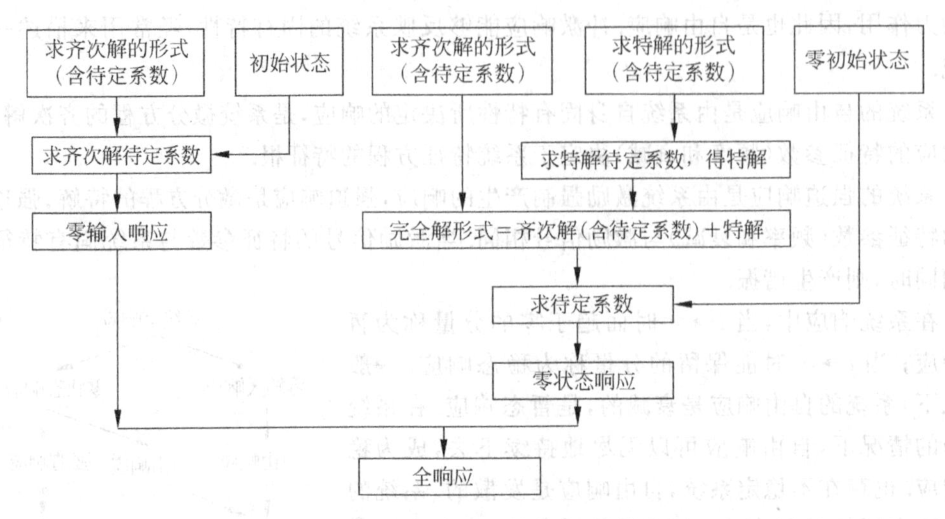

图 2-4 由零输入和零状态响应求全响应

1. 齐次解

由微分方程的特征根可以确定齐次解的形式，表 2-1 所示是特征根和齐次解形式的对应关系. 齐次解的形式给出了满足系统齐次微分方程的所有函数，是一个函数族，其中包含有待定系数. 要确定系统唯一的解，还需要根据系统的初始条件或边界条件，确定这些待定系数.

表 2-1 齐次解的形式和特征根的关系

特征根 λ 的形式	齐次解的形式（A,B,C,D,A_i,B_i,C_i,D_i 为待定系数）
λ 为单实根	$Ae^{\lambda t}$
λ 为 k 阶重实根	$A_1 e^{\lambda t}+A_2 te^{\lambda t}+A_3 t^2 e^{\lambda t}+\cdots+A_k t^{k-1} e^{\lambda t}$
λ_1,λ_2 为一对共轭复根 $\lambda_{1,2}=\sigma\pm j\omega$	$Ae^{(\sigma+j\omega)t}+Be^{(\sigma-j\omega)t}$ 或 $Ce^{\sigma t}\cos\omega t+De^{\sigma t}\sin\omega t$
λ_1,λ_2 为一对 k 阶共轭复根 $\lambda_{1,2}=\sigma\pm j\omega$	$A_1 e^{(\sigma+j\omega)t}+A_2 te^{(\sigma+j\omega)t}+\cdots+A_k t^{k-1} e^{(\sigma+j\omega)t}$ $+B_1 e^{(\sigma-j\omega)t}+B_2 te^{(\sigma-j\omega)t}+\cdots+B_k t^{k-1} e^{(\sigma-j\omega)t}$ 或 $C_1 e^{\sigma t}\cos\omega t+C_2 te^{\sigma t}\cos\omega t+\cdots+C_k t^{k-1} e^{\sigma t}\cos\omega t$ $+D_1 e^{\sigma t}\sin\omega t+D_2 te^{\sigma t}\sin\omega t+\cdots+D_k t^{k-1} e^{\sigma t}\sin\omega t$

2. 特解

特解需要满足系统微分方程的平衡，特解的形式由激励函数的形式确定. 特解的特征参数（频率和衰减）通常和激励函数的相同；当激励函数的特征参数和系统微分方程的特征根相同时,则发生(广义的)谐振现象,特解的形式有所改变. 表 2-2 所示是典型激励信号所对应的特解的形式. 将系统特解的形式代入系统微分方程,并求方程平衡,则可确定特解形式中的待定系数,求出特解.

表 2-2 典型激励函数对应的特解形式

激励函数 $e(t)$	特解形式(A,B,A_i,B_i 为待定系数)
E(常数)	A
t^m	$A_m t^m + A_{m-1} t^{m-1} + A_{m-2} t^{m-2} + \cdots + A_1 t + A_0$
e^{pt},p 是实数,不是方程的特征根	Ae^{pt}
e^{pt},p 是实数,并且是方程的 k 阶特征根	$A_0 e^{pt} + A_1 t e^{pt} + A_2 t^2 e^{pt} + \cdots + A_k t^k e^{pt}$
$\cos\omega t$,$\pm j\omega$ 不是方程的特征根 $\sin\omega t$,$\pm j\omega$ 不是方程的特征根	$A\cos\omega t + B\sin\omega t$
$\cos\omega t$,$\pm j\omega$ 是方程的 k 阶共轭特征根 $\sin\omega t$,$\pm j\omega$ 是方程的 k 阶共轭特征根	$A_0 \cos\omega t + A_1 t\cos\omega t + \cdots + A_k t^k \cos\omega t$ $+ B_0 \sin\omega t + B_1 t\sin\omega t + \cdots + B_k t^k \sin\omega t$
$e^{\sigma t}\cos\omega t$,$\sigma \pm j\omega$ 不是方程的特征根 $e^{\sigma t}\sin\omega t$,$\sigma \pm j\omega$ 不是方程的特征根	$Ae^{\sigma t}\cos\omega t + Be^{\sigma t}\sin\omega t$
$e^{\sigma t}\cos\omega t$,$\sigma \pm j\omega$ 是方程的 k 阶共轭特征根 $e^{\sigma t}\sin\omega t$,$\sigma \pm j\omega$ 是方程的 k 阶共轭特征根	$A_0 e^{\sigma t}\cos\omega t + A_1 t e^{\sigma t}\cos\omega t + \cdots + A_k t^k e^{\sigma t}\cos\omega t$ $+ B_0 e^{\sigma t}\sin\omega t + B_1 t e^{\sigma t}\sin\omega t + \cdots + B_k t^k e^{\sigma t}\sin\omega t$

3. 全解

齐次解和特解叠加是微分方程的全解,全解是系统的全响应. 全解求解需要根据初始条件或边界条件确定齐次解分量中的待定系数,即从全解形式所包含的所有可能的解函数中确定唯一的解.

所谓边界条件,即给定的确定时刻的一组系统状态. 求解 n 阶系统需要 n 个给定状态,包括系统响应以及系统响应的 $n-1$ 阶导函数在确定时刻的取值. 在系统分析中,经常给定激励开始作用时刻的系统状态作为边界条件,此时称为初始条件或初始状态. 由初始状态确定待定系数,就是从所有可能的响应曲线中确定那根经过初始状态点的曲线.

4. 初始状态跳变

在经典的线性常系数微分方程求解中,微分方程的激励函数 $e(t)$ 是非奇异的,因此微分方程的解 $r(t)$ 也是非奇异的. 在电路分析和本课程的系统分析中,系统激励经常从某一时刻 t_0 开始作用,表示为 $e(t)u(t-t_0)$,是奇异的,因此系统响应也是奇异的,可表示为 $r(t)u(t-t_0)$. 系统微分方程求解只在 $t>t_0$ 时间区间有意义.

由于系统响应的奇异性,存在一种可能,在激励信号作用到系统的瞬时,系统状态发生跳变,t_{0+} 时刻的系统状态不同于 t_{0-} 时刻. 在求解 n 阶系统所需的 n 个初始状态 $r(t_0)$,

$r'(t_0),\cdots,r^{(n-1)}(t_0)$中，只要有一个存在跳变，即为初始状态有跳变. 初始状态跳变是由于激励信号作用引起的，因此系统零输入响应不存在初始状态跳变问题.

在求取 $t>t_0$ 时间区间的系统响应时，应该以 t_{0+} 时刻的系统状态作为初始状态. 如果系统初始状态没有跳变，则无需区分 t_{0+} 和 t_{0-}；如果初始状态有跳变，则应注意给定的初始状态是 t_{0+} 还是 t_{0-}，当给定的是 t_{0-} 状态时，则应该转换为 t_{0+} 状态，以此进行系统求解.

对于线性时不变系统，激励信号和响应信号的奇异性也必须满足系统微分方程，即把激励信号和响应信号代入系统微分方程时，方程两边的奇异项(跳变、冲激及冲激的各阶导数)必须平衡.

如何判断系统初始状态是否有跳变呢？把激励信号 $e(t)u(t-t_0)$代入系统微分方程(2.1)，如果方程的右边出现冲激函数 $\delta(t-t_0)$或它的导数 $\delta^{(k)}(t-t_0)$，则一定有初始状态跳变；如果方程的右边不出现冲激函数 $\delta(t-t_0)$或它的导数 $\delta^{(k)}(t-t_0)$，则初始状态没有跳变. 例如，假设方程的右边出现冲激函数 $\delta(t-t_0)$，为了平衡，方程左边$\frac{\mathrm{d}^n r(t)}{\mathrm{d}t^n}$项的结果必须包含 $\delta(t-t_0)$，为此$\frac{\mathrm{d}^{n-1}r(t)}{\mathrm{d}t^{n-1}}$必须包含 $\Delta u(t-t_0)$($\Delta u(t-t_0)$表示 t_0 处的信号跳变，不表示阶跃函数)，这说明初始条件 $r^{(n-1)}(t_0)=\left.\frac{\mathrm{d}^{n-1}r(t)}{\mathrm{d}t^{n-1}}\right|_{t=t_0}$ 有跳变.

在存在初始状态跳变的情况下，可以根据系统的微分方程先求取初始状态跳变的幅值，然后在 t_{0-} 初始状态上加上跳变幅值，求得 t_{0+} 初始状态. 在零状态响应求解中，还可以利用奇异函数平衡法.

例 2.1 给定图 2-5 所示电路，$t<0$ 时开关 S 处于 1 的位置并达到稳态；$t=0$ 时刻 S 由 1 转到 2. 求图中所示电阻 R_1 支路的电流 $i(t)$.

解 (1) 建立系统微分方程

根据电路条件得电路方程

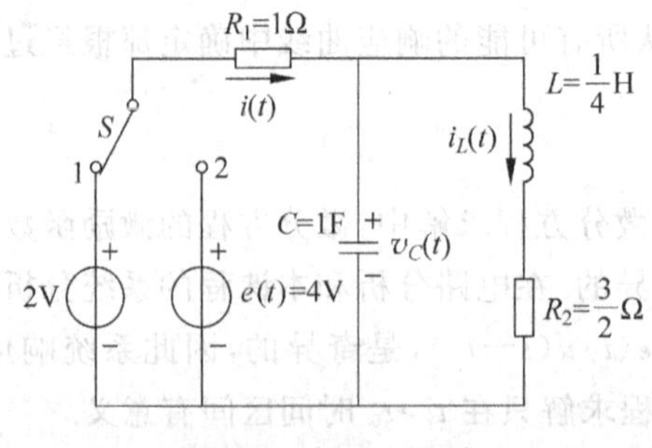

图 2-5 例 2.1 电路

$$\begin{cases} R_1 i(t) + v_C(t) = e(t), \\ v_C(t) = L\dfrac{\mathrm{d}}{\mathrm{d}t}i_L(t) + R_2 i_L(t), \\ i(t) = C\dfrac{\mathrm{d}}{\mathrm{d}t}v_C(t) + i_L(t). \end{cases} \tag{2.4}$$

消去变量 $i_L(t)$和 $v_C(t)$,得系统微分方程

$$\begin{aligned} &\frac{\mathrm{d}^2}{\mathrm{d}t^2}i(t) + \left(\frac{1}{R_1 C} + \frac{R_2}{L}\right)\frac{\mathrm{d}}{\mathrm{d}t}i(t) + \left(\frac{1}{LC} + \frac{R_2}{R_1 LC}\right)i(t) \\ &= \frac{1}{R_1}\frac{\mathrm{d}^2}{\mathrm{d}t^2}e(t) + \frac{R_2}{R_1 L}\frac{\mathrm{d}}{\mathrm{d}t}e(t) + \frac{1}{R_1 LC}e(t). \end{aligned} \tag{2.5}$$

代入电路参数,得

$$\frac{\mathrm{d}^2}{\mathrm{d}t^2}i(t) + 7\frac{\mathrm{d}}{\mathrm{d}t}i(t) + 10i(t) = \frac{\mathrm{d}^2}{\mathrm{d}t^2}e(t) + 6\frac{\mathrm{d}}{\mathrm{d}t}e(t) + 4e(t), \tag{2.6}$$

该方程的特征方程和特征根为

$$\lambda^2 + 7\lambda + 10 = 0, \tag{2.7}$$

$$\lambda_1 = -2, \quad \lambda_2 = -5. \tag{2.8}$$

(2) 由电路条件确定系统初始状态

0_-初始状态是开关 S 处于 1 位置时的电路稳态解,有

$$i(0_-) = i_L(0_-) = \frac{2\mathrm{V}}{R_1 + R_2} = \frac{4}{5}\mathrm{A}, \tag{2.9}$$

$$v_C(0_-) = R_2 i_L(0_-) = \frac{6}{5}\mathrm{V}, \tag{2.10}$$

$$i'(0_-) = 0\mathrm{A/s}. \tag{2.11}$$

0_+初始状态是开关 S 合到 2 瞬时的系统状态,根据电路条件,有

$$v_C(0_+) = v_C(0_-) = \frac{6}{5}\mathrm{V}, \tag{2.12}$$

$$i_L(0_+) = i_L(0_-) = \frac{4}{5}\mathrm{A}, \tag{2.13}$$

$$i(0_+) = \frac{1}{R_1}[e(0_+) - v_C(0_+)] = \frac{14}{5}\mathrm{A}, \tag{2.14}$$

$$\begin{aligned} i'(0_+) &= \frac{1}{R_1}\frac{\mathrm{d}}{\mathrm{d}t}[e(t) - v_C(t)]\Big|_{t=0_+} \\ &= \frac{1}{R_1}\left[e'(0_+) - \frac{1}{C}[i(0_+) - i_L(0_+)]\right] = -2\mathrm{A/s}. \end{aligned} \tag{2.15}$$

可见,系统 0_+ 初始状态和 0_- 初始状态不相同,初始状态有跳变.

(3) 方程求解

方法一:已知系统 0_+ 初始状态,直接由 0_+ 初始状态求系统响应.

取 $e(t)=4$，代入系统方程得

$$\frac{\mathrm{d}^2}{\mathrm{d}t^2}i(t)+7\frac{\mathrm{d}}{\mathrm{d}t}i(t)+10i(t)=16. \tag{2.16}$$

根据初始条件 $i(0_+)=14/5$ 和 $i'(0_+)=-2$，求得方程的全解为

$$i(t)=\frac{4}{3}\mathrm{e}^{-2t}-\frac{2}{15}\mathrm{e}^{-5t}+\frac{8}{5},\quad t>0. \tag{2.17}$$

方法二：先求初始状态跳变幅值，然后由 0_- 初始状态加跳变幅值得 0_+ 初始状态，再求系统响应.

根据图 2-6 所示 $e(t)$ 的波形，有

$$e(t)=2+2u(t), \tag{2.18}$$

$$\frac{\mathrm{d}}{\mathrm{d}t}e(t)=2\delta(t), \tag{2.19}$$

$$\frac{\mathrm{d}^2}{\mathrm{d}t^2}e(t)=2\delta'(t). \tag{2.20}$$

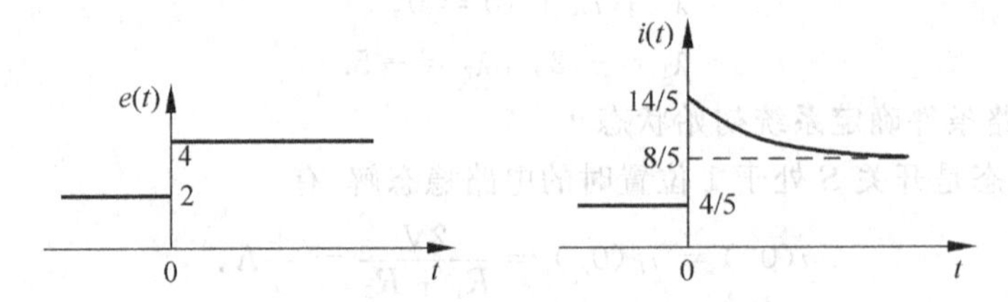

图 2-6　例 2.1 电路的激励和响应

代入到系统方程(2.6)，得

$$\frac{\mathrm{d}^2}{\mathrm{d}t^2}i(t)+7\frac{\mathrm{d}}{\mathrm{d}t}i(t)+10i(t)=2\delta'(t)+12\delta(t)+8u(t)+8, \tag{2.21}$$

方程右边有冲激函数及其导数，表明初始状态有跳变. 假设 $i(t)$ 在 $t=0$ 时刻的跳变幅值为 A，表示为

$$i(t)\big|_{t=0}=A\Delta u(t), \tag{2.22}$$

因为 $i(t)$ 在 $t=0$ 时刻有 $A\Delta u(t)$ 的跳变，所以 $\frac{\mathrm{d}i(t)}{\mathrm{d}t}$ 在 $t=0$ 时刻必然有 $A\delta(t)$. 同样，$\frac{\mathrm{d}i(t)}{\mathrm{d}t}$ 在 $t=0$ 时刻也可能有跳变，假设为 $B\Delta u(t)$. 因此，$\frac{\mathrm{d}i(t)}{\mathrm{d}t}$ 的奇异项可表示为

$$\left.\frac{\mathrm{d}i(t)}{\mathrm{d}t}\right|_{t=0}=A\delta(t)+B\Delta u(t). \tag{2.23}$$

类似地，$\frac{\mathrm{d}^2i(t)}{\mathrm{d}t^2}$ 的奇异项可表示为

$$\left.\frac{\mathrm{d}^2i(t)}{\mathrm{d}t^2}\right|_{t=0}=A\delta'(t)+B\delta(t)+C\Delta u(t). \tag{2.24}$$

将上述 $i(t)$ 及其导函数的奇异项代入方程(2.21)，有

$$A\delta'(t)+(7A+B)\delta(t)+(10A+7B+C)\Delta u(t)=2\delta'(t)+12\delta(t)+8u(t), \tag{2.25}$$

求方程两边奇异项的平衡，得

$$A=2,\quad B=-2,\quad C=2. \tag{2.26}$$

A 和 B 分别表示了 $i(t)$ 和 $\frac{\mathrm{d}i(t)}{\mathrm{d}t}$ 在 $t=0$ 时刻的跳变幅值，由此可以求得 0_+ 时刻的状态：

$$i(0_+)=i(0_-)+A=\frac{4}{5}+2=\frac{14}{5}, \tag{2.27}$$

$$\frac{\mathrm{d}}{\mathrm{d}t}i(0_+)=\frac{\mathrm{d}}{\mathrm{d}t}i(0_-)+B=0-2=-2, \tag{2.28}$$

此结果和前面根据电路条件求得的 0_+ 初始状态相同. 方程求解同方法一，不再重复.

方法三：把系统激励分解为 $e_1(t)=2$ 和 $e_2(t)=2u(t)$，分别求解.

对于激励 $e_1(t)=2$，作用时间从 $t=-\infty$ 开始，是非奇异的. 将 $e_1(t)=2$ 代入方程(2.6)，选择 $i(0_-)=\frac{4}{5}\mathrm{A}$ 和 $i'(0_-)=0\mathrm{A/s}$ 作为边界条件(此处不再称为初始条件)，求得系统响应

$$i_1(t)=\frac{4}{5}. \tag{2.29}$$

对于激励 $e_2(t)=2u(t)$，有零初始状态(激励 $e_1(t)=2$ 已单独考虑)，所以求其零状态响应. 将 $e_2(t)=2u(t)$ 代入方程(2.6)，得

$$\frac{\mathrm{d}^2}{\mathrm{d}t^2}i_2(t)+7\frac{\mathrm{d}}{\mathrm{d}t}i_2(t)+10i_2(t)=2\delta'(t)+12\delta(t)+8u(t), \tag{2.30}$$

方程右边有冲激函数及其导数，因此初始状态有跳变.

根据方程(2.30)的激励、特征根和零初始状态，可得到解的形式

$$i_2(t)=(A\mathrm{e}^{-2t}+B\mathrm{e}^{-5t})u(t)+Cu(t), \tag{2.31}$$

其中 $(A\mathrm{e}^{-2t}+B\mathrm{e}^{-5t})u(t)$ 为齐次解，$Cu(t)$ 为特解. 注意，初始状态的跳变已包含在此式中，这里是零状态下的跳变，不再需要用 $\Delta u(t)$ 表示. 将式(2.31)代入微分方程(2.30)，求方程两边奇异项的平衡，得系数

$$A=\frac{4}{3},\quad B=-\frac{2}{15},\quad C=\frac{4}{5}, \tag{2.32}$$

由此求得

$$i_2(t)=\left(\frac{4}{3}\mathrm{e}^{-2t}-\frac{2}{15}\mathrm{e}^{-5t}+\frac{4}{5}\right)u(t). \tag{2.33}$$

$i_1(t)$ 和 $i_2(t)$ 叠加，得系统响应

$$i(t)=i_1(t)+i_2(t)=\frac{4}{3}\mathrm{e}^{-2t}-\frac{2}{15}\mathrm{e}^{-5t}+\frac{8}{5},\quad t>0. \tag{2.34}$$

以上几种方法求得的系统响应是一致的，响应的波形如图 2-6 所示. 还可以有其他一些系统求解的方法，千变万化不离其宗，请注意理解系统响应的构成、信号分解和初始状态跳变的概念.

2.1.3 系统的单位冲激响应

激励信号为单位冲激函数时的系统的零状态响应称为系统的单位冲激响应，用 $h(t)$ 表示.

根据式(2.1)的微分方程，系统单位冲激响应满足方程

$$\begin{aligned}&\frac{\mathrm{d}^n h(t)}{\mathrm{d}t^n}+a_{n-1}\frac{\mathrm{d}^{n-1}h(t)}{\mathrm{d}t^{n-1}}+\cdots+a_1\frac{\mathrm{d}h(t)}{\mathrm{d}t}+a_0h(t)\\&=b_m\frac{\mathrm{d}^m}{\mathrm{d}t^m}\delta(t)+b_{m-1}\frac{\mathrm{d}^{m-1}}{\mathrm{d}t^{m-1}}\delta(t)+\cdots+b_1\frac{\mathrm{d}}{\mathrm{d}t}\delta(t)+b_0\delta(t),\end{aligned}\tag{2.35}$$

在该方程中，方程两边的冲激函数及其各阶导数必须平衡. 因此，对于不同的 n 和 m，方程解 $h(t)$ 具有不同的形式：

(1) 当 $n>m$ 时，$h(t)$ 不能有 $\delta(t)$ 及其各阶导数，此时解的形式为

$$h(t)=(\text{齐次解形式})u(t).\tag{2.36}$$

(2) 当 $n=m$ 时，$h(t)$ 必须有 $\delta(t)$，但不能有其各阶导数，此时解的形式为

$$h(t)=A\delta(t)+(\text{齐次解形式})u(t).\tag{2.37}$$

(3) 当 $n<m$ 时，$h(t)$ 必须有 $\delta^{(m-n)}(t)$，还可能包含低于此阶数的冲激函数导数，此时解的形式为

$$h(t)=A_{m-n}\delta^{(m-n)}(t)+\cdots+A_1\delta'(t)+A_0\delta(t)+(\text{齐次解形式})u(t).\tag{2.38}$$

在以上 $h(t)$ 的解的形式中，"齐次解形式"的系数是待定的，$\delta(t)$ 及其各阶导数的系数也是待定的. 把 $h(t)$ 的解的形式代入微分方程(2.35)，求方程两边系数平衡，即可确定所有待定系数，求得系统单位冲激响应 $h(t)$.

系统单位冲激响应的物理过程是：系统初始能量为零，即零初始状态；在 $t=0$ 时刻，由于冲激激励，系统瞬间获得能量，初始状态跳变；随后，系统激励又为零，系统依靠冲激激励所建立的 0_+ 初始状态进行自由响应. 可见，单位冲激响应也可以看作冲激激励后的零输入响应.

例 2.2 求下列系统微分方程的单位冲激响应

$$\frac{\mathrm{d}}{\mathrm{d}t}r(t)+2r(t)=\frac{\mathrm{d}^2}{\mathrm{d}t^2}e(t)+3\frac{\mathrm{d}}{\mathrm{d}t}e(t)+3e(t).\tag{2.39}$$

解 方程的特征方程及其特征根为

$$\lambda+2=0,\quad \lambda=-2.\tag{2.40}$$

因为 $n=1,m=2$，所以单位冲激响应的形式为

$$h(t)=A_1\delta'(t)+A_0\delta(t)+B\mathrm{e}^{-2t}u(t). \tag{2.41}$$

将 $e(t)=\delta(t)$ 和 $r(t)=h(t)$ 代入微分方程，求方程两边系数平衡，得

$$A_1=1,\quad A_0=1,\quad B=1, \tag{2.42}$$

由此求得系统单位冲激响应

$$h(t)=\delta'(t)+\delta(t)+\mathrm{e}^{-2t}u(t). \tag{2.43}$$

2.2　卷积求零状态响应

2.2.1　信号的脉冲分量分解

任一信号 $f(t)$ 可分解为一串冲激信号的叠加. 设信号 $f(t)$ 的波形如图 2-7 所示，它可近似地表示为一串宽度为 $\Delta\tau$ 的矩形脉冲的叠加，$\Delta\tau$ 越小，矩形脉冲叠加的波形越接近 $f(t)$. 在任意时间 $n\Delta\tau$ 处，矩形脉冲的幅值为 $f(n\Delta\tau)$，此处的矩形脉冲可表示为 $f(n\Delta\tau)[u(t-n\Delta\tau)-u(t-n\Delta\tau-\Delta\tau)]$，因此有

$$f(t)\approx\sum_{n=-\infty}^{\infty}f(n\Delta\tau)[u(t-n\Delta\tau)-u(t-n\Delta\tau-\Delta\tau)], \tag{2.44}$$

当 $\Delta\tau$ 足够小时，矩形脉冲可近似表示为冲激脉冲. 因为每一个矩形脉冲的面积为 $f(n\Delta\tau)\Delta\tau$，所以它对应的冲激脉冲的强度为 $f(n\Delta\tau)\Delta\tau$，因此有

$$f(n\Delta\tau)[u(t-n\Delta\tau)-u(t-n\Delta\tau-\Delta\tau)]\approx f(n\Delta\tau)\Delta\tau\delta(t-n\Delta\tau). \tag{2.45}$$

取 $\Delta\tau\to0$ 的极限，有 $\Delta\tau\to\mathrm{d}\tau$，$n\Delta\tau\to\tau$，因此有

$$\begin{aligned}f(t)&=\lim_{\Delta\tau\to0}\sum_{n=-\infty}^{\infty}f(n\Delta\tau)[u(t-n\Delta\tau)-u(t-n\Delta\tau-\Delta\tau)]\\&=\lim_{\Delta\tau\to0}\sum_{n=-\infty}^{\infty}f(n\Delta\tau)\Delta\tau\delta(t-n\Delta\tau)\\&=\int_{-\infty}^{\infty}f(\tau)\delta(t-\tau)\mathrm{d}\tau.\end{aligned} \tag{2.46}$$

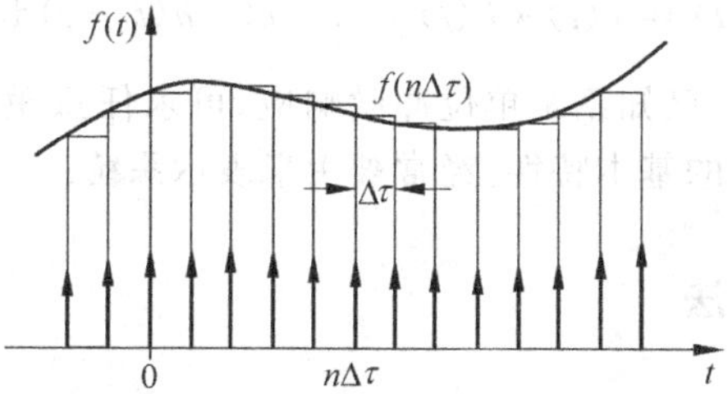

图 2-7　信号分解为冲激脉冲的叠加

此关系式表明，信号 $f(t)$ 可等效为一串冲激脉冲，在时间 τ 处的冲激脉冲的强度为 $f(\tau)\mathrm{d}\tau$，是无穷小；相邻两脉冲之间的时间间隔为 $\mathrm{d}\tau$，也是无穷小. 因此，这是一串强度为无穷小的连续分布的冲激脉冲.

2.2.2　卷积的概念

已知一个线性时不变系统的单位冲激响应 $h(t)$，对于任意系统激励 $e(t)$，求系统的零状态响应 $r(t)$，由此引出卷积的概念.

基于信号的脉冲分解，激励信号 $e(t)$ 可以等效为一串冲激脉冲信号的叠加：

$$e(t)=\int_{-\infty}^{\infty}e(\tau)\delta(t-\tau)\mathrm{d}\tau, \tag{2.47}$$

在时间 τ 处的冲激脉冲分量为 $[e(\tau)\mathrm{d}\tau]\delta(t-\tau)$.

已知系统的单位冲激响应为 $h(t)$，即：激励 $\delta(t)$ 产生响应 $h(t)$.

基于系统的时不变特性，有：激励 $\delta(t-\tau)$ 产生响应 $h(t-\tau)$.

基于线性系统响应的均匀性，有：激励 $[e(\tau)\mathrm{d}\tau]\delta(t-\tau)$ 产生响应 $[e(\tau)\mathrm{d}\tau]h(t-\tau)$.

基于线性系统响应的叠加性，有：激励 $e(t)=\int_{-\infty}^{\infty}e(\tau)\delta(t-\tau)\mathrm{d}\tau$ 产生响应 $r(t)=\int_{-\infty}^{\infty}e(\tau)h(t-\tau)\mathrm{d}\tau$.

定义两函数 $e(t)$ 和 $h(t)$ 的卷积运算为

$$r(t)=e(t)*h(t)=\int_{-\infty}^{\infty}e(\tau)h(t-\tau)\mathrm{d}\tau, \tag{2.48}$$

则有：线性时不变系统在激励 $e(t)$ 作用下的零状态响应 $r(t)$ 是激励 $e(t)$ 和系统单位冲激响应 $h(t)$ 的卷积.

卷积求系统响应的物理意义是，系统激励 $e(t)$ 可等效为 $(-\infty,\infty)$ 时间区间的一串冲激脉冲的叠加，系统在 t 时刻的响应 $r(t)$ 是所有这些冲激脉冲单独作用时的冲激响应的叠加. 如果系统是因果的，则在 t 时刻的响应 $r(t)$ 是 t 时刻以前所有冲激脉冲的响应的叠加，和 t 时刻以后的冲激脉冲无关. 因此，对于因果系统，系统响应可表示为

$$r(t)=e(t)*h(t)=\int_{-\infty}^{t}e(\tau)h(t-\tau)\mathrm{d}\tau. \tag{2.49}$$

对于线性时不变系统，已知系统单位冲激响应，可求任意激励下的系统零状态响应. 单位冲激响应反映了系统的基本特性，经常被用来表示系统.

2.2.3　卷积的图解方法

下面介绍图解方法求解卷积的过程，由此加深对卷积的理解. 将式(2.48)改写为以下形式：

$$e(t)*h(t)=\int_{-\infty}^{\infty}e(\tau)h[-(\tau-t)]\mathrm{d}\tau. \tag{2.50}$$

此式所包括的运算可分解如下：

(1) 对 $h(\tau)$ 反褶，得 $h(-\tau)$；

(2) 对 $h(-\tau)$ 移位 t，得 $h[-(\tau-t)]$，$t>0$ 时为右移，$t<0$ 时为左移；

(3) 函数相乘，得函数积 $e(\tau)h[-(\tau-t)]$；

(4) 对函数积积分，求在 $(-\infty,\infty)$ 区间的函数积的净面积 $\int_{-\infty}^{\infty}e(\tau)h[-(\tau-t)]\mathrm{d}\tau$.

卷积式(2.50)是一个函数，t 是自变量. 在积分式中，τ 为积分变量，t 为时移. 随着 t 的改变，$h(t-\tau)$ 移位，函数积 $e(\tau)h(t-\tau)$ 变化，函数积的净面积也变化，净面积随 t 变化的关系即为卷积的函数关系.

例 2.3　已知信号 $e(t)$ 和 $h(t)$ 的波形如图 2-8(a)和(b)所示，用图解法求此两信号的卷积：

$$e(t)*h(t)=\int_{-\infty}^{\infty}e(\tau)h(t-\tau)\mathrm{d}\tau.$$

解　图解求卷积的步骤如下：

(1) 在图 2-8(a)和(b)中，变换 $e(t)$ 和 $h(t)$ 的横坐标，得 $e(\tau)$ 和 $h(\tau)$.

(2) 将 $h(\tau)$ 反褶，得 $h(-\tau)$，波形如图 2-8(c)所示.

(3) $e(\tau)$ 和 $h(-\tau)$ 相乘，得 $e(\tau)h(-\tau)$，波形如图 2-8(c)所示，为阴影部分.

(4) 对 $e(\tau)h(-\tau)$ 积分，求得阴影部分的净面积，此为 $e(t)*h(t)$ 在 $t=0$ 时刻的函数值.

(5) 在图 2-8(d)～(h)中，把 $h(-\tau)$ 平移不同的时间 t，分别有 $t=-1$，$t=1$，$t=2$，$t=3$ 和 $t=4$，由此得不同的 $h[-(\tau-t)]$，以及不同的 $e(\tau)h[-(\tau-t)]$，见图中阴影部分.

(6) 在图 2-8(d)～(h)中，对 $e(\tau)h[-(\tau-t)]$ 积分，求得阴影部分的净面积，此为卷积 $e(t)*h(t)$ 在不同时刻 t 的函数值.

以上计算了典型时刻的卷积的函数值，根据分段的波形，可得到卷积的函数关系，波形如图 2-8(g)所示，表达式为

$$e(t)*h(t)=\begin{cases}0, & t\leqslant -1,\\ 0.25(1+t)^2, & -1<t\leqslant 1,\\ 1, & 1<t\leqslant 2,\\ 0.25(4-t)^2, & 2<t\leqslant 4,\\ 0, & t>4.\end{cases} \tag{2.51}$$

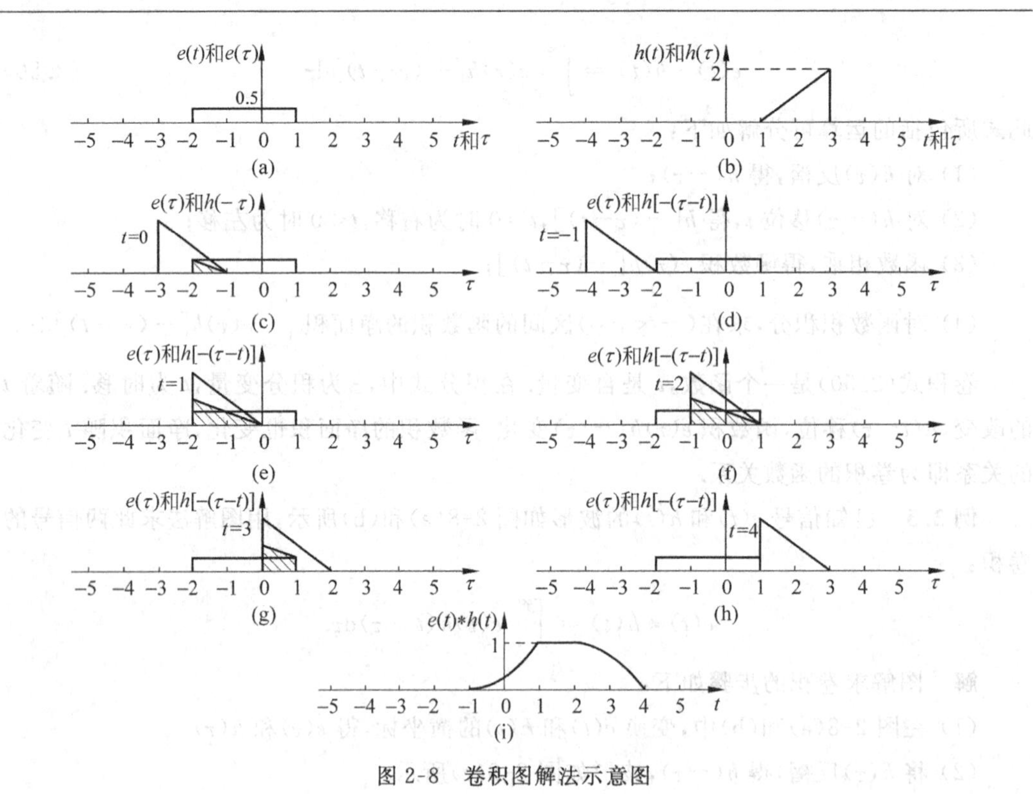

图 2-8 卷积图解法示意图

2.2.4 卷积的性质

1. 卷积代数

(1) 交换律

$$f_1(t) * f_2(t) = f_2(t) * f_1(t). \tag{2.52}$$

(2) 分配律

$$f_1(t) * [f_2(t) + f_3(t)] = f_1(t) * f_2(t) + f_1(t) * f_3(t). \tag{2.53}$$

图 2-9 所示是两个系统并联的情况，根据分配率，系统并联后的响应和激励满足关系

$$\begin{aligned} r(t) &= r_1(t) + r_2(t) \\ &= e(t) * h_1(t) + e(t) * h_2(t) \\ &= e(t) * [h_1(t) + h_2(t)], \end{aligned} \tag{2.54}$$

此式显示，两个系统并联后的单位冲激响应是各子系统的单位冲激响应的和.

(3) 结合律

$$[f_1(t) * f_2(t)] * f_3(t) = f_1(t) * [f_2(t) * f_3(t)]. \tag{2.55}$$

图 2-10 所示是两个系统串联的情况，根据结合率，系统串联后的响应和激励满足关系

$$r_1(t) = e(t) * h_1(t), \tag{2.56}$$

$$\begin{aligned} r(t) &= r_1(t) * h_2(t) \\ &= e(t) * h_1(t) * h_2(t) \\ &= e(t) * [h_1(t) * h_2(t)], \end{aligned} \tag{2.57}$$

此式显示，两个系统串联后的单位冲激响应是各子系统的单位冲激响应的卷积.

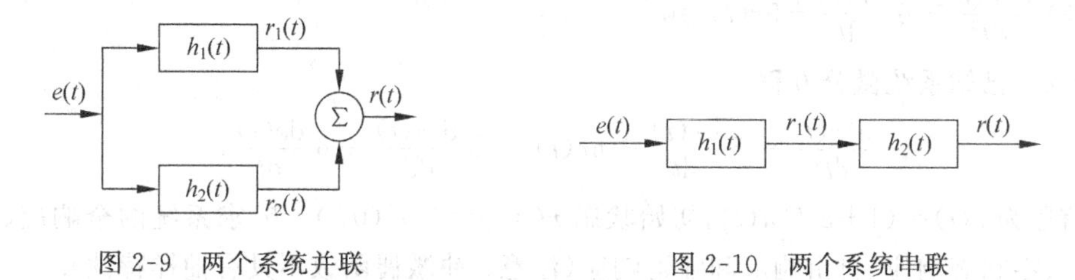

图 2-9　两个系统并联　　　　图 2-10　两个系统串联

2. 卷积的微分和积分

(1) 微分

$$\frac{\mathrm{d}}{\mathrm{d}t}[f_1(t) * f_2(t)] = \frac{\mathrm{d}f_1(t)}{\mathrm{d}t} * f_2(t) = f_1(t) * \frac{\mathrm{d}f_2(t)}{\mathrm{d}t}. \tag{2.58}$$

(2) 积分

$$\int_{-\infty}^{t} [f_1(t) * f_2(t)]\mathrm{d}t = f_1(t) * \int_{-\infty}^{t} f_2(\lambda)\mathrm{d}\lambda = f_2(t) * \int_{-\infty}^{t} f_1(\lambda)\mathrm{d}\lambda. \tag{2.59}$$

推演得

$$f_1(t) * f_2(t) = \frac{\mathrm{d}f_1(t)}{\mathrm{d}t} * \int_{-\infty}^{t} f_2(\lambda)\mathrm{d}\lambda, \tag{2.60}$$

$$\frac{\mathrm{d}^i}{\mathrm{d}t^i}[f_1(t) * f_2(t)] = f_1^{(j)}(t) * f_2^{(i-j)}(t). \tag{2.61}$$

3. 与冲激函数的卷积

$$f(t) * \delta(t) = f(t), \tag{2.62}$$

$$f(t) * \delta(t - t_0) = f(t - t_0), \tag{2.63}$$

$$f(t) * \delta^{(k)}(t) = f^{(k)}(t), \tag{2.64}$$

$$f(t) * \delta^{(k)}(t - t_0) = f^{(k)}(t - t_0). \tag{2.65}$$

此性质表明，通过和冲激函数的卷积可实现函数的移位.

习　　题

2.1　已知 $r(0_-)=1, r'(0_-)=2$，求解下列齐次微分方程：

(1) $\dfrac{\mathrm{d}^2 r(t)}{\mathrm{d}t^2}+2\dfrac{\mathrm{d}r(t)}{\mathrm{d}t}+3r(t)=0$；

(2) $\dfrac{\mathrm{d}^2 r(t)}{\mathrm{d}t^2}+6\dfrac{\mathrm{d}r(t)}{\mathrm{d}t}+9r(t)=0$.

2.2　已知系统微分方程

$$\frac{\mathrm{d}^2 r(t)}{\mathrm{d}t^2}+5\frac{\mathrm{d}r(t)}{\mathrm{d}t}+6r(t)=2\frac{\mathrm{d}^2 e(t)}{\mathrm{d}t^2}+6\frac{\mathrm{d}e(t)}{\mathrm{d}t},$$

激励信号为 $e(t)=(1+\mathrm{e}^{-t})u(t)$，初始状态 $r(0_-)=1, r'(0_-)=0$，求系统的全响应、零输入响应、零状态响应、自由响应和强迫响应(注意：冲激偶函数不具有抽样特性).

2.3　根据下列系统的微分方程，求系统的单位冲激响应.

$$\frac{\mathrm{d}r(t)}{\mathrm{d}t}+3r(t)=2\frac{\mathrm{d}e(t)}{\mathrm{d}t};$$

$$\frac{\mathrm{d}^2 r(t)}{\mathrm{d}t^2}+\frac{\mathrm{d}r(t)}{\mathrm{d}t}+r(t)=\frac{\mathrm{d}e(t)}{\mathrm{d}t}+e(t);$$

$$\frac{\mathrm{d}r(t)}{\mathrm{d}t}+2r(t)=\frac{\mathrm{d}^2 e(t)}{\mathrm{d}t^2}+3\frac{\mathrm{d}e(t)}{\mathrm{d}t}+3e(t).$$

2.4　已知一线性时不变系统，系统零状态响应 $r(t)$ 是系统激励 $e(t)$ 和系统单位冲激响应 $h(t)$ 的卷积. 证明：当系统是因果系统时，此卷积关系可表示为

$$r(t)=e(t)*h(t)=\int_{-\infty}^{t} e(\tau)h(t-\tau)\mathrm{d}\tau.$$

2.5　已知系统 $h(t)=\mathrm{e}^{-t}u(t)$，激励 $e(t)=u(t)$，求系统的零状态响应 $r(t)$.

2.6　已知一个线性时不变系统，初始状态为零，单位冲激响应为 $h_0(t)$. 当输入为 $x_0(t)$ 时，输出 $y_0(t)$ 如题图 2-1 所示. 现已知下面一些线性时不变系统，其单位冲激响应 $h(t)$ 和激励 $x(t)$ 分别是：

(1) $h(t)=h_0(t), x(t)=2x_0(t)$；

(2) $h(t)=h_0(t), x(t)=x_0(t)-x_0(t-2)$；

(3) $h(t)=h_0(t+1), x(t)=x_0(t-2)$；

(4) $h(t)=h_0(t), x(t)=x_0(-t)$；

(5) $h(t)=h_0(-t), x(t)=x_0(-t)$；

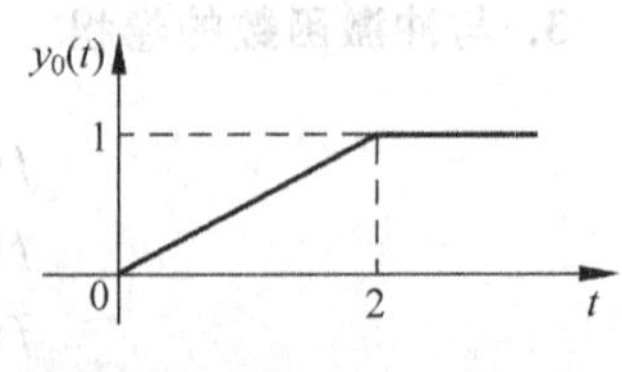

题图 2-1

(6) $h(t)=\frac{\mathrm{d}}{\mathrm{d}t}h_0(t)$, $x(t)=\frac{\mathrm{d}}{\mathrm{d}t}x_0(t)$.

根据这些信息，是否可以确定系统的输出 $y(t)$？如果可以，画出它的波形.

2.7　一个线性时不变系统对激励 $e(t)$ 的零状态响应如下式所示，求系统的单位冲激响应 $h(t)$.

$$r_{zs}(t)=\int_{-\infty}^{t}e^{-(t-\tau)}e(\tau-2)\mathrm{d}\tau.$$

2.8　求下列函数 $f_1(t)$ 和 $f_2(t)$ 的卷积 $f_1(t)*f_2(t)$：

(1) $f_1(t)=u(t)$, $f_2(t)=e^{-at}u(t)$；

(2) $f_1(t)=\delta(t+1)+\delta(t-1)$, $f_2(t)=\cos\omega t$；

(3) $f_1(t)=\delta(t-1)$, $f_2(t)=\delta(t-2)$；

(4) $f_1(t)=(1+t)[u(t)-u(t-1)]$, $f_2(t)=u(t-1)-u(t-2)$.

2.9　已知 $f_1(t)$ 和 $f_2(t)$ 的波形，如题图 2-2 所示，绘出 $f_1(t)*f_2(t)$ 的波形.

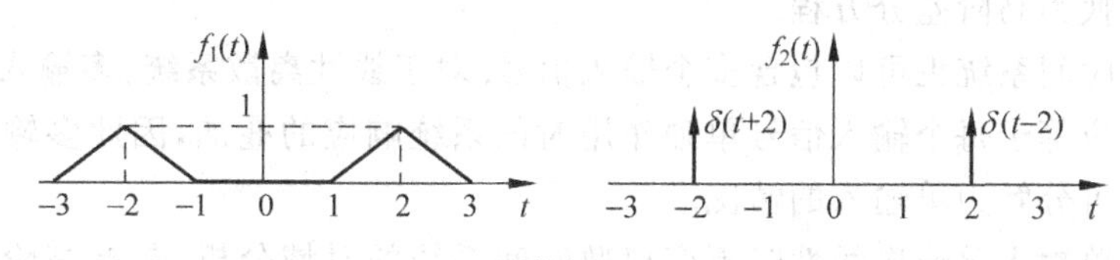

题图 2-2

第3章　线性时不变离散时间系统的时域分析

输入和输出都是离散时间信号的系统称为离散时间系统. 和连续时间系统类似，对于离散时间系统，也可以建立描述系统输出和系统输入之间关系的数学方程，并通过求解这些方程，得到给定输入信号和给定初始状态条件下的系统输出.

一个线性时不变离散时间系统可用差分状态方程或高阶差分方程来进行数学描述. 差分状态方程为一阶差分方程组，描述系统独立状态变量和系统输入信号之间的关系. 高阶差分方程描述系统单个输出信号和系统输入信号之间的关系. 系统差分状态方程可通过变量替换转换为高阶差分方程.

一个离散时间系统也可以包含多个输入信号. 对于线性离散系统，多输入信号同时作用时的系统响应等于每个输入信号单独作用时的系统响应的叠加，因此多输入情况下的系统响应求解可分解为单输入的情况.

本章学习单输入单输出线性时不变离散时间系统的时域分析，包括高阶差分方程求解和卷积和求解. 线性时不变离散时间系统的时域分析和线性时不变连续时间系统的时域分析具有很好的对应关系.

3.1　离散时间系统的差分方程描述

3.1.1　离散时间系统的差分方程

一些实际物理过程本身具有离散特性，它们的数学模型只能是差分方程，如下面例 3.1 和例 3.2. 大量的物理过程本身是连续的，它们的数学模型是微分方程，但进行离散化处理后，可用差分方程近似描述，由此构成了一个离散时间系统，如下面例 3.3.

例 3.1　求等比序列 $e_{\mathrm{d}}(n)=Aq^n$ 的前 $n+1$ 项和.

解　等比序列前 $n+1$ 项的和为

$$r_{\mathrm{d}}(n) = A + Aq + Aq^2 + \cdots + Aq^n. \tag{3.1}$$

$r_{\mathrm{d}}(n)$构成一个离散序列，有

$$r_{\mathrm{d}}(0) = A, \tag{3.2}$$

$$r_{\mathrm{d}}(n) = r_{\mathrm{d}}(n-1) + Aq^n. \tag{3.3}$$

由此得一阶差分方程

$$r_{\mathrm{d}}(n)-r_{\mathrm{d}}(n-1)=Aq^{n}. \tag{3.4}$$

此差分方程对应一个离散系统，系统输入是 $e_{\mathrm{d}}(n)=Aq^{n}$，系统输出是 $r_{\mathrm{d}}(n)$，初始条件为 $r_{\mathrm{d}}(0)=A$.

例 3.2　图 3-1 所示是一个链形电阻网络，各节点电位为 $\varphi_{\mathrm{d}}(n)$，$n=0,1,2,\cdots,N$，已知边界条件 $\varphi_{\mathrm{d}}(0)=E$，$\varphi_{\mathrm{d}}(N)=0$，求描述此电阻网络节点电位分布的差分方程.

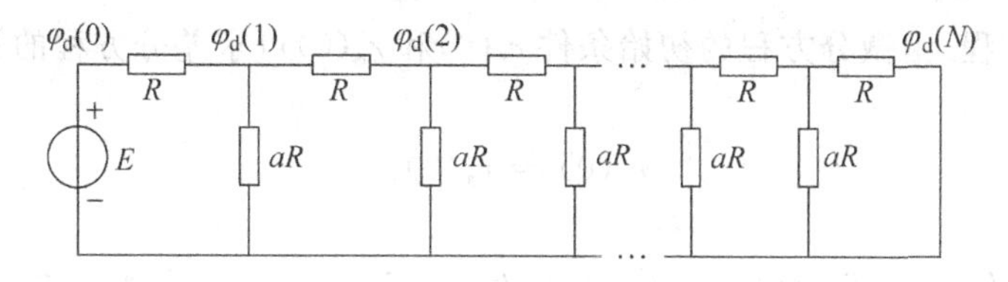

图 3-1　链形电阻网络

解　在网络的第 $n-1$ 个节点，根据基尔霍夫电流定律，有

$$\frac{\varphi_{\mathrm{d}}(n-2)-\varphi_{\mathrm{d}}(n-1)}{R}=\frac{\varphi_{\mathrm{d}}(n-1)}{aR}+\frac{\varphi_{\mathrm{d}}(n-1)-\varphi_{\mathrm{d}}(n)}{R}. \tag{3.5}$$

由此得描述此电阻网络节点电位分布的二阶差分方程

$$a\varphi_{\mathrm{d}}(n)-(2a+1)\varphi_{\mathrm{d}}(n-1)+a\varphi_{\mathrm{d}}(n-2)=0,\quad n=0,1,2,\cdots,N, \tag{3.6}$$

边界条件为 $\varphi_{\mathrm{d}}(0)=E$，$\varphi_{\mathrm{d}}(N)=0$.

例 3.3　已知一个连续系统的微分方程为

$$\frac{\mathrm{d}^{2}r_{\mathrm{a}}(t)}{\mathrm{d}t^{2}}+3\frac{\mathrm{d}r_{\mathrm{a}}(t)}{\mathrm{d}t}+2r_{\mathrm{a}}(t)=\frac{\mathrm{d}e_{\mathrm{a}}(t)}{\mathrm{d}t}+2e_{\mathrm{a}}(t), \tag{3.7}$$

初始条件为 $r_{\mathrm{a}}(0)$ 和 $r_{\mathrm{a}}'(0)$. 对系统信号离散化，建立对应离散系统的差分方程.

解　以抽样间隔 T_{s} 对系统激励 $e_{\mathrm{a}}(t)$ 和响应 $r_{\mathrm{a}}(t)$ 抽样，得离散序列

$$e_{\mathrm{d}}(n)=e_{\mathrm{a}}(nT_{\mathrm{s}}), \tag{3.8}$$

$$r_{\mathrm{d}}(n)=r_{\mathrm{a}}(nT_{\mathrm{s}}). \tag{3.9}$$

当 T_{s} 足够小时，近似有

$$\frac{\mathrm{d}r_{\mathrm{a}}(t)}{\mathrm{d}t}\approx\frac{r_{\mathrm{a}}(nT_{\mathrm{s}})-r_{\mathrm{a}}[(n-1)T_{\mathrm{s}}]}{T_{\mathrm{s}}}=\frac{r_{\mathrm{d}}(n)-r_{\mathrm{d}}(n-1)}{T_{\mathrm{s}}}, \tag{3.10}$$

$$\begin{aligned}\frac{\mathrm{d}^{2}r_{\mathrm{a}}(t)}{\mathrm{d}t^{2}}&\approx\frac{r_{\mathrm{a}}'(nT_{\mathrm{s}})-r_{\mathrm{a}}'[(n-1)T_{\mathrm{s}}]}{T_{\mathrm{s}}}\\&\approx\frac{1}{T_{\mathrm{s}}}\left[\frac{r_{\mathrm{d}}(n)-r_{\mathrm{d}}(n-1)}{T_{\mathrm{s}}}-\frac{r_{\mathrm{d}}(n-1)-r_{\mathrm{d}}(n-2)}{T_{\mathrm{s}}}\right]\\&=\frac{1}{T_{\mathrm{s}}^{2}}[r_{\mathrm{d}}(n)-2r_{\mathrm{d}}(n-1)+r_{\mathrm{d}}(n-2)],\end{aligned} \tag{3.11}$$

$$\frac{\mathrm{d}e_a(t)}{\mathrm{d}t} \approx \frac{e_d(n)-e_d(n-1)}{T_s}. \tag{3.12}$$

将以上三式代入微分方程(3.7)，得差分方程

$$\left(\frac{1}{T_s^2}+\frac{3}{T_s}+2\right)r_d(n)-\left(\frac{2}{T_s^2}+\frac{3}{T_s}\right)r_d(n-1)+\frac{1}{T_s^2}r_d(n-2)$$
$$=\left(\frac{1}{T_s}+2\right)e_d(n)-\frac{1}{T_s}e_d(n-1), \tag{3.13}$$

此为二阶差分方程.由微分方程的初始条件 $r_a(0)$ 和 $r_a'(0)$ 可求差分方程的初始条件 $r_d(0)$ 和 $r_d(-1)$，有

$$r_d(0)=r_a(0). \tag{3.14}$$

由近似关系

$$r_a'(0)\approx[r_a(0)-r_a(-T_s)]/T_s=[r_d(0)-r_d(-1)]/T_s \tag{3.15}$$

得

$$r_d(-1)\approx r_a(0)-T_s r_a'(0). \tag{3.16}$$

以上为后向差分方程，也可以采用前向差分的方法进行离散化，即

$$\frac{\mathrm{d}r_a(t)}{\mathrm{d}t}\approx\frac{r_d(n+1)-r_d(n)}{T_s}, \tag{3.17}$$

$$\frac{\mathrm{d}^2 r_a(t)}{\mathrm{d}t^2}\approx\frac{r_a'[(n+1)T_s]-r_a'(nT_s)}{T_s}$$
$$\approx\frac{1}{T_s^2}[r_d(n+2)-2r_d(n+1)+r_d(n)], \tag{3.18}$$

$$\frac{\mathrm{d}e_a(t)}{\mathrm{d}t}\approx\frac{e_d(n+1)-e_d(n)}{T_s}, \tag{3.19}$$

代入微分方程得差分方程

$$\frac{1}{T_s^2}r_d(n+2)-\left(\frac{2}{T_s^2}-\frac{3}{T_s}\right)r_d(n+1)+\left(\frac{1}{T_s^2}-\frac{3}{T_s}+2\right)r_d(n)$$
$$=\frac{1}{T_s}e_d(n+1)+\left(2-\frac{1}{T_s}\right)e_d(n), \tag{3.20}$$

初始条件为

$$r_d(0)=r_a(0), \tag{3.21}$$
$$r_d(1)\approx r_a(0)+T_s r_a'(0). \tag{3.22}$$

以上两种形式的差分方程分别对应一离散系统，输入为 $e_d(n)$，输出为 $r_d(n)$.

离散时间系统也区分为线性和非线性、时变和时不变、因果和非因果，其概念和连续时间系统相同.

线性离散时间系统：系统响应可分解为零输入响应和零状态响应的叠加；零输入响应与系统的初始状态成线性；零状态响应与系统的激励成线性.

时不变离散时间系统：如果激励为 $e_d(n)$ 时的系统响应是 $r_d(n)$，则激励为 $e_d(n-k)$ 时的系统响应是 $r_d(n-k)$.

因果离散时间系统：任意离散点 n 处的系统响应 $r_d(n)$ 只和该点或该点以前的系统激励有关，和未来的激励无关.

对于单输入单输出线性时不变离散系统，输入 $e_d(n)$ 和输出 $r_d(n)$ 的关系可用常系数线性差分方程来描述，其一般表达式为

$$\begin{aligned} & A_0 r_d(n) + A_1 r_d(n-1) + A_2 r_d(n-2) + \cdots + A_N r_d(n-N) \\ & = B_0 e_d(n) + B_1 e_d(n-1) + B_2 e_d(n-2) + \cdots + B_M e_d(n-M), \end{aligned} \tag{3.23}$$

或

$$\sum_{i=0}^{N} A_i r_d(n-i) = \sum_{j=0}^{M} B_j e_d(n-j). \tag{3.24}$$

方程中 $r_d(n)$ 的最高移位阶次为 N，因此称为 N 阶差分方程；又因为 $r_d(n)$ 的各项位移都是右移，因此称为后向形式的差分方程.

前向形式 N 阶差分方程的一般表达式为

$$\begin{aligned} & A_0 r_d(n+N) + A_1 r_d(n+N-1) + A_2 r_d(n+N-2) + \cdots + A_N r_d(n) \\ & = B_0 e_d(n+M) + B_1 e_d(n+M-1) + B_2 e_d(n+M-2) + \cdots + B_M e_d(n), \end{aligned} \tag{3.25}$$

或

$$\sum_{i=0}^{N} A_i r_d(n+N-i) = \sum_{j=0}^{M} B_j e_d(n+M-j). \tag{3.26}$$

求解 N 阶差分方程需要 N 个边界条件. 如果这 N 个边界条件是激励开始作用前的连续的 N 个点的系统状态，则称为初始条件，或初始状态.

3.1.2　线性时不变离散时间系统的框图表示

由线性时不变离散系统的差分方程可见，它包含对信号的三种基本运算：信号乘系数、信号延时和信号相加，此三种基本运算可用图 3-2 所示的基本运算图形表示，一个线性时不变离散系统则可用基本运算图形描述.

例 3.4　画出以下差分方程所描述的离散系统的框图：

$$r_d(n) + 7r_d(n-1) - 5r_d(n-2) = 12e_d(n) + 3e_d(n-1). \tag{3.27}$$

解　改写方程，得输入输出关系

$$r_d(n) = 12e_d(n) + 3e_d(n-1) - 7r_d(n-1) + 5r_d(n-2), \tag{3.28}$$

由此可得图 3-3 所示的系统框图.

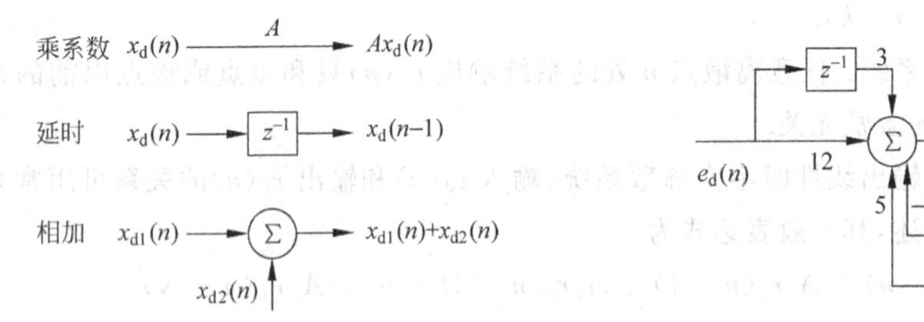

图 3-2 线性时不变离散时间系统的基本运算

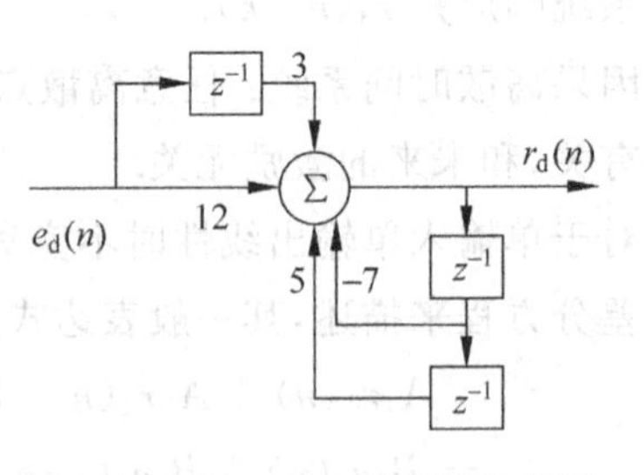

图 3-3 例 3.4 离散系统的框图

3.2 线性常系数差分方程的求解

3.2.1 迭代法

把式(3.23)或式(3.25)的差分方程改写为迭代形式. 后向差分方程的迭代式为

$$r_d(n)=\frac{1}{A_0}[B_0e_d(n)+B_1e_d(n-1)+B_2e_d(n-2)+\cdots+B_Me_d(n-M)]$$

$$-\frac{1}{A_0}[A_1r_d(n-1)+A_2r_d(n-2)+\cdots+A_Nr_d(n-N)];\qquad(3.29)$$

前向差分方程的迭代式为

$$r_d(n+N)=\frac{1}{A_0}[B_0e_d(n+M)+B_1e_d(n+M-1)+B_2e_d(n+M-2)+\cdots+B_Me_d(n)]$$

$$-\frac{1}{A_0}[A_1r_d(n+N-1)+A_2r_d(n+N-2)+\cdots+A_Nr_d(n)].\qquad(3.30)$$

如果已知系统激励和初始的 N 个点的系统状态，则可以用以上迭代式计算下一点的系统状态. 把新求出的点补充为已知状态，又可以计算再下一点的系统状态. 依此逐点计算，可以求得系统响应. 此方法称为差分方程求解的迭代法. 迭代法可以求得系统响应的序列，但不能直接得到系统响应的解析表达式.

3.2.2 时域经典法

线性常系数差分方程的解的构成和求解步骤与线性常系数微分方程完全相同，解的构成也包含零输入响应和零状态响应、自由响应和强迫响应、齐次解和特解、暂态响应和稳态响应等；求解步骤参照图 2-3 和图 2-4. 在差分方程求解中，没有初始状态跳变的问题.

1. 齐次解

差分方程的齐次解是离散系统的自由响应.

在式(3.23)或式(3.25)中，令激励 $e_d(n)=0$，得差分方程的齐次方程，分别为

$$A_0 r_d(n) + A_1 r_d(n-1) + A_2 r_d(n-2) + \cdots + A_N r_d(n-N) = 0 \tag{3.31}$$

和

$$A_0 r_d(n+N) + A_1 r_d(n+N-1) + A_2 r_d(n+N-2) + \cdots + A_N r_d(n) = 0, \tag{3.32}$$

这两个 N 阶差分方程的特征方程为

$$A_0 \lambda^N + A_1 \lambda^{N-1} + A_2 \lambda^{N-2} + \cdots + A_{N-1}\lambda + A_N = 0, \tag{3.33}$$

特征方程的 N 个根称为差分方程的特征根.

由差分方程的特征根可以确定齐次解的形式，表 3-1 是特征根和齐次解形式的对应关系. 齐次解的形式给出了满足系统齐次差分方程的所有函数，是一个函数族，其中包含待定系数. 进一步的求解，还需要根据系统的初始条件或边界条件确定这些待定系数，确定系统唯一的解.

表 3-1　线性常系数差分方程齐次解的形式和特征根的关系

特征根 λ 的形式	齐次解的形式(A,B,C,D,A_i,B_i,C_i,D_i 为待定系数)
λ 为单实根	$A\lambda^n$
λ 为 k 阶重实根	$A_1\lambda^n + A_2 n\lambda^n + A_3 n^2\lambda^n + \cdots + A_k n^{k-1}\lambda^n$
λ_1,λ_2 为一对共轭复根 $\lambda_{1,2}=\alpha\pm j\beta=\rho e^{\pm j\theta}$	$A\rho^n e^{j\theta n} + B\rho^n e^{-j\theta n}$ 或　$C\rho^n\cos\theta n + D\rho^n\sin\theta n$
λ_1,λ_2 为一对 k 阶共轭复根 $\lambda_{1,2}=\alpha\pm j\beta=\rho e^{\pm j\theta}$	$(A_1+A_2 n+\cdots+A_{k-1}n^{k-2}+A_k n^{k-1})\rho^n e^{j\theta n}$ $+(B_1+B_2 n+\cdots+B_{k-1}n^{k-2}+B_k n^{k-1})\rho^n e^{-j\theta n}$ 或　$(C_1+C_2 n+\cdots+C_{k-1}n^{k-2}+C_k n^{k-1})\rho^n\cos\theta n$ $+(D_1+D_2 n+\cdots+D_{k-1}n^{k-2}+D_k n^{k-1})\rho^n\sin\theta n$

2. 特解

差分方程的特解是离散系统的强迫响应.

差分方程特解的形式取决于激励的形式，以及激励信号的特征参数是否与差分方程的特征根相同. 特解的形式与激励信号之间的关系如表 3-2 所示. 把特解形式代入差分方程，求方程两边的系数平衡，即可确定特解形式中的待定系数，求得特解.

表 3-2　典型激励函数对应的特解的形式

激励函数 $e_{\mathrm{d}}(n)$	特解形式(A,B,A_i,B_i 为待定系数)
E(常数)	A
n^M	$A_m n^M + A_{m-1} n^{M-1} + A_{m-2} n^{M-2} + \cdots + A_1 n + A_0$
η^n,η 是实数,不是方程的特征根	$A\eta^n$
η^n,η 是实数,是方程的 k 阶特征根	$A_0\eta^n + A_1 n\eta^n + A_2 n^2\eta^n + \cdots + A_k n^k \eta^n$
$\cos\theta n$,$\mathrm{e}^{\pm \mathrm{j}\theta}$不是方程的特征根	$A\cos\theta n + B\sin\theta n$
$\sin\theta n$,$\mathrm{e}^{\pm \mathrm{j}\theta}$不是方程的特征根	
$\cos\theta n$,$\mathrm{e}^{\pm \mathrm{j}\theta}$是方程的 k 阶共轭特征根	$A_0\cos\theta n + A_1 n\cos\theta n + \cdots + A_k n^k\cos\theta n$
$\sin\theta n$,$\mathrm{e}^{\pm \mathrm{j}\theta}$是方程的 k 阶共轭特征根	$+B_0\sin\theta + B_1 n\sin\theta n + \cdots + B_k n^k \sin\theta n$
$\rho^n\cos\theta n$,$\rho\mathrm{e}^{\pm \mathrm{j}\theta}$不是方程的特征根	$A\rho^n\cos\theta n + B\rho^n\sin\theta n$
$\rho^n\sin\theta n$,$\rho\mathrm{e}^{\pm \mathrm{j}\theta}$不是方程的特征根	
$\rho^n\cos\theta n$,$\rho\mathrm{e}^{\pm \mathrm{j}\theta}$是方程的 k 阶共轭特征根	$A_0\rho^n\cos\theta n + A_1 n\rho^n\cos\theta n + \cdots + A_k n^k\rho^n\cos\theta n$
$\rho^n\sin\theta n$,$\rho\mathrm{e}^{\pm \mathrm{j}\theta}$是方程的 k 阶共轭特征根	$+B_0\rho^n\sin\theta n + B_1 n\rho^n\sin\theta n + \cdots + B_k n^k\rho^n\sin\theta n$

3. 全解

齐次解和特解叠加是差分方程的全解,全解是系统的全响应.全解求解需要根据初始条件或边界条件确定齐次解分量中的待定系数,即从全解形式所包含的所有可能的解函数中确定唯一的解.

离散系统的全响应也可分解为零输入响应和零状态响应的叠加.零输入响应是由系统初始状态引起的是自由响应,是差分方程的齐次解.零状态响应是由系统激励引起的,初始状态为零.零状态响应包含自由响应和强迫响应.

对于 N 阶差分方程及其系统,所谓零初始状态,指激励开始作用之前的连续的 N 个点的系统状态为零.如果激励从 $n=0$ 点开始作用,则零初始状态指 $r_{\mathrm{d}}(-1)=0$,$r_{\mathrm{d}}(-2)=0,\cdots,r_{\mathrm{d}}(-N)=0$.不能把零初始状态理解为激励作用之前的所有点的系统状态都为零.

例 3.5　求解差分方程

$$r_{\mathrm{d}}(n) + r_{\mathrm{d}}(n-2) = \sin n, \tag{3.34}$$

初始条件为 $r_{\mathrm{d}}(-1)=0, r_{\mathrm{d}}(-2)=0$.

解　特征方程和特征根为

$$\lambda^2 + 1 = 0,\quad \lambda_1,\lambda_2 = \pm\mathrm{j} = \mathrm{e}^{\pm\mathrm{j}\frac{\pi}{2}}, \tag{3.35}$$

方程的齐次解的形式为

$$A_1\cos\frac{\pi}{2}n + A_2\sin\frac{\pi}{2}n. \tag{3.36}$$

系统激励为 $\sin n$，其离散角频率为 $\theta=1$，因为 $\mathrm{e}^{\pm \mathrm{j}\theta}=\mathrm{e}^{\pm \mathrm{j}}$ 不是差分方程的特征根，所以方程特解的形式为

$$B_1\cos n+B_2\sin n. \tag{3.37}$$

把特解形式代入差分方程求得

$$B_1=\frac{\sin 2}{2(1+\cos 2)},\quad B_2=\frac{1}{2}, \tag{3.38}$$

方程的特解为

$$\frac{\sin 2}{2(1+\cos 2)}\cos n+\frac{1}{2}\sin n, \tag{3.39}$$

方程全解的形式为

$$r_{\mathrm{d}}(n)=A_1\cos\frac{\pi}{2}n+A_2\sin\frac{\pi}{2}n+\frac{\sin 2}{2(1+\cos 2)}\cos n+\frac{1}{2}\sin n. \tag{3.40}$$

代入初始条件求得

$$A_1=-\frac{\sin 2}{2(1+\cos 2)},\quad A_2=0, \tag{3.41}$$

求得全解

$$r_{\mathrm{d}}(n)=-\frac{\sin 2}{2(1+\cos 2)}\cos\frac{\pi}{2}n+\frac{\sin 2}{2(1+\cos 2)}\cos n+\frac{1}{2}\sin n. \tag{3.42}$$

3.2.3　单位样值响应

离散系统在单位样值信号作用下的零状态响应称为单位样值响应，用 $h_{\mathrm{d}}(n)$ 表示.

将 $e_{\mathrm{d}}(n)=\delta_{\mathrm{d}}(n)$ 和 $r_{\mathrm{d}}(n)=h_{\mathrm{d}}(n)$ 代入差分方程(3.23)得

$$\begin{aligned}&A_0h_{\mathrm{d}}(n)+A_1h_{\mathrm{d}}(n-1)+A_2h_{\mathrm{d}}(n-2)+\cdots+A_Nh_{\mathrm{d}}(n-N)\\&=B_0\delta_{\mathrm{d}}(n)+B_1\delta_{\mathrm{d}}(n-1)+B_2\delta_{\mathrm{d}}(n-2)+\cdots+B_M\delta_{\mathrm{d}}(n-M).\end{aligned} \tag{3.43}$$

此方程右边显示，当 $n=0,1,2,\cdots,M$ 时，激励不为零，当 $n>M$ 时激励恒为零. 因此，系统单位样值响应的求解可以转化为区间 $n>M$ 的零输入响应求解. 求解过程如下：

(1) 将式(3.43)改写为迭代形式，根据零初始状态和单位样值激励，进行 $M+1$ 步迭代计算，依次求得 $h_{\mathrm{d}}(0),h_{\mathrm{d}}(1),\cdots,h_{\mathrm{d}}(M)$.

(2) 以第 M 点开始往前的 N 个点 $h_{\mathrm{d}}(M),h_{\mathrm{d}}(M-1),\cdots,h_{\mathrm{d}}(M-N+1)$ 作为新的初始条件，求区间 $n>M$ 的系统的零输入响应.

(3) 分段表示系统响应. 在区间 $0\leqslant n\leqslant M$，系统响应为迭代计算的结果；在区间 $n>M$，系统响应为零输入响应的结果.

例 3.6　求下面差分方程的单位样值响应：

$$r_{\mathrm{d}}(n)-5r_{\mathrm{d}}(n-1)+6r_{\mathrm{d}}(n-2)=e_{\mathrm{d}}(n)-3e_{\mathrm{d}}(n-2). \tag{3.44}$$

解 以$e_d(n)=\delta_d(n)$代入差分方程,系统单位样值响应满足关系

$$h_d(n)-5h_d(n-1)+6h_d(n-2)=\delta_d(n)-3\delta_d(n-2), \tag{3.45}$$

其迭代关系为

$$h_d(n)=\delta_d(n)-3\delta_d(n-2)+5h_d(n-1)-6h_d(n-2), \tag{3.46}$$

以$h_d(-1)=0$和$h_d(-2)=0$为初始条件进行迭代,得

$$h_d(0)=1,\quad h_d(1)=5,\quad h_d(2)=16, \tag{3.47}$$

当$n\geqslant 3$时,方程右边的激励为零,为零输入响应.以$h_d(2)=16$和$h_d(1)=5$为初始条件,求解齐次方程

$$h_d(n)-5h_d(n-1)+6h_d(n-2)=0, \tag{3.48}$$

得

$$h_d(n)=2\times 3^n-2^{n-1},\quad n\geqslant 3, \tag{3.49}$$

系统的单位样值响应为

$$h_d(n)=\delta_d(n)+5\delta_d(n-1)+16\delta_d(n-2)+(2\times 3^n-2^{n-1})u_d(n-3), \tag{3.50}$$

$h_d(1)=5$和$h_d(2)=16$是确定式(3.49)齐次解的初始条件,满足式(3.49),因此系统的单位样值响应可以表示为

$$h_d(n)=\delta_d(n)+(2\times 3^n-2^{n-1})u_d(n-1). \tag{3.51}$$

3.3 卷积和求零状态响应

3.3.1 卷积和的概念

已知一个线性时不变离散时间系统的单位样值响应$h_d(n)$,当给定系统激励$e_d(n)$时,求系统的零状态响应$r_d(n)$,由此引出卷积和的概念.

激励信号$e_d(n)$可以表示为样值信号的叠加,即

$$e_d(n)=\sum_{k=-\infty}^{\infty}e_d(k)\delta_d(n-k), \tag{3.52}$$

每个样值分量为$e_d(k)\delta_d(n-k)$.

已知系统的单位样值响应为$h_d(n)$,即激励$\delta_d(n)$产生响应$h_d(n)$;

基于线性系统的时不变特性,有:激励$\delta_d(n-k)$产生响应$h_d(n-k)$;

基于线性系统的均匀性,有:激励$e_d(k)\delta_d(n-k)$产生响应$e_d(k)h_d(n-k)$;

基于线性系统的叠加性,有:激励$e_d(n)=\sum_{k=-\infty}^{\infty}e_d(k)\delta_d(n-k)$产生响应$r_d(n)=$

$\sum_{k=-\infty}^{\infty} e_d(k)h_d(n-k)$.

定义两序列 $e_d(n)$和 $h_d(n)$的卷积和运算为

$$r_d(n) = e_d(n) * h_d(n) = \sum_{k=-\infty}^{\infty} e_d(k)h_d(n-k), \tag{3.53}$$

则有：线性时不变离散时间系统在激励 $e_d(n)$作用下的零状态响应 $r_d(n)$是激励 $e_d(n)$和该系统单位样值响应 $h_d(n)$的卷积和.

当系统为因果系统时，卷积和的计算可表示为

$$r_d(n) = e_d(n) * h_d(n) = \sum_{k=-\infty}^{n} e_d(k)h_d(n-k). \tag{3.54}$$

3.3.2　卷积和的计算

式(3.53)的卷积和可改写为以下形式：

$$r_d(n) = e_d(n) * h_d(n) = \sum_{k=-\infty}^{\infty} e_d(k)h_d[-(k-n)]. \tag{3.55}$$

可见，和连续信号的卷积积分非常类似，卷积和的计算包含了信号反褶、信号移位、逐点乘和求和.

例 3.7　信号 $e_d(n)$和 $h_d(n)$的波形如图 3-4(a)和(b)所示，用图解法求此两信号的卷积和.

解　图解求卷积和的步骤如下：

(1) 在图 3-4(a)和(b)中，变换 $e_d(n)$和 $h_d(n)$的横坐标，得到 $e_d(k)$和 $h_d(k)$.

(2) 将 $h_d(k)$反褶，得到 $h_d(-k)$，波形如图 3-4(c)所示.

(3) $e_d(k)$和 $h_d(-k)$逐点相乘，然后求和，所得结果是 $e_d(n) * h_d(n)$在 $n=0$ 时刻的取值.

(4) 将 $h_d(-k)$移位 n，得 $h_d[-(k-n)]$，图 3-4(d)和(e)分别为 $n=-1$ 和 $n=3$ 时的移位波形. $e_d(k)$和 $h_d[-(k-n)]$逐点乘，然后求和，得卷积和在各点 n 的函数值，图 3-4(f)是卷积和 $e_d(n) * h_d(n)$的波形.

根据卷积和的物理意义，可以用列表法求卷积和. 表 3-3 是一因果系统列表求卷积和的过程. 已知系统的单位样值响应是 $h_d(n)$，把激励信号 $e_d(n)$分解为一串样值信号，求每个样值信号的响应，它们是单位样值响应 $h_d(n)$的加权和移位. 把所有样值响应叠加，即得 $e_d(n)$作用下的系统响应 $r_d(n)$，亦即卷积和的结果.

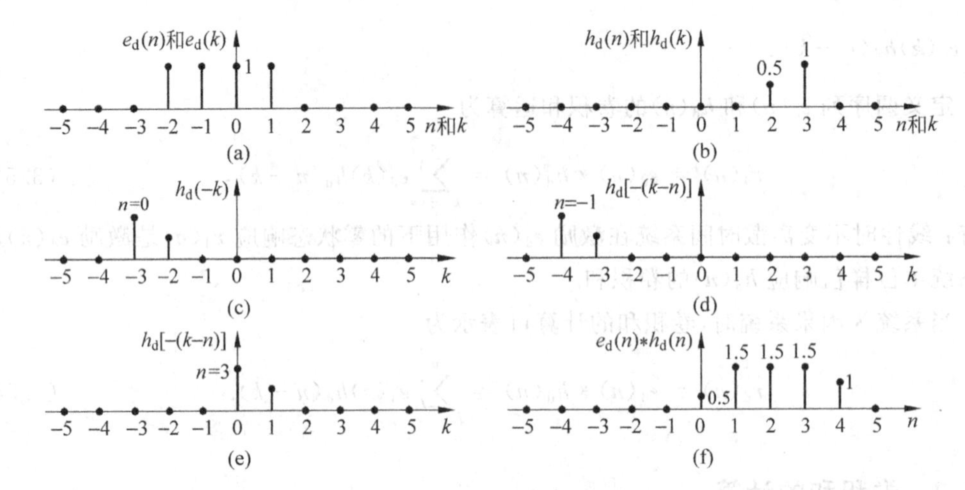

图 3-4　卷积和图解法示意图

表 3-3　因果系统列表求卷积和

序　号		$n=0$	$n=1$	$n=2$	…	$n=m$	…
分解的激励信号及其响应	$e_d(0)\delta_d(n)$产生响应	$e_d(0)h_d(0)$	$e_d(0)h_d(1)$	$e_d(0)h_d(2)$	…	$e_d(0)h_d(m)$	…
	$e_d(1)\delta_d(n-1)$产生响应	0	$e_d(1)h_d(0)$	$e_d(1)h_d(1)$	…	$e_d(1)h_d(m-1)$	…
	$e_d(2)\delta_d(n-2)$产生响应	0	0	$e_d(2)h_d(0)$	…	$e_d(2)h_d(m-2)$	…
	⋮	⋮	⋮	⋮		⋮	
	$e_d(m)\delta_d(n-m)$产生响应	0	0	0	…	$e_d(m)h_d(0)$	…
	⋮	⋮	⋮	⋮		⋮	
$e_d(n)$产生响应 $r_d(n)=e_d(n)*h_d(n)$		$r_d(0)=$ 上列求和	$r_d(1)=$ 上列求和	$r_d(2)=$ 上列求和	…	$r_d(m)=$ 上列求和	…

3.3.3　卷积和的性质

1. 卷积代数

(1) 交换律

$$f_{d1}(n)*f_{d2}(n)=f_{d2}(n)*f_{d1}(n). \tag{3.56}$$

(2) 分配律

$$f_{d1}(n)*[f_{d2}(n)+f_{d3}(n)]=f_{d1}(n)*f_{d2}(n)+f_{d1}(n)*f_{d3}(n). \tag{3.57}$$

图 3-5 所示是两个系统并联的情况，根据分配律，系统并联后响应和激励满足关系

$$\begin{aligned} r_{\mathrm{d}}(n) &= r_{\mathrm{d1}}(n) + r_{\mathrm{d2}}(n) \\ &= e_{\mathrm{d}}(n) * h_{\mathrm{d1}}(n) + e_{\mathrm{d}}(n) * h_{\mathrm{d2}}(n) \\ &= e_{\mathrm{d}}(n) * [h_{\mathrm{d1}}(n) + h_{\mathrm{d2}}(n)]. \end{aligned} \tag{3.58}$$

此式显示，两个系统并联后的单位样值响应是各子系统的单位样值响应的和.

(3) 结合律

$$[f_{\mathrm{d1}}(n) * f_{\mathrm{d2}}(n)] * f_{\mathrm{d3}}(n) = f_{\mathrm{d1}}(n) * [f_{\mathrm{d2}}(n) * f_{\mathrm{d3}}(n)]. \tag{3.59}$$

图 3-6 所示是两个系统串联的情况，根据结合律，系统串联后的响应和激励满足关系

$$r_{\mathrm{d1}}(n) = e_{\mathrm{d}}(n) * h_{\mathrm{d1}}(n), \tag{3.60}$$

$$\begin{aligned} r_{\mathrm{d}}(n) &= r_{\mathrm{d1}}(n) * h_{\mathrm{d2}}(n) \\ &= e_{\mathrm{d}}(n) * h_{\mathrm{d1}}(n) * h_{\mathrm{d2}}(n) \\ &= e_{\mathrm{d}}(n) * [h_{\mathrm{d1}}(n) * h_{\mathrm{d2}}(n)]. \end{aligned} \tag{3.61}$$

此式显示，两个系统串联后的单位样值响应是各子系统的单位样值响应的卷积和.

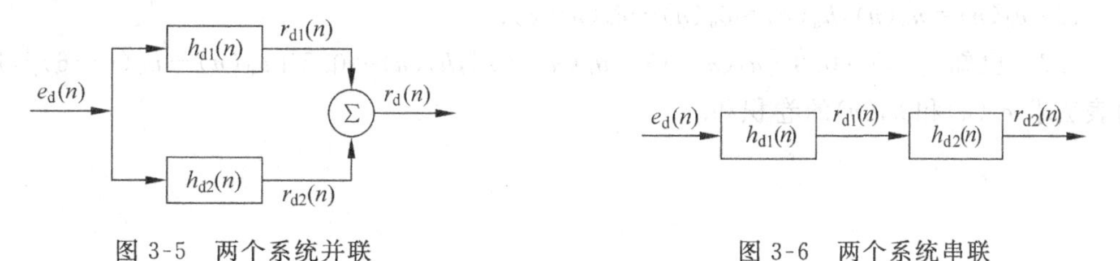

图 3-5　两个系统并联　　　　图 3-6　两个系统串联

2. 与单位样值函数的卷积和

$$f_{\mathrm{d}}(n) * \delta_{\mathrm{d}}(n) = f_{\mathrm{d}}(n), \tag{3.62}$$

$$f_{\mathrm{d}}(n) * \delta_{\mathrm{d}}(n-m) = f_{\mathrm{d}}(n-m), \tag{3.63}$$

$$f_{\mathrm{d}}(n-m) * \delta_{\mathrm{d}}(n-k) = f_{\mathrm{d}}(n-m-k). \tag{3.64}$$

此性质表明，通过和样值函数的卷积可实现序列的移位.

习　题

3.1　求解差分方程(例 3.2)

$$a\varphi_{\mathrm{d}}(n) - (2a+1)\varphi_{\mathrm{d}}(n-1) + a\varphi_{\mathrm{d}}(n-2) = 0, \quad n = 0,1,2,\cdots,N,$$

取 $a=1$，边界条件为 $\varphi_{\mathrm{d}}(0)=1, \varphi_{\mathrm{d}}(N)=0$.

3.2　求解差分方程：

(1) $r_d(n)+3r_d(n-1)+2r_d(n-2)=0, r_d(-1)=2, r_d(-2)=1$；

(2) $r_d(n)+2r_d(n-1)+r_d(n-2)=3^n, r_d(-1)=0, r_d(-2)=0$.

3.3　求以下方程的单位样值响应：

$$10r_d(n)-13r_d(n-1)+4r_d(n-2)=30e_d(n)+21e_d(n-1).$$

3.4　某系统的输入输出关系可由二阶常系数差分方程描述，输入为 $e_d(n)=u_d(n)$ 时的零状态响应为

$$r_d(n)=[2^n+3\times 5^n+10]u_d(n),$$

试确定此二阶差分方程.

3.5　已知系统单位样值响应为 $h_d(n)=\beta^n u_d(n), 0<\beta<1$，求激励为 $e_d(n)=\alpha^n u_d(n)$ $(0<\alpha<1, \alpha\neq\beta)$ 的系统零状态响应.

3.6　已知下列 $e_d(n)$ 和 $h_d(n)$，求 $e_d(n)$ 和 $h_d(n)$ 的卷积和：

(1) $e_d(n)=h_d(n)=u_d(n-1)$；

(2) $e_d(n)=u_d(n), h_d(n)=\delta_d(n)-\delta_d(n-3)$.

3.7　已知 $e_d(n)=0.8^n[u_d(n-1)-u_d(n-4)], h_d(n)=0.5^n[u_d(n)-u_d(n-6)]$，用图表法求 $e_d(n)$ 和 $h_d(n)$ 的卷积和.

第 4 章　连续周期信号的傅里叶级数

信号频域分析的基础是把信号分解为不同频率三角信号或复指数信号的叠加. 本章学习连续周期信号的傅里叶级数,它将连续周期信号分解为不同频率三角信号或复指数信号的叠加. 本章将从信号内积、信号正交分解的概念入手,介绍连续周期信号傅里叶级数的原理和特点.

4.1　信号的正交分解

4.1.1　正交向量和向量正交分解

所谓正交,即垂直、互不包含的意思,此概念来自于向量空间,在此先复习向量空间的一些相关知识.

图 4-1 所示是二维向量空间,有向量 $\boldsymbol{u}$ 和 v ,如果用 v 方向上的一个向量 cv 来近似地表示 $\boldsymbol{u}$:

$$\boldsymbol{u} \approx cv, \tag{4.1}$$

其中 c 为常数,则产生的误差向量为

$$\boldsymbol{w}=\boldsymbol{u}-cv, \tag{4.2}$$

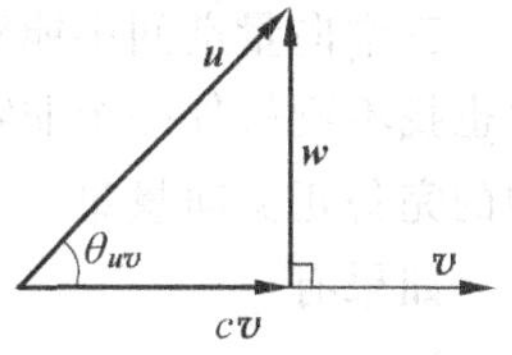

图 4-1　向量投影

随着 c 的不同,误差向量 $\boldsymbol{w}$ 也不同. 显然,当 c 的选择使 $\boldsymbol{w}$ 和 v 垂直时, $\boldsymbol{w}$ 的长度最短,此时用 cv 表示 $\boldsymbol{u}$ 所产生的误差最小. 当 $\boldsymbol{w}$ 和 v 垂直时,称 cv 是 $\boldsymbol{u}$ 在 v 上的投影,也称 cv 是 $\boldsymbol{u}$ 在 v 方向上的分量.

可以推得,误差向量 $\boldsymbol{w}$ 最小时,系数 c 满足关系

$$c=\frac{|\boldsymbol{u}||v|\cos\theta_{uv}}{|v|^2}, \tag{4.3}$$

其中 θ_{uv} 为 $\boldsymbol{u}$ 和 v 两向量的夹角. 根据向量内积的定义, $\boldsymbol{u}$ 和 v 两向量的内积为

$$\langle \boldsymbol{u},v \rangle=|\boldsymbol{u}||v|\cos\theta_{uv}. \tag{4.4}$$

v 和其自身的内积为

$$\langle v,v \rangle=|v||v|\cos\theta_{vv}=|v|^2. \tag{4.5}$$

采用向量内积表示,有

$$c=\frac{\langle \boldsymbol{u}, v\rangle}{\langle v, v\rangle}. \tag{4.6}$$

当 $\boldsymbol{u}$ 和 v 垂直时，则有

$$\langle \boldsymbol{u}, v\rangle=|\boldsymbol{u}||v| \cos\theta_{uv}=0, \tag{4.7}$$

$$c=0. \tag{4.8}$$

因此，$\boldsymbol{u}$ 和 v 垂直时，它们的内积为零，$\boldsymbol{u}$ 在 v 上的投影为零，亦即 $\boldsymbol{u}$ 不包含在 v 方向上的分量，此时称 $\boldsymbol{u}$ 和 v 正交.

现在以三维向量空间为例说明向量的正交分解. 图 4-2 所示是三维向量空间，$\boldsymbol{x},\boldsymbol{y},\boldsymbol{z}$ 是相互正交的三个向量，任一向量在其他两个向量上的投影为零，$\boldsymbol{x},\boldsymbol{y},\boldsymbol{z}$ 满足内积关系：

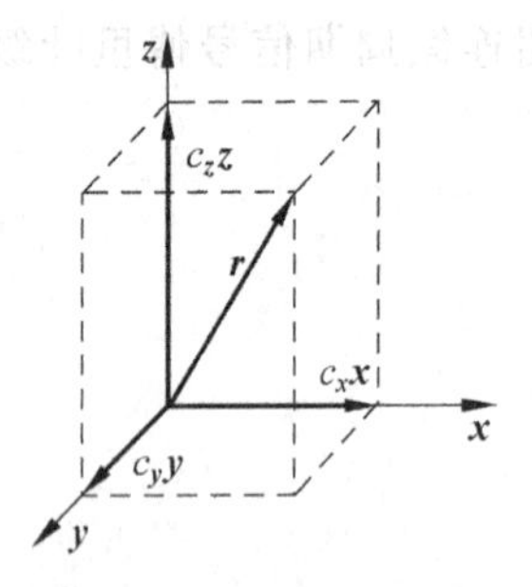

图 4-2　三维向量空间

$$\langle \boldsymbol{x}, \boldsymbol{y}\rangle=|\boldsymbol{x}||\boldsymbol{y}| \cos\theta_{xy}=0, \tag{4.9}$$

$$\langle \boldsymbol{x}, \boldsymbol{z}\rangle=|\boldsymbol{x}||\boldsymbol{z}| \cos\theta_{xz}=0, \tag{4.10}$$

$$\langle \boldsymbol{y}, \boldsymbol{z}\rangle=|\boldsymbol{y}||\boldsymbol{z}| \cos\theta_{yz}=0, \tag{4.11}$$

$$\langle \boldsymbol{x}, \boldsymbol{x}\rangle=|\boldsymbol{x}||\boldsymbol{x}| \cos\theta_{xx}=|\boldsymbol{x}|^2, \tag{4.12}$$

$$\langle \boldsymbol{y}, \boldsymbol{y}\rangle=|\boldsymbol{y}||\boldsymbol{y}| \cos\theta_{yy}=|\boldsymbol{y}|^2, \tag{4.13}$$

$$\langle \boldsymbol{z}, \boldsymbol{z}\rangle=|\boldsymbol{z}||\boldsymbol{z}| \cos\theta_{zz}=|\boldsymbol{z}|^2, \tag{4.14}$$

称 $\boldsymbol{x},\boldsymbol{y},\boldsymbol{z}$ 为正交向量集.

三维向量空间中能够相互正交的最大向量个数是 3，在图 4-2 中，除了 $\boldsymbol{x},\boldsymbol{y},\boldsymbol{z}$ 以外，再也找不到另外一个非零向量，能够同时和 $\boldsymbol{x},\boldsymbol{y},\boldsymbol{z}$ 正交. 因此，称 $\boldsymbol{x},\boldsymbol{y},\boldsymbol{z}$ 是三维向量空间中的完备正交向量集.

如果有

$$|\boldsymbol{x}|=1, \quad |\boldsymbol{y}|=1, \quad |\boldsymbol{z}|=1, \tag{4.15}$$

则称 $\boldsymbol{x},\boldsymbol{y},\boldsymbol{z}$ 为规范化的完备正交向量集.

设 $\boldsymbol{r}$ 是三维向量空间中的任一向量，则 $\boldsymbol{r}$ 可表示为完备正交向量集中各元素 $\boldsymbol{x},\boldsymbol{y},\boldsymbol{z}$ 的线性组合：

$$\boldsymbol{r}=c_x\boldsymbol{x}+c_y\boldsymbol{y}+c_z\boldsymbol{z}, \tag{4.16}$$

其中 $c_x\boldsymbol{x}, c_y\boldsymbol{y}, c_z\boldsymbol{z}$ 分别是 $\boldsymbol{r}$ 在 $\boldsymbol{x},\boldsymbol{y},\boldsymbol{z}$ 上的投影，亦即 $\boldsymbol{r}$ 在 $\boldsymbol{x},\boldsymbol{y},\boldsymbol{z}$ 方向上的分量，有

$$c_x=\frac{\langle \boldsymbol{r}, \boldsymbol{x}\rangle}{\langle \boldsymbol{x}, \boldsymbol{x}\rangle}, \quad c_y=\frac{\langle \boldsymbol{r}, \boldsymbol{y}\rangle}{\langle \boldsymbol{y}, \boldsymbol{y}\rangle}, \quad c_z=\frac{\langle \boldsymbol{r}, \boldsymbol{z}\rangle}{\langle \boldsymbol{z}, \boldsymbol{z}\rangle}. \tag{4.17}$$

式(4.16)称为向量 $\boldsymbol{r}$ 的正交分解. 在正交分解情况下，向量与其分解向量存在关系

$$|\boldsymbol{r}|^2=|c_x\boldsymbol{x}|^2+|c_y\boldsymbol{y}|^2+|c_z\boldsymbol{z}|^2. \tag{4.18}$$

以上以三维向量空间为例，直观地说明了向量正交分解的过程和关系，此向量正交分解的原理可以推广到任意 k 维向量空间.

4.1.2 正交函数

设在时间区间(t_1, t_2)内有两个函数$\phi_i(t)$和$\phi_j(t)$，借助向量空间的概念，可把这两个函数看作一个函数空间的两个元素. 如果在区间(t_1, t_2)内用函数$c\phi_j(t)$近似地表示$\phi_i(t)$：

$$\phi_i(t) \approx c\phi_j(t), \tag{4.19}$$

其中c为常数，那么所产生的差函数为$\phi_i(t) - c\phi_j(t)$. 定义均方误差，也就是差函数的平均功率为

$$\varepsilon^2 = \frac{1}{t_2 - t_1}\int_{t_1}^{t_2} [\phi_i(t) - c\phi_j(t)]^2 \mathrm{d}t. \tag{4.20}$$

选择常数c，使得均方误差ε^2最小，令

$$\frac{\mathrm{d}\varepsilon^2}{\mathrm{d}c} = 0, \tag{4.21}$$

求得

$$c = \frac{\int_{t_1}^{t_2} \phi_i(t)\phi_j(t)\mathrm{d}t}{\int_{t_1}^{t_2} \phi_j^2(t)\mathrm{d}t}. \tag{4.22}$$

比照向量空间的表述，在此c的取值下，称$c\phi_j(t)$为$\phi_i(t)$在$\phi_j(t)$上的投影，或称$c\phi_j(t)$为$\phi_i(t)$在$\phi_j(t)$方向上的分量.

同样比照向量空间的做法，定义函数空间中两个函数元素在区间(t_1, t_2)内的内积为

$$\langle \phi_i(t), \phi_j(t) \rangle = \int_{t_1}^{t_2} \phi_i(t)\phi_j(t)\mathrm{d}t. \tag{4.23}$$

当此两元素为复函数时，根据复函数的信号能量和平均功率进行推导，得两复函数的内积定义为

$$\langle \phi_i(t), \phi_j(t) \rangle = \int_{t_1}^{t_2} \phi_i(t)\phi_j^*(t)\mathrm{d}t, \tag{4.24}$$

其中$\phi_j^*(t)$是$\phi_j(t)$的共轭. 借助于函数内积的表述，式(4.22)可表示为

$$c = \frac{\langle \phi_i(t), \phi_j(t) \rangle}{\langle \phi_j(t), \phi_j(t) \rangle}. \tag{4.25}$$

当$\langle \phi_i(t), \phi_j(t) \rangle = 0$时，则$c=0$，此时称$\phi_i(t)$在$\phi_j(t)$上的投影为零，或称$\phi_i(t)$不包含在$\phi_j(t)$方向上的分量，或称$\phi_i(t)$和$\phi_j(t)$正交. 函数内积描述了两个函数在给定时间区间上的相似性，当两个函数在给定时间区间上正交时，它们的内积为零.

现在讨论正交函数集. 设有一组函数$\phi_1(t), \phi_2(t), \cdots, \phi_K(t)$，把这组函数看作一个函数空间的$K$个元素. 如果此组函数在给定时间区间$(t_1, t_2)$上满足：任意两个不同元素的内积为零；任一元素与自身的内积为一有限常数，即

$$\langle \phi_i(t), \phi_j(t) \rangle = \begin{cases} 0, & i \neq j, \\ A_i & i = j, \end{cases} \quad i, j = 1, 2, \cdots, K, \tag{4.26}$$

则称 $\phi_1(t), \phi_2(t), \cdots, \phi_K(t)$ 为正交函数集.

如果在 $\phi_1(t), \phi_2(t), \cdots, \phi_K(t)$ 之外再也找不到一个非零的函数 $\phi_{K+1}(t)$，满足

$$\langle \phi_i(t), \phi_{K+1}(t) \rangle = 0, \quad i = 1, 2, \cdots, K, \tag{4.27}$$

则称 $\phi_1(t), \phi_2(t), \cdots, \phi_K(t)$ 为完备正交函数集.

如果有

$$\langle \phi_i(t), \phi_i(t) \rangle = A_i = 1, \quad i = 1, 2, \cdots, K, \tag{4.28}$$

则称 $\phi_1(t), \phi_2(t), \cdots, \phi_K(t)$ 为规范化的完备正交函数集.

需要注意，函数的正交性有时间区间的限制，一组函数在给定的时间区间 (t_1, t_2) 内相互正交，改变这个区间就会改变正交性. 此外，完备正交函数集可能包含无穷个元素，即 $K=\infty$.

4.1.3 信号在函数空间的正交分解

如果信号 $f(t)$ 在时间区间 (t_1, t_2) 内满足狄利克雷条件，即：(1)如果存在间断点，间断点的个数是有限个；(2)信号极大值和极小值的个数是有限个；(3)信号绝对可积，即

$$\int_{t_1}^{t_2} |f(t)| \mathrm{d}t < \infty. \tag{4.29}$$

则在时间区间 (t_1, t_2) 内 $f(t)$ 可表示为完备正交函数集的各分量的线性组合

$$f(t) = c_1\phi_1(t) + c_2\phi_2(t) + \cdots + c_K\phi_K(t) = \sum_{k=1}^{K} c_k\phi_k(t), \quad t_1 < t < t_2, \tag{4.30}$$

其中 $c_k\phi_k(t)$ 是 $f(t)$ 在 $\phi_k(t)$ 上的投影，有

$$c_k = \frac{\langle f(t), \phi_k(t) \rangle}{\langle \phi_k(t), \phi_k(t) \rangle}, \quad k = 1, 2, \cdots, K. \tag{4.31}$$

这就是信号 $f(t)$ 正交分解的概念.

在完备正交分解情况下，信号能量满足关系

$$\int_{t_1}^{t_2} f^2(t) \mathrm{d}t = \sum_{k=1}^{K} c_k^2 \int_{t_1}^{t_2} \phi_k^2(t) \mathrm{d}t. \tag{4.32}$$

当 $f(t)$ 为复函数时，有

$$\int_{t_1}^{t_2} |f(t)|^2 \mathrm{d}t = \int_{t_1}^{t_2} f(t) f^*(t) \mathrm{d}t = \sum_{k=1}^{K} c_k^2 \int_{t_1}^{t_2} \phi_k(t) \phi_k^*(t) \mathrm{d}t. \tag{4.33}$$

以上两式显示，一个信号的能量等于此信号的完备正交函数分解的各分量能量的总和. 此为信号正交分解的能量守恒关系，称为帕塞瓦尔定理.

4.2　周期信号傅里叶级数的概念

4.2.1　完备正交三角函数集和完备正交复指数函数集

1. 正交三角函数集

考察三角函数集

$$1, \cos\omega_1 t, \sin\omega_1 t, \cos 2\omega_1 t, \sin 2\omega_1 t, \cdots, \cos k\omega_1 t, \sin k\omega_1 t, \cdots,$$

其中 ω_1 为基本角频率，$T_1=2\pi/\omega_1$ 为基本周期，k 为正整数. 此函数集各元素在基本周期区间(t_0, t_0+T_1)满足内积关系：

$$\langle 1,1\rangle = \int_{t_0}^{t_0+T_1} 1\mathrm{d}t = T_1, \tag{4.34}$$

$$\langle 1,\cos k\omega_1 t\rangle = \int_{t_0}^{t_0+T_1} \cos k\omega_1 t\mathrm{d}t = 0, \quad k=1,2,\cdots, \tag{4.35}$$

$$\langle 1,\sin k\omega_1 t\rangle = \int_{t_0}^{t_0+T_1} \sin k\omega_1 t\mathrm{d}t = 0, \quad k=1,2,\cdots, \tag{4.36}$$

$$\langle \cos k_1\omega_1 t,\sin k_2\omega_1 t\rangle = \int_{t_0}^{t_0+T_1} \cos k_1\omega_1 t\sin k_2\omega_1 t\mathrm{d}t = 0, \quad k_1,k_2=1,2,\cdots, \tag{4.37}$$

$$\langle \cos k_1\omega_1 t,\cos k_2\omega_1 t\rangle = \int_{t_0}^{t_0+T_1} \cos k_1\omega_1 t\cos k_2\omega_1 t\mathrm{d}t = \begin{cases} 0, & k_1\neq k_2, \\ T_1/2, & k_1=k_2, \end{cases} \quad k_1,k_2=1,2,\cdots, \tag{4.38}$$

$$\langle \sin k_1\omega_1 t,\sin k_2\omega_1 t\rangle = \int_{t_0}^{t_0+T_1} \sin k_1\omega_1 t\sin k_2\omega_1 t\mathrm{d}t = \begin{cases} 0, & k_1\neq k_2, \\ T_1/2, & k_1=k_2, \end{cases} \quad k_1,k_2=1,2,\cdots. \tag{4.39}$$

可见，此函数集中任意两个元素的内积为零，任意一个元素和其自身的内积为常数，因此，此函数集在基本周期区间(t_0, t_0+T_1)是正交函数集. 可以证明，当 $k=\infty$时，此函数集是完备正交函数集.

2. 正交复指数函数集

再考察复指数函数集

$$\cdots, \mathrm{e}^{-\mathrm{j}k\omega_1 t}, \cdots, \mathrm{e}^{-\mathrm{j}2\omega_1 t}, \mathrm{e}^{-\mathrm{j}\omega_1 t}, 1, \mathrm{e}^{\mathrm{j}\omega_1 t}, \mathrm{e}^{\mathrm{j}2\omega_1 t}, \cdots, \mathrm{e}^{\mathrm{j}k\omega_1 t}, \cdots,$$

其中 ω_1 为基本角频率，$T_1=2\pi/\omega_1$ 为基本周期，k 为正整数. 此函数集各元素在基本周期区间(t_0,t_0+T_1)满足内积关系

$$\langle e^{jk_1\omega_1 t}, e^{jk_2\omega_1 t}\rangle = \int_{t_0}^{t_0+T_1} e^{jk_1\omega_1 t}(e^{jk_2\omega_1 t})^* dt$$

$$= \begin{cases} 0, & k_1 \neq k_2, \\ T_1, & k_1 = k_2, \end{cases} \quad k_1,k_2 = 0,\pm 1,\pm 2,\cdots. \tag{4.40}$$

因此，此复指数函数集在基本周期区间(t_0,t_0+T_1)也是正交函数集，并且当 $k=\infty$ 时是完备正交函数集.

4.2.2 三角函数形式和复指数形式的傅里叶级数

1. 三角函数形式的傅里叶级数

给定信号 $f(t)$，设它在区间(t_0,t_0+T_1)内满足狄利克雷条件，则在区间(t_0,t_0+T_1)内 $f(t)$可以表示为完备正交三角函数集各分量的线性组合：

$$f(t) = a_0 + \sum_{k=1}^{\infty}(a_k \cos k\omega_1 t + b_k \sin k\omega_1 t)$$

$$= c_0 + \sum_{k=1}^{\infty} c_k \cos(k\omega_1 t + \phi_k), \quad t_0 < t < t_0 + T, \tag{4.41}$$

其中

$$\omega_1 = 2\pi/T_1 \tag{4.42}$$

$$a_0 = \frac{\langle f(t),1\rangle}{\langle 1,1\rangle} = \frac{1}{T_1}\int_{t_0}^{t_0+T_1} f(t)dt, \tag{4.43}$$

$$a_k = \frac{\langle f(t),\cos k\omega_1 t\rangle}{\langle \cos k\omega_1 t,\cos k\omega_1 t\rangle} = \frac{2}{T_1}\int_{t_0}^{t_0+T_1} f(t)\cos k\omega_1 t dt, \tag{4.44}$$

$$b_k = \frac{\langle f(t),\sin k\omega_1 t\rangle}{\langle \sin k\omega_1 t,\sin k\omega_1 t\rangle} = \frac{2}{T_1}\int_{t_0}^{t_0+T_1} f(t)\sin k\omega_1 t dt, \tag{4.45}$$

$$c_0 = a_0, \tag{4.46}$$

$$c_k = \sqrt{a_k^2 + b_k^2}, \tag{4.47}$$

$$\phi_k = \arctan(-b_k/a_k). \tag{4.48}$$

式(4.41)的右边为三角函数的“级数和”，其中任意两个三角函数元素的周期之比是有理数，因此“级数和”的结果仍是一个周期函数，周期是 T_1.

式(4.41)的信号分解限制在区间(t_0,t_0+T_1)内，在此区间内，$f(t)$和“级数和”相等；

在区间(t_0, t_0+T_1)外，$f(t)$和"级数和"通常不再相等. $f(t)$和"级数和"的关系如图4-3所示.

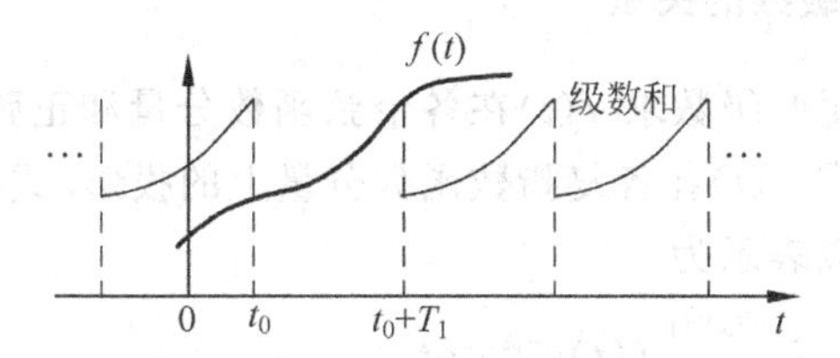

图4-3 信号的傅里叶级数分解

如果$f(t)$本身是周期信号，周期为T_1，且把$f(t)$在其一个周期区间(t_0, t_0+T_1)内进行正交三角函数分解，则所得的"级数和"也是周期为T_1的周期函数. 此时，$f(t)$和"级数和"在整个区间$(-\infty, \infty)$(除间断点外)上相等.

由此得周期信号的三角函数形式的傅里叶级数：给定周期信号$f(t)$，周期T_1，如果$f(t)$在一个周期T_1内满足狄利克雷条件，则它在区间$(-\infty, \infty)$内可以表示为式(4.41)所示的三角信号的级数和，其中a_0, a_k, b_k或c_0, c_k均表示不同频率分量的幅值；ϕ_k表示不同频分量的初始相位. 直流分量可看作交流分量的特例，是频率为零的分量.

2. 复指数形式的傅里叶级数

按照上述同样的方法，可以得到周期信号的复指数形式的傅里叶级数：给定周期信号$f(t)$，周期T_1，如果$f(t)$在一个周期T_1内满足狄利克雷条件，则它可以表示为完备复指数函数集的各分量的线性组合：

$$f(t) = \sum_{k=-\infty}^{\infty} F(k\omega_1)\mathrm{e}^{\mathrm{j}k\omega_1 t}, \tag{4.49}$$

其中

$$\omega_1 = 2\pi/T_1, \tag{4.50}$$

$$F(k\omega_1) = \frac{\langle f(t), \mathrm{e}^{\mathrm{j}k\omega_1 t}\rangle}{\langle \mathrm{e}^{\mathrm{j}k\omega_1 t}, \mathrm{e}^{\mathrm{j}k\omega_1 t}\rangle} = \frac{1}{T_1}\int_{t_0}^{t_0+T_1} f(t)\mathrm{e}^{-\mathrm{j}k\omega_1 t}\mathrm{d}t, \quad k = 0, \pm 1, \pm 2, \cdots, \tag{4.51}$$

$F(k\omega_1)$为周期信号$f(t)$的傅里叶级数的系数，通常是复数，可表示为

$$F(k\omega_1) = | F(k\omega_1) | \mathrm{e}^{\mathrm{j}\phi(k\omega_1)}. \tag{4.52}$$

$F(k\omega_1)$的模$|F(k\omega_1)|$表示$k\omega_1$频率分量的幅值；$F(k\omega_1)$的辐角$\phi(k\omega_1)$表示$k\omega_1$频率分量的初始相位. 对于每一个角频率$k\omega_1$，$F(k\omega_1)$有一个取值，k取整数，所以$F(k\omega_1)$是一个离散函数.

在复指数形式的傅里叶级数中，除了直流分量$(k=0)$外，其他频率分量都成对共轭出现，即$F(k\omega_1)\mathrm{e}^{\mathrm{j}k\omega_1 t}$和$F(-k\omega_1)\mathrm{e}^{-\mathrm{j}k\omega_1 t}$，这一对分量合成为一个实三角函数，复指数函数的

频率 $k\omega_1$ 和 $-k\omega_1$ 对应于实三角函数的同一个频率.

3. 两种形式傅里叶级数的关系

三角函数形式的傅里叶级数求 $f(t)$ 在各余弦函数分量和正弦函数分量上的投影，复指数形式的傅里叶级数求 $f(t)$ 在各复指数函数分量上的投影. 式(4.51)的复指数形式傅里叶级数系数的计算可以表示为

$$\begin{aligned} F(k\omega_1) &= \frac{1}{T_1}\int_{t_0}^{t_0+T_1} f(t)\mathrm{e}^{-\mathrm{j}k\omega_1 t}\mathrm{d}t \\ &= \frac{1}{T_1}\int_{t_0}^{t_0+T_1} f(t)\cos k\omega_1 t\mathrm{d}t - \mathrm{j}\,\frac{1}{T_1}\int_{t_0}^{t_0+T_1} f(t)\sin k\omega_1 t\mathrm{d}t. \end{aligned} \tag{4.53}$$

此式显示，求 $f(t)$ 在某一频率复指数函数 $\mathrm{e}^{\mathrm{j}k\omega_1 t}$ 上的投影同时包含了求 $f(t)$ 在该频率余弦函数 $\cos k\omega_1 t$ 上的投影和在该频率正弦函数 $\sin k\omega_1 t$ 上的投影，$F(k\omega_1)$ 的实部表示的是 $f(t)$ 在余弦函数上投影，$F(k\omega_1)$ 的虚部表示的是 $f(t)$ 在正弦函数上投影. 可见，复指数形式傅里叶级数和三角函数形式傅里叶级数本质是相同的. 利用欧拉公式，可以由一种形式的傅里叶级数推导出另一种.

三角函数形式傅里叶级数和复指数形式傅里叶级数存在以下关系：

$$\begin{cases} F(0) = a_0 = c_0, \\ F(k\omega_1) = \dfrac{1}{2}(a_k - \mathrm{j}b_k), \quad k = 1,2,\cdots, \\ \phi(k\omega_1) = \angle F(k\omega_1) = \phi_k, \quad k = 1,2,\cdots, \\ F(-k\omega_1) = \dfrac{1}{2}(a_k + \mathrm{j}b_k), \quad k = 1,2,\cdots, \\ \phi(-k\omega_1) = \angle F(-k\omega_1) = -\phi_k, \quad k = 1,2,\cdots, \\ |F(k\omega_1)| = |F(-k\omega_1)| = \dfrac{1}{2}\sqrt{a_k^2 + b_k^2} = \dfrac{1}{2}c_k, \quad k = 1,2,\cdots. \end{cases} \tag{4.54}$$

4.2.3 信号的频谱特性

傅里叶级数是把一个周期信号分解为不同频率三角信号或复指数信号的叠加. 描述一个频率分量，需要说明它的三个特征参数，即：频率 $k\omega_1$、幅值 c_k 或 $|F(k\omega_1)|$、初始相位 ϕ_k 或 $\phi(k\omega_1)$. 信号的频谱特性描述的是信号所包含的所有频率分量的频率、幅值和初始相位的关系.

在周期信号的傅里叶级数中，c_k—$k\omega_1$ 关系或 $|F(k\omega_1)|$—$k\omega_1$ 关系描述了信号各频率分量的幅值随频率的变化，称为信号的幅频特性或幅值谱；ϕ_k—$k\omega_1$ 关系或 $\phi(k\omega_1)$—$k\omega_1$ 关系描述了信号各频率分量的相位随频率的变化，称为信号的相频特性或相位谱. 复函数

$F(k\omega_1)$同时表示了信号的幅频特性和相频特性，这是采用复指数形式傅里叶级数的方便之处. 用频谱图表示信号的频谱特性，需要分别画出幅频特性和相频特性.

一个周期信号可能包含有限个频率分量，也可能包含无限个频率分量，各频率分量取离散的频率值，称 $k=0$ 的分量为直流分量，称$|k|=1$ 的分量为基波分量，称$|k|>1$ 的分量为 k 次谐波分量，谐波频率是基波频率的整数倍.

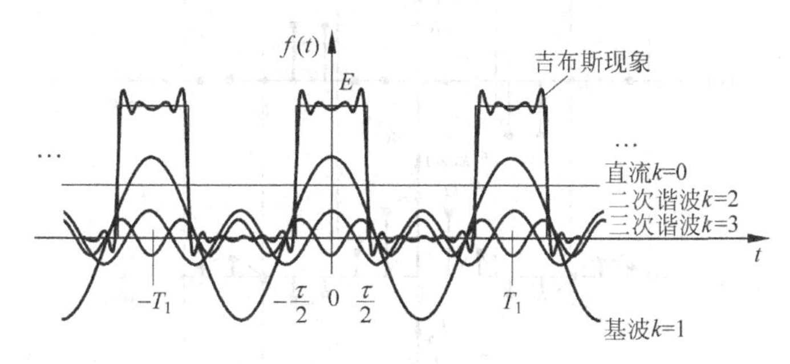

图 4-4　周期方波信号的傅里叶级数分解

例 4.1　求图 4-4 所示周期方波信号 $f(t)$的复指数形式的傅里叶级数，画出频谱图.

解　根据傅里叶级数计算公式，有

$$F(k\omega_1)=\frac{1}{T_1}\int_{-\tau/2}^{\tau/2}E\mathrm{e}^{-\mathrm{j}k\omega_1 t}\mathrm{d}t=\frac{E\tau}{T_1}\mathrm{Sa}\left(\frac{k\omega_1\tau}{2}\right),\quad k=0,\pm 1,\pm 2,\cdots. \tag{4.55}$$

由此求得周期方波信号的幅频特性和相频特性分别是

$$|F(k\omega_1)|=\frac{E\tau}{T_1}\left|\mathrm{Sa}\left(\frac{k\omega_1\tau}{2}\right)\right|,\quad k=0,\pm 1,\pm 2,\cdots, \tag{4.56}$$

$$\phi(k\omega_1)=\begin{cases}0, & F(k\omega_1)>0,\\ \pm\pi, & F(k\omega_1)<0,\end{cases}\quad k=0,\pm 1,\pm 2,\cdots. \tag{4.57}$$

图 4-5(a)和(b)是此周期方波信号的幅值谱和相位谱.

信号的幅值谱具有偶函数的特性，相位谱具有奇函数的特性. 在本例中，初始相位只取 0 和$\pm\pi$，$+\pi$ 和$-\pi$ 表示相同的初始相位，可以任取其一. 为了保持相位谱的奇函数特性，当在正频率取$+\pi$ 时，在负频率则取$-\pi$. 也可以正频率取$-\pi$，负频率取$+\pi$.

一般情况下，周期信号的傅里叶级数 $F(k\omega_1)$是复函数. 在本例中，$f(t)$是偶函数，所包含的频率分量也必须都是偶函数，即余弦函数，因此 $f(t)$的傅里叶级数 $F(k\omega_1)$是实函数，初始相位只取 0 和$\pm\pi$. 在此特殊情况下，幅值谱和相位谱可以表示在同一个频谱图中，谱线长度$|F(k\omega_1)|$表示各频率分量的幅值，谱线正负表示各频率分量的初始相位，正谱线表示初始相位为 0，负谱线表示初始相位为$\pm\pi$. 采用这种表示方法，可得图 4-5(c)所示的周期方波信号频谱图.

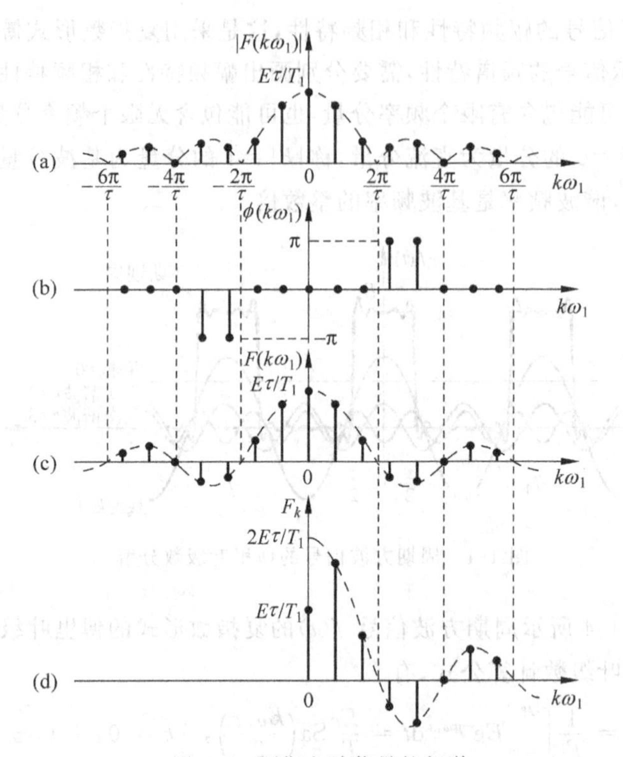

图 4-5　周期方波信号的频谱

求周期方波信号的三角函数形式的傅里叶级数，可得图 4-5(d)所示的频谱特性，图中只有正频率，谱线长度表示各三角函数分量的幅值，谱线正负表示各三角函数分量的初始相位(0 或$\pm\pi$). 比较图 4-5(c)和(d)，可以观察两种形式频谱特性的关系，三角函数形式频谱特性中的每一正频点对应于复指数形式频谱特性中的一对正负频点，谱线长度是相加关系.

图 4-5(c)所示的频谱特性是周期方波信号的频域波形，包络线是抽样函数. 周期方波信号频域波形的特点以及和时域波形的关系讨论如下：

(1) 当周期方波信号的周期 T_1 不变、脉冲宽度 τ 减小时，频谱包络线的高度减小，同时频谱包络线沿频率轴水平扩展. 从物理意义上解释：脉冲宽度减小，信号能量减小，所有频率分量的幅值减小；另外，较窄的脉冲包含有相对较多的高频分量，表现为频谱包络线沿频率轴水平扩展.

(2) 当周期方波信号的周期 T_1 增大时，基波角频率 ω_1 减小，频谱的离散间隔减小，谱线变得密集.

(3) 频域谱线的高度取决于时域方波的高度 E、宽度 τ 和间距 T_1，当方波高度增加，或宽度增加，或间距减小时，信号能量增大，谱线高度也增大.

图 4-4 中绘出了周期方波信号的直流、基波、二次谐波和三次谐波的波形，还绘出了"前有限项级数和"的波形. 随着项数的增加，"前有限项级数和"的波形将越来越趋于周期方波信号 $f(t)$.

可以发现，在周期方波信号的跳变处，"前有限项级数和"的波形有一个峰起，随着求和项数增多，峰起越来越靠近跳变点，峰起的宽度越来越窄，但峰起的幅值趋于一个常数，约是总跳变值的 9%，这种现象称为吉布斯现象. 如前所述，在函数的正交分解中，采用的是均方误差最小的逼近方法，而不是一致收敛逼近. 尽管在跳变点存在一定幅值的峰起，但随着峰起宽度趋于无穷小，峰起的能量也趋于无穷小，在只有有限个跳变点的情况下，仍能满足信号逼近的均方误差趋于零.

现在可以对连续周期信号傅里叶级数的基本特点做一些总结.

(1) 连续周期信号的频谱是离散的，各分量的频率是基波频率的整数倍. 这一特点的物理意义是：把周期信号分解为不同频率分量的叠加，要保持叠加结果的周期性，各频率分量的周期之比必须为有理数，因此各频率分量的频率必须处在一些离散点上.

(2) 如果 $f(t)$ 是一个实函数，它的傅里叶级数 $F(k\omega_1)$ 满足关系：

$$\begin{cases} F(k\omega_1) = F^*(-k\omega_1), \\ \mathrm{Re}[F(k\omega_1)] = \mathrm{Re}[F(-k\omega_1)], \\ \mathrm{Im}[F(k\omega_1)] = -\mathrm{Im}[F(-k\omega_1)], \\ |F(k\omega_1)| = |F(-k\omega_1)|, \\ \phi(k\omega_1) = -\phi(-k\omega_1). \end{cases} \tag{4.58}$$

$F(k\omega_1)$ 的模 $|F(k\omega_1)|$（幅频特性）是偶函数，$F(k\omega_1)$ 的辐角 $\phi(k\omega_1)$（相频特性）是奇函数. 这一特点的物理意义是：$f(t)$ 是实函数，所包含的每个三角函数分量也是实函数，每个实三角函数分量对应两个共轭的复指数函数分量，正、负频率分量成对共轭出现. 图 4-6 所示是 $F(k\omega_1)$ 在复平面上的表示，$F(k\omega_1)$ 和 $F(-k\omega_1)$ 关于实轴对称，实部相加，虚部抵消，两个复分量合成为一个实分量.

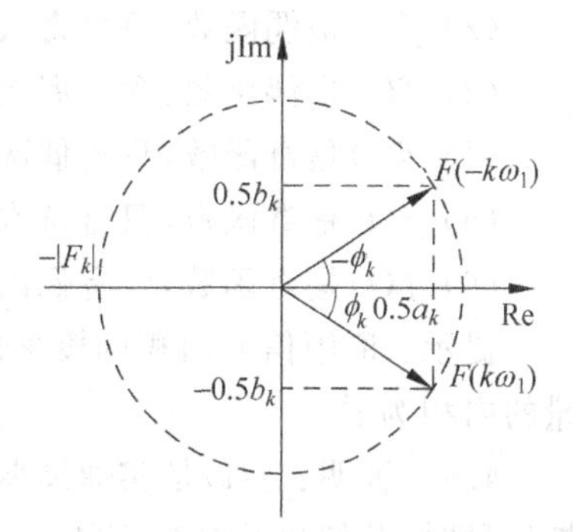

图 4-6　傅里叶级数系数在复平面上的表示

(3) 如果 $f(t)$ 是一个实的偶函数，则 $F(k\omega_1)$ 是一个实函数，$f(t)$ 各频率分量的初始相位 $\phi(k\omega_1)$ 都是 0 或 $\pm\pi$，只有余弦分量. 如果 $f(t)$ 是实奇函数，则 $F(k\omega_1)$ 将是一个纯虚函数，$f(t)$ 只有正弦分量.

习 题

4.1 求题图 4-1 所示周期方波信号的傅里叶级数，画出其幅值谱和相位谱. 当脉冲宽度 τ 趋于信号周期 T_1 时，分析频谱的变化.

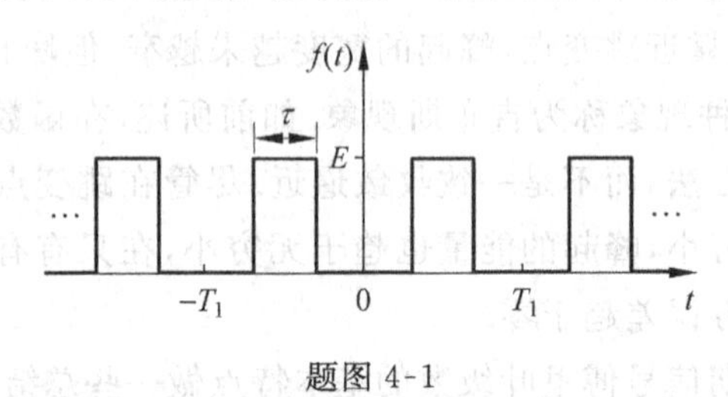

题图 4-1

4.2 画出下列周期信号的幅值谱和相位谱：

(1) $f(t)=E$； (2) $f(t)=E\cos\omega t$； (3) $f(t)=E\sin\omega t$.

4.3 $f(t)$为周期信号，周期为 T_1，已知 $f(t)$在四分之一周期区间$(0,T_1/4)$的波形如题图 4-2 所示，其他各四分之一周期的波形是已知四分之一周期波形的重复，但可能有水平和垂直翻转. 画出 $f(t)$在一个完整周期区间$(-T_1/2,T_1/2)$的波形，使其满足以下条件：

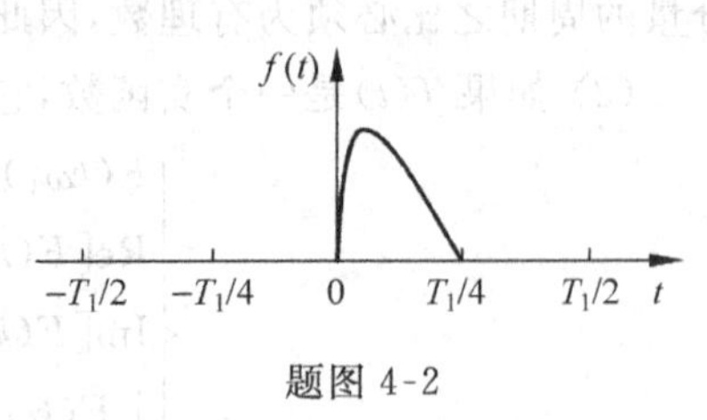

题图 4-2

(1) $f(t)$是偶函数，只含偶次谐波（偶次谐波和奇次谐波均相对于 T_1 为周期的基波而言）；

(2) $f(t)$是偶函数，只含奇次谐波；

(3) $f(t)$是偶函数，含有偶次和奇次谐波；

(4) $f(t)$是奇函数，只含偶次谐波；

(5) $f(t)$是奇函数，只含奇次谐波；

(6) $f(t)$是奇函数，含有偶次和奇次谐波.

提示：请用信号内积的概念进行判断. 如果信号不包含某一频率分量，则和该频率分量的内积为零.

4.4 证明：$f(t)$是实偶周期信号时，其傅里叶级数 $F(k\omega_1)$是实函数；$f(t)$是实奇周期信号时，其傅里叶级数 $F(k\omega_1)$是纯虚函数. 如果 $f(t)$分别是虚偶周期信号和虚奇周期信号时，它们的傅里叶级数各有什么实虚方面的特点？

4.5 为什么周期信号的频谱是离散的？

第 5 章　连续信号的傅里叶变换

从信号正交分解的概念出发，可得到连续非周期信号的傅里叶变换. 在此基础上进一步扩展，可得到周期信号的傅里叶变换、脉冲抽样信号的傅里叶变换和抽样定理. 请注意理解各种信号变换所表示的物理意义，以及它们之间的联系和差别.

5.1　非周期信号的傅里叶变换

5.1.1　傅里叶变换的概念

前面学习了信号的正交分解，信号 $f(t)$ 在时间区间 (t_1, t_2) 上可以表示为一个完备正交函数集各元素的线性组合，此处 (t_1, t_2) 为有限长时间区间. 如果 $f(t)$ 是非周期信号，在时间区间 $(-\infty, \infty)$ 上满足狄利克雷条件，那么可以把 $f(t)$ 在区间 $(-\infty, \infty)$ 上进行正交函数分解，由此引出非周期信号傅里叶变换的概念.

首先考虑在有限长时间区间 (t_1, t_2) 上对 $f(t)$ 进行正交复指数函数分解，有

$$f(t) = \sum_{k=-\infty}^{\infty} F_{\mathrm{g}}(k\omega_1)\mathrm{e}^{\mathrm{j}k\omega_1 t}, \quad t_1 < t < t_2, \tag{5.1}$$

$$\omega_1 = \frac{2\pi}{t_2 - t_1}, \tag{5.2}$$

$$F_{\mathrm{g}}(k\omega_1) = \frac{\langle f(t), \mathrm{e}^{\mathrm{j}k\omega_1 t}\rangle}{\langle \mathrm{e}^{\mathrm{j}k\omega_1 t}, \mathrm{e}^{\mathrm{j}k\omega_1 t}\rangle} = \frac{1}{t_2 - t_1}\int_{t_1}^{t_2} f(t)\mathrm{e}^{-\mathrm{j}k\omega_1 t}\mathrm{d}t. \tag{5.3}$$

为了在区间 $(-\infty, \infty)$ 上对 $f(t)$ 进行正交函数分解，取 $t_1 \to -\infty$ 和 $t_2 \to \infty$ 时的极限，有

$$t_2 - t_1 \to \infty, \quad \omega_1 \to 0. \tag{5.4}$$

因为 $f(t)$ 满足狄利克雷条件，在区间 $(-\infty, \infty)$ 上绝对可积，所以在取极限后，式 5.3 中的积分收敛，即

$$\lim_{t_1 \to -\infty, t_2 \to \infty} \int_{t_1}^{t_2} f(t)\mathrm{e}^{-\mathrm{j}k\omega_1 t}\mathrm{d}t = 有限值. \tag{5.5}$$

因此

$$F_{\mathrm{g}}(k\omega_1) \to 0. \tag{5.6}$$

此式表明，对于一个在区间 $(-\infty, \infty)$ 上绝对可积的非周期信号 $f(t)$，如果在区间 $(-\infty, \infty)$ 上进行正交复指数函数分解，则每个频率分量的幅值 $|F_{\mathrm{g}}(k\omega_1)|$ 都是无穷小或者零.

还可以看到,随着 $t_1\to-\infty$ 和 $t_2\to\infty$,信号分解的基波分量的周期 $T_1=t_2-t_1$ 趋于无穷大,基波频率 f_1 和基波角频率 ω_1 趋于无穷小.在频谱图上,ω_1 是相邻谱线的间隔,ω_1 趋于无穷小意味着频谱图上的谱线趋于无限密集,最后趋于连续.

图 5-1 所示是对同一非周期矩形脉冲信号在不同时间区间进行复指数函数正交分解的情况,第二种的时间区间长度是第一种的两倍.可以看到,当信号分解区间 $(-T_1/2, T_1/2)$ 增加一倍时,各谱线的高度减小一半,谱线间的间隔减小一半,谱线的密集程度增大一倍.随着信号分解所在时间区间的继续增大,各谱线高度将继续减小,谱线的密集程度继续增大.可以想象,当 $T_1\to\infty$ 时,各谱线高度将趋于无穷小,谱线间隔趋于无穷小,谱线无限密集,最终成为一条落在横坐标上的高度为无穷小的连续曲线.

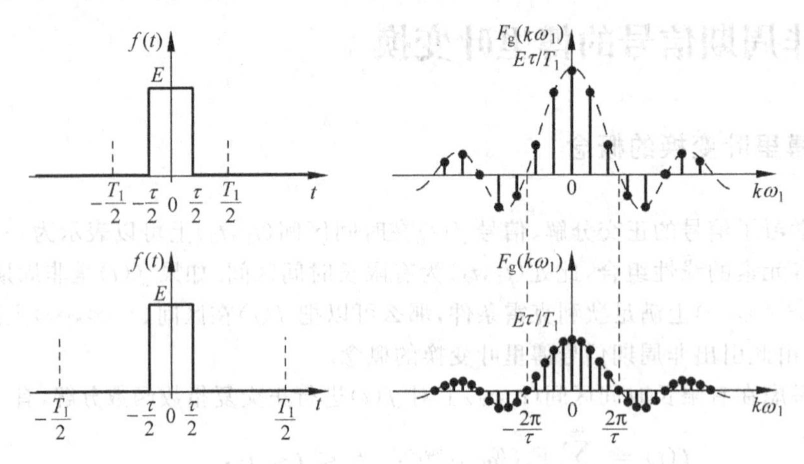

图 5-1 非周期矩形脉冲信号在不同时间区间的正交复指数分解

可见,一个绝对可积的非周期信号可分解为频率连续分布的幅值为无穷小的频率分量的叠加.因为各频率分量的幅值为无穷小,因此不再能用幅值谱描述信号的频谱特性.对于一个确定的能量信号,它存在确定的频谱分布,为了描述这一频谱分布,引出信号频谱密度的概念.

所谓频谱密度,指信号每一频率分量与其所占频带宽度的比.对于角频率为 ω_1 的频率分量,所占频带宽度也为 ω_1,频谱密度为(2π 为定义中加入的系数,无物理意义)

$$\frac{2\pi F_g(k\omega_1)}{\omega_1}=\int_{t_1}^{t_2} f(t)\mathrm{e}^{\mathrm{j}k\omega_1 t}\mathrm{d}t, \tag{5.7}$$

当 $t_1\to-\infty$, $t_2\to\infty$ 时,有 $\omega_1\to\mathrm{d}\omega$, $k\omega_1\to\omega$.由此得信号频谱密度函数的定义:

$$F(\omega)=\lim_{t_1\to-\infty,t_2\to\infty}\frac{2\pi F_g(k\omega_1)}{\omega_1}=\int_{-\infty}^{\infty} f(t)\mathrm{e}^{-\mathrm{j}\omega t}\mathrm{d}t. \tag{5.8}$$

同样,对于式(5.1),当 $t_1\to-\infty,t_2\to\infty$时,有

$$\begin{aligned}f(t)&=\lim_{t_1\to-\infty,t_2\to\infty}\sum_{k=-\infty}^{\infty}F_{\mathrm{g}}(k\omega_1)\mathrm{e}^{\mathrm{j}k\omega_1 t}\\&=\lim_{t_1\to-\infty,t_2\to\infty}\sum_{k=-\infty}^{\infty}\frac{F_{\mathrm{g}}(k\omega_1)}{\omega_1}\mathrm{e}^{\mathrm{j}k\omega_1 t}\omega_1\\&=\frac{1}{2\pi}\int_{-\infty}^{\infty}F(\omega)\mathrm{e}^{\mathrm{j}\omega t}\,\mathrm{d}\omega.\end{aligned}\tag{5.9}$$

根据以上推演,得到连续非周期信号 $f(t)$的傅里叶变换,傅里叶正变换为

$$F(\omega)=\mathcal{F}[f(t)]=\int_{-\infty}^{\infty}f(t)\mathrm{e}^{-\mathrm{j}\omega t}\,\mathrm{d}t,\tag{5.10}$$

其逆变换为

$$f(t)=\mathcal{F}^{-1}[F(\omega)]=\frac{1}{2\pi}\int_{-\infty}^{\infty}F(\omega)\mathrm{e}^{\mathrm{j}\omega t}\,\mathrm{d}\omega.\tag{5.11}$$

傅里叶变换和傅里叶级数的差别在于:傅里叶级数是对周期信号进行分解,各频率分量的频率具有离散分布的特点,傅里叶级数的系数描述了各频率分量的幅值和相位;这里的傅里叶变换是对非周期信号进行分解,各频率分量的频率具有连续分布的特点,傅里叶变换的频谱密度函数描述了各频率分量的频谱密度和相位.

$f(t)$的傅里叶变换的频谱密度函数通常为复函数,可表示为 $F(\omega)=|F(\omega)|\mathrm{e}^{\mathrm{j}\phi(\omega)}$,$|F(\omega)|$—$\omega$ 关系描述了 $f(t)$各频率分量的频谱密度随频率的变化,称为 $f(t)$的频谱密度谱,也经常称幅频特性或幅值谱,但它和傅里叶级数的幅频特性和幅值谱存在物理意义的差别,一个是幅值,另一个是幅值密度. 同样,$\phi(\omega)$—ω 关系描述了 $f(t)$各频率分量的相位随频率的变化,称为 $f(t)$的相频特性或相位谱.

前面讨论傅里叶变换的定义时,要求信号 $f(t)$满足狄利克雷条件,其中包括信号在无穷区间绝对可积,以保证傅里叶变换的积分收敛. 对于非绝对可积信号,如直流信号 $f(t)=E(-\infty<t<\infty)$,其傅里叶变换的积分不收敛,经典意义上的傅里叶变换不存在. 然而,在引入奇异函数后,一些非绝对可积信号的傅里叶积分可用奇异函数表示,从而在扩展意义上,这类信号的傅里叶变换也存在.

5.1.2　典型信号的傅里叶变换

1. 矩形脉冲信号

矩形脉冲的波形如图 5-2(a)所示,E 为脉冲幅值,τ 为脉冲宽度,其表达式为

$$f(t)=E[u(t+\tau/2)-u(t-\tau/2)].\tag{5.12}$$

根据傅里叶变换的定义，有

$$F(\omega)=\int_{-\infty}^{\infty} f(t)\mathrm{e}^{-\mathrm{j}\omega t}\,\mathrm{d}t=\int_{-\tau/2}^{\tau/2} E\mathrm{e}^{-\mathrm{j}\omega t}\,\mathrm{d}t=E\tau\,\mathrm{Sa}\left(\frac{\omega\tau}{2}\right). \tag{5.13}$$

$F(\omega)$是一个实函数，幅频特性和相频特性可以在一个频谱图上表示，如图 5-2(b)所示. 比较图 5-1 和图 5-2，可以看到有限时间区间和无限时间区间正交分解，以及幅值谱和幅值密度谱的关系.

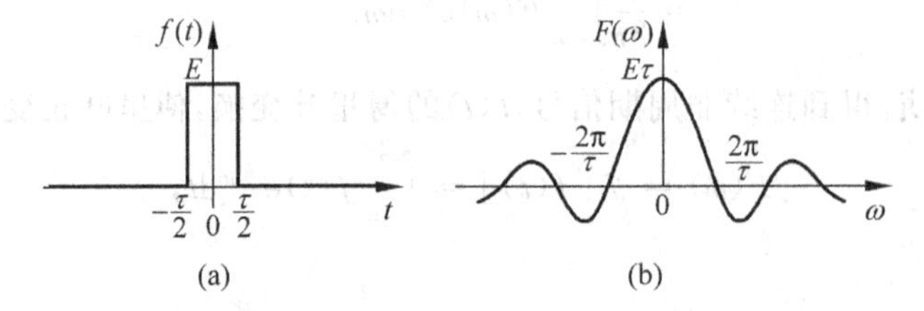

图 5-2 非周期矩形脉冲信号及其傅里叶变换

2. 单边指数信号

单边指数信号的波形如图 5-3(a)所示，其表达式为

$$f(t)=E\mathrm{e}^{-\alpha t}u(t),\quad \alpha>0, \tag{5.14}$$

其中 α 为衰减因子. 根据傅里叶变换的定义求得

$$F(\omega)=\int_{0}^{\infty} E\mathrm{e}^{-\alpha t}\mathrm{e}^{-\mathrm{j}\omega t}\,\mathrm{d}t=\frac{E}{\alpha+\mathrm{j}\omega}, \tag{5.15}$$

幅频特性和相频特性分别为

$$|F(\omega)|=\frac{E}{\sqrt{\alpha^{2}+\omega^{2}}}, \tag{5.16}$$

$$\phi(\omega)=-\arctan\left(\frac{\omega}{\alpha}\right). \tag{5.17}$$

$F(\omega)$是一个复函数，其幅值谱和相位谱分别如图 5-3(b)和(c)所示.

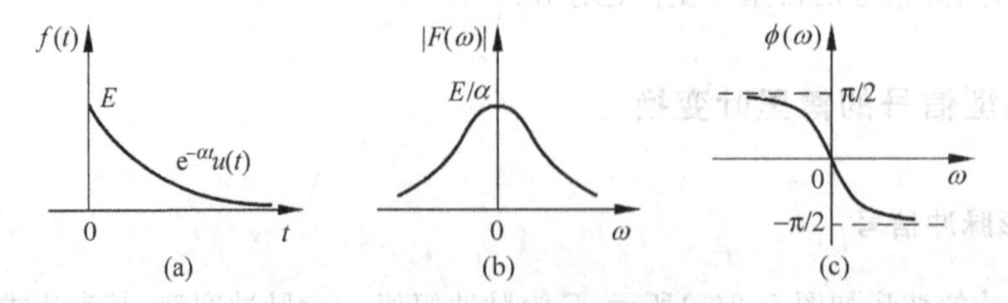

图 5-3 单边指数信号及其傅里叶变换

3. 双边奇指数信号

双边奇指数信号的波形如图 5-4(a)所示,其表达式为

$$f(t)=\begin{cases}Ee^{-\alpha t}, & t>0,\\ -Ee^{\alpha t}, & t<0,\end{cases} \tag{5.18}$$

其中 $\alpha>0$ 为衰减因子.根据傅里叶变换的定义求得

$$F(\omega)=\int_{-\infty}^{0}-Ee^{\alpha t}e^{-j\omega t}dt+\int_{0}^{\infty}Ee^{-\alpha t}e^{-j\omega t}dt=-j\frac{2E\omega}{\alpha^2+\omega^2}, \tag{5.19}$$

幅频特性和相频特性分别为

$$|F(\omega)|=\frac{2E|\omega|}{\alpha^2+\omega^2}, \tag{5.20}$$

$$\phi(\omega)=\begin{cases}\pi/2, & \omega<0,\\ -\pi/2, & \omega>0.\end{cases} \tag{5.21}$$

$F(\omega)$是纯虚函数,其幅值谱和相位谱分别如图 5-4(b)和(c)所示.

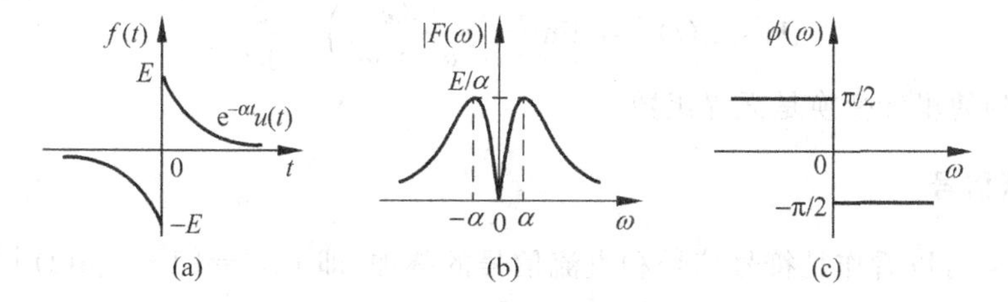

图 5-4　双边奇指数信号及其傅里叶变换

4. 冲激信号

冲激信号 $\delta(t)$是绝对可积的,根据傅里叶变换的定义,有

$$\mathcal{F}[\delta(t)]=\int_{-\infty}^{\infty}\delta(t)e^{-j\omega t}dt=1. \tag{5.22}$$

冲激信号 $\delta(t)$的傅里叶变换是 1,表明冲激信号具有无穷带宽均匀分布的频谱特性,包含频率从零到无穷大连续分布的所有频率分量,每个频率分量的幅值都是无穷小,频谱密度幅值都是 1.冲激信号每个频率分量的相位都为零,在 $t=0$ 处,所有频率分量都取余弦的正幅值,因此叠加结果为无穷大;在 $t\neq0$ 处,各频率分量处于余弦函数的不同相位,取值有正有负,叠加结果为零.

5. 直流信号

可以把直流信号看作为宽度趋于无穷大的矩形脉冲信号,对矩形脉冲信号的傅里叶变换取 $\tau\to\infty$时的极限,由此得直流信号的傅里叶变换

$$\mathcal{F}[E]=\lim_{\tau\to\infty}E\tau\,\mathrm{Sa}\left(\frac{\omega\tau}{2}\right)=2\pi E\lim_{\tau\to\infty}\frac{\tau}{2\pi}\mathrm{Sa}\left(\frac{\tau}{2}\omega\right)=2\pi E\delta(\omega).\tag{5.23}$$

直流信号的傅里叶变换是一个冲激函数.直流信号只包含频率 $\omega=0$ 的一个频率分量,所占频带宽度为无穷小,但直流信号幅值是有限值 E,因此频谱密度是无穷大,频谱密度函数可表示为冲激函数.这类似于一根长线上有一个质点的情况,质点质量是有限值,体积是无穷小,质量密度分布是冲激函数.

6. 符号信号

符号信号的定义为

$$\mathrm{sgn}(t)=\begin{cases}1, & t>0,\\ -1, & t<0.\end{cases}\tag{5.24}$$

它不是绝对可积的,其傅里叶变换的积分不收敛.符号信号可以看作是双边奇指数信号在衰减因子 α 趋于零时的极限,对双边奇指数信号的傅里叶变换取 $\alpha\to 0$ 时的极限,得符号信号的傅里叶变换:

$$\mathcal{F}[\mathrm{sgn}(t)]=\lim_{\alpha\to 0}\left(-\mathrm{j}\frac{2\omega}{\alpha^2+\omega^2}\right)=\frac{2}{\mathrm{j}\omega}.\tag{5.25}$$

$\mathrm{sgn}(t)$信号的傅里叶变换是无界函数.

7. 阶跃信号

阶跃信号可以看作是符号信号和直流信号的叠加,即 $u(t)=[1+\mathrm{sgn}(t)]/2$,因此

$$\mathcal{F}[u(t)]=\mathcal{F}\left[\frac{1}{2}\right]+\mathcal{F}\left[\frac{1}{2}\mathrm{sgn}(t)\right]=\pi\delta(\omega)+\frac{1}{\mathrm{j}\omega}.\tag{5.26}$$

$u(t)$信号的傅里叶变换是无界的,还包含冲激函数.

5.2 傅里叶变换的性质

1. 线性特性

如果$\mathcal{F}[f_i(t)]=F_i(\omega)(i=1,2,\cdots,N)$,则

$$\mathcal{F}\left[\sum_{i=1}^{N}A_if_i(t)\right]=\sum_{i=1}^{N}A_iF_i(\omega),\tag{5.27}$$

其中 A_i 为常数.

2. 奇偶虚实特性

信号 $f(t)$的傅里叶变换可展开为

$$F(\omega)=\int_{-\infty}^{\infty} f(t)\mathrm{e}^{-\mathrm{j}\omega t}\mathrm{d}t$$

$$=\int_{-\infty}^{\infty} f(t)\cos\omega t\,\mathrm{d}t-\mathrm{j}\int_{-\infty}^{\infty} f(t)\sin\omega t\,\mathrm{d}t. \tag{5.28}$$

一般情况下,$F(\omega)$是复函数,包含实部和虚部,即

$$F(\omega)=|F(\omega)|\mathrm{e}^{\mathrm{j}\phi(\omega)}=R(\omega)+\mathrm{j}I(\omega), \tag{5.29}$$

$$|F(\omega)|=\sqrt{R^2(\omega)+I^2(\omega)}, \tag{5.30}$$

$$\phi(\omega)=\arctan[I(\omega)/R(\omega)]. \tag{5.31}$$

当 $f(t)$是一个实函数时,有

$$R(\omega)=\int_{-\infty}^{\infty} f(t)\cos\omega t\,\mathrm{d}t, \tag{5.32}$$

$$I(\omega)=-\int_{-\infty}^{\infty} f(t)\sin\omega t\,\mathrm{d}t. \tag{5.33}$$

式(5.32)和式(5.33)表明,对实函数 $f(t)$的傅里叶变换,同时包含了求 $f(t)$在各余弦分量上的投影和求 $f(t)$在各正弦分量上的投影,由此构成 $F(\omega)$的实部和虚部.根据式(5.32)和式(5.33),有

$$R(-\omega)=R(\omega), \tag{5.34}$$

$$I(-\omega)=-I(\omega), \tag{5.35}$$

由此得

$$F(-\omega)=F^*(\omega), \tag{5.36}$$

$$|F(-\omega)|=|F(\omega)|, \tag{5.37}$$

$$\phi(-\omega)=-\phi(\omega). \tag{5.38}$$

这些关系表明,当 $f(t)$是实函数时,$F(\omega)$的实部 $R(\omega)$是偶函数,虚部 $I(\omega)$是奇函数;模 $|F(\omega)|$是偶函数,辐角 $\phi(\omega)$是奇函数.这些关系的本质在于,把实函数分解为复分量时,复分量必须成对共轭出现,以保证叠加的结果为实函数.

当 $f(t)$是实的偶函数时,有

$$I(\omega)=0, \tag{5.39}$$

$$F(\omega)=R(\omega), \tag{5.40}$$

$$F(-\omega)=F(\omega), \tag{5.41}$$

$$\phi(\omega)=\begin{cases}0, & F(\omega)>0,\\ \pm\pi, & F(\omega)<0.\end{cases} \tag{5.42}$$

这些关系表明,实偶函数的傅里叶变换 $F(\omega)$是实函数.这些关系的本质在于,对实偶函数进行傅里叶分解,所有分量必须是实偶函数,即余弦函数.

类似地,当 $f(t)$是实的奇函数时,有

$$R(\omega)=0, \tag{5.43}$$

$$F(\omega) = \mathrm{j}I(\omega), \tag{5.44}$$

$$F(-\omega) = -F(\omega), \tag{5.45}$$

$$\phi(\omega) = \begin{cases} \pi/2, & I(\omega) > 0, \\ -\pi/2, & I(\omega) < 0. \end{cases} \tag{5.46}$$

这些关系表明,实奇函数的傅里叶变换 $F(\omega)$是纯虚函数,实奇函数的所有分量都是实奇函数,即正弦函数.

此外,无论 $f(t)$是实函数还是复函数,都存在以下关系:

$$\mathcal{F}[f(-t)] = F(-\omega), \tag{5.47}$$

$$\mathcal{F}[f^*(t)] = F^*(-\omega), \tag{5.48}$$

$$\mathcal{F}[f^*(-t)] = F^*(\omega). \tag{5.49}$$

3. 对称特性

傅里叶正变换和逆变换在形式上相似,因此存在对称特性.如果$\mathcal{F}[f(t)]=F(\omega)$,则有

$$\mathcal{F}[F(t)] = 2\pi f(-\omega). \tag{5.50}$$

如果 $f(t)$为偶函数,则有

$$\mathcal{F}[F(t)] = 2\pi f(\omega). \tag{5.51}$$

证明 因为$\mathcal{F}[f(t)]=F(\omega)$,所以有逆变换:

$$f(t) = \frac{1}{2\pi}\int_{-\infty}^{\infty} F(\omega)\mathrm{e}^{\mathrm{j}\omega t}\,\mathrm{d}\omega, \tag{5.52}$$

$$2\pi f(-t) = \int_{-\infty}^{\infty} F(\omega)\mathrm{e}^{-\mathrm{j}\omega t}\,\mathrm{d}\omega. \tag{5.53}$$

变量 t 和 ω 互换,证得

$$2\pi f(-\omega) = \int_{-\infty}^{\infty} F(t)\mathrm{e}^{-\mathrm{j}\omega t}\,\mathrm{d}t = \mathcal{F}[F(t)]. \tag{5.54}$$

图 5-5(a)所示是时域的矩形脉冲,它的傅里叶变换是图 5-5(b)所示的抽样函数.对称地,当时域是图 5-5(d)所示的抽样函数时,它的傅里叶变换应是图 5-5(c)所示的矩形波形.为了表示反褶,图 5-5(c)的横坐标为$-\omega$.因为此处的矩形波形是偶函数,所以反褶的波形不变.

例 5.1 已知图 5-5(d)所示的抽样函数为 $F(t)=8\mathrm{Sa}\left(\frac{\pi}{6}t\right)$,求其傅里叶变换$\mathcal{F}[F(t)]$.

解 根据 $F(t)$的表达式,当 $t=0$ 时,$F(t)=8$,因此有 $E\tau=8$.当 $t=6$ 时,$F(t)$取原点右边横坐标的第一个过零点,因此有$\frac{2\pi}{\tau}=6$.由此求得 $F(t)$曲线的特征参数 $\tau=\frac{\pi}{3}$,$E=\frac{24}{\pi}$.

根据对称特性，$\mathcal{F}[F(t)]$是图 5-5(c)所示的矩形波形，高度为 $2\pi E=48$，宽度为 $\tau=\frac{\pi}{3}$.

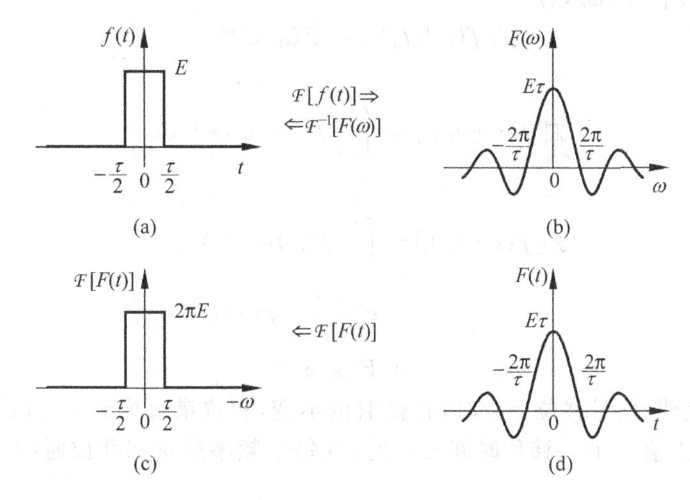

图 5-5 傅里叶变换的对称性

4. 尺度特性

如果$\mathcal{F}[f(t)]=F(\omega)$，有

$$\mathcal{F}[f(at)]=\frac{1}{|a|}F\left(\frac{\omega}{a}\right). \tag{5.55}$$

证明

$$\mathcal{F}[f(at)]=\int_{-\infty}^{\infty}f(at)\mathrm{e}^{-\mathrm{j}\omega t}\mathrm{d}t, \tag{5.56}$$

令 $x=at$，则当 $a>0$ 时，有

$$\mathcal{F}[f(at)]=\frac{1}{a}\int_{-\infty}^{\infty}f(x)\mathrm{e}^{-\mathrm{j}\omega\frac{x}{a}}\mathrm{d}x=\frac{1}{a}F\left(\frac{\omega}{a}\right). \tag{5.57}$$

当 $a<0$ 时，有

$$\mathcal{F}[f(at)]=\frac{1}{a}\int_{\infty}^{-\infty}f(x)\mathrm{e}^{-\mathrm{j}\omega\frac{x}{a}}\mathrm{d}x=-\frac{1}{a}F\left(\frac{\omega}{a}\right). \tag{5.58}$$

综合上述两式，得证尺度特性.

尺度特性显示，信号时域波形水平方向扩展，频域波形水平方向压缩；信号时域波形水平方向压缩，频域波形水平方向扩展. 其物理意义是，信号时域波形水平方向扩展，变化减慢，高频分量相对减少，因此频域波形水平方向压缩. 相反亦然.

5. 时移特性

如果$\mathcal{F}[f(t)]=F(\omega)$，有

$$\mathcal{F}[f(t\pm t_0)]=F(\omega)\mathrm{e}^{\pm \mathrm{j}\omega t_0}. \tag{5.59}$$

证明

$$\mathcal{F}[f(t\pm t_0)]=\int_{-\infty}^{\infty}f(t\pm t_0)\mathrm{e}^{-\mathrm{j}\omega t}\mathrm{d}t, \tag{5.60}$$

令 $x=t\pm t_0$，有

$$\begin{aligned}\mathcal{F}[f(t\pm t_0)]&=\int_{-\infty}^{\infty}f(x)\mathrm{e}^{-\mathrm{j}\omega(x\mp t_0)}\mathrm{d}x\\&=\mathrm{e}^{\pm \mathrm{j}\omega t_0}\int_{-\infty}^{\infty}f(x)\mathrm{e}^{-\mathrm{j}\omega x}\mathrm{d}x\\&=F(\omega)\mathrm{e}^{\pm \mathrm{j}\omega t_0}.\end{aligned} \tag{5.61}$$

时移特性表明，信号移位$\pm t_0$时，其幅值谱不变，相位谱改变$\pm\omega t_0$. 时移特性的物理意义是明显的，当信号 $f(t)$移位时间$\pm t_0$ 时，其每个频率分量都移位时间$\pm t_0$，相位的改变则为$\pm\omega t_0$.

6. 频移特性

如果$\mathcal{F}[f(t)]=F(\omega)$，有

$$\mathcal{F}[f(t)\mathrm{e}^{\pm \mathrm{j}\omega_0 t}]=F(\omega\mp\omega_0). \tag{5.62}$$

证明

$$\begin{aligned}\mathcal{F}[f(t)\mathrm{e}^{\pm \mathrm{j}\omega_0 t}]&=\int_{-\infty}^{\infty}f(t)\mathrm{e}^{\pm \mathrm{j}\omega_0 t}\mathrm{e}^{-\mathrm{j}\omega t}\mathrm{d}t\\&=\int_{-\infty}^{\infty}f(t)\mathrm{e}^{-\mathrm{j}(\omega\mp\omega_0)t}\mathrm{d}t\\&=F(\omega\mp\omega_0).\end{aligned} \tag{5.63}$$

在时域 $f(t)$乘以 $\mathrm{e}^{\pm \mathrm{j}\omega_0 t}$，对应于频域 $F(\omega)$平移$\mp\omega_0$，此也称为频谱搬移.

例 5.2 求余弦信号 $\cos\omega_0 t$ 和正弦信号 $\sin\omega_0 t$ 的傅里叶变换.

解 已知直流信号的傅里叶变换$\mathcal{F}[1]=2\pi\delta(\omega)$，则

$$\mathcal{F}[\cos\omega_0 t]=\mathcal{F}\left[\frac{(\mathrm{e}^{\mathrm{j}\omega_0 t}+\mathrm{e}^{-\mathrm{j}\omega_0 t})}{2}\right]=\pi[\delta(\omega-\omega_0)+\delta(\omega+\omega_0)], \tag{5.64}$$

$$\mathcal{F}[\sin\omega_0 t]=\mathcal{F}\left[\frac{(\mathrm{e}^{\mathrm{j}\omega_0 t}-\mathrm{e}^{-\mathrm{j}\omega_0 t})}{\mathrm{j}2}\right]=-\mathrm{j}\pi[\delta(\omega-\omega_0)-\delta(\omega+\omega_0)]. \tag{5.65}$$

三角信号的傅里叶积分不收敛，引入冲激函数后，其扩展意义上的傅里叶变换存在. 已经知道，直流信号的傅里叶变换是在频率点 $\omega=0$ 处的冲激函数，与此类似，角频率为 ω_0 的三角信号的傅里叶变换是在频率点 $\omega=\omega_0$ 和 $\omega=-\omega_0$ 处的一对冲激函数.

例 5.3　求 $\cos\omega_1 t\cos\omega_2 t$ 的傅里叶变换.

解

$$\begin{aligned}\mathcal{F}[\cos\omega_1 t\cos\omega_2 t] &= \frac{1}{2}\mathcal{F}[\cos(\omega_1+\omega_2)t+\cos(\omega_1-\omega_2)t] \\ &= \frac{\pi}{2}[\delta(\omega-\omega_1-\omega_2)+\delta(\omega+\omega_1+\omega_2) \\ &\quad +\delta(\omega-\omega_1+\omega_2)+\delta(\omega+\omega_1-\omega_2)],\end{aligned} \tag{5.66}$$

或者

$$\begin{aligned}\mathcal{F}[\cos\omega_1 t\cos\omega_2 t] &= \mathcal{F}\left[\frac{(e^{j\omega_1 t}+e^{-j\omega_1 t})}{2}\frac{(e^{j\omega_2 t}+e^{-j\omega_2 t})}{2}\right] \\ &= \frac{1}{4}\mathcal{F}[e^{j(\omega_1+\omega_2)t}+e^{j(\omega_1-\omega_2)t}+e^{-j(\omega_1-\omega_2)t}+e^{-j(\omega_1+\omega_2)t}] \\ &= \frac{\pi}{2}[\delta(\omega-\omega_1-\omega_2)+\delta(\omega-\omega_1+\omega_2)+\delta(\omega+\omega_1-\omega_2) \\ &\quad +\delta(\omega+\omega_1+\omega_2)].\end{aligned} \tag{5.67}$$

例 5.4　已知 $\mathcal{F}[f(t)]=F(\omega)$，求 $f_{\mathrm{m}}(t)=f(t)\cos\omega_0 t$ 的傅里叶变换.

解

$$\begin{aligned}F_{\mathrm{m}}(\omega) &= \mathcal{F}[f(t)\cos\omega_0 t] \\ &= \mathcal{F}\left[f(t)\frac{(e^{j\omega_0 t}+e^{-j\omega_0 t})}{2}\right] \\ &= \frac{1}{2}[F(\omega-\omega_0)+F(\omega+\omega_0)].\end{aligned} \tag{5.68}$$

通信中的调制解调技术是基于频谱搬移的原理. 设 $f_{\mathrm{AV}}(t)$ 是所要传送的音频信号或视频信号，$F_{\mathrm{AV}}(\omega)=\mathcal{F}[f_{\mathrm{AV}}(t)]$ 占据有限带宽 $(-\omega_{\mathrm{AV}},\omega_{\mathrm{AV}})$，如图 5-6 所示. 对于音频信号和视频信号，由于频率低，难以直接进行无线电发射. 调制解调的过程是，把 $f_{\mathrm{AV}}(t)$ 乘以一个载波信号，设为 $\cos\omega_0 t$，得到射频信号

$$f_{\mathrm{RF}}(t) = f_{\mathrm{AV}}(t)\cos\omega_0 t, \tag{5.69}$$

其频谱密度函数为

$$F_{\mathrm{RF}}(\omega) = \frac{1}{2}[F_{\mathrm{AV}}(\omega+\omega_0)+F_{\mathrm{AV}}(\omega-\omega_0)]. \tag{5.70}$$

$f_{\mathrm{RF}}(t)$ 的频谱处在以 ω_0 为中心频率的有限带宽内，ω_0 在射频频率范围，可以有效地进行无线电发射. 在信号的接收端，将接收到的射频信号进行解调，可恢复原来的音频信号或视频信号.

图 5-7 所示是幅值调制的时域波形示意图. 将信号 $f_{\mathrm{AV}}(t)$ 叠加于一直流信号 A 上，对于所有时间 t，有 $A+f_{\mathrm{AV}}(t)>0$. 信号调制后，$f_{\mathrm{AV}}(t)$ 是射频信号 $f_{\mathrm{RF}}(t)$ 的包络. 在信号接收端，利用包络检波器从 $f_{\mathrm{RF}}(t)$ 中提取包络信号，即恢复 $f_{\mathrm{AV}}(t)$.

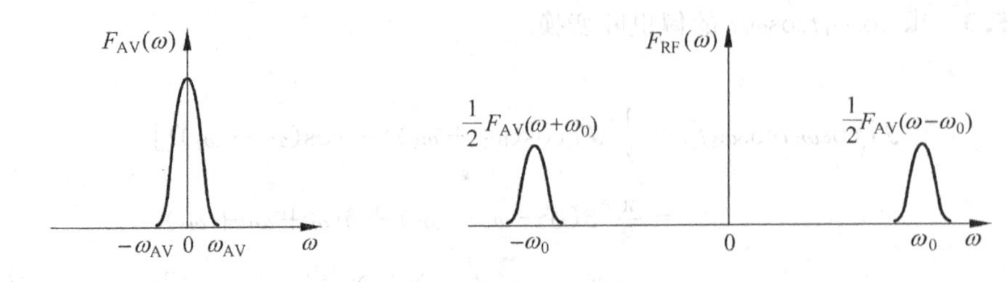

图 5-6 频谱搬移示意图

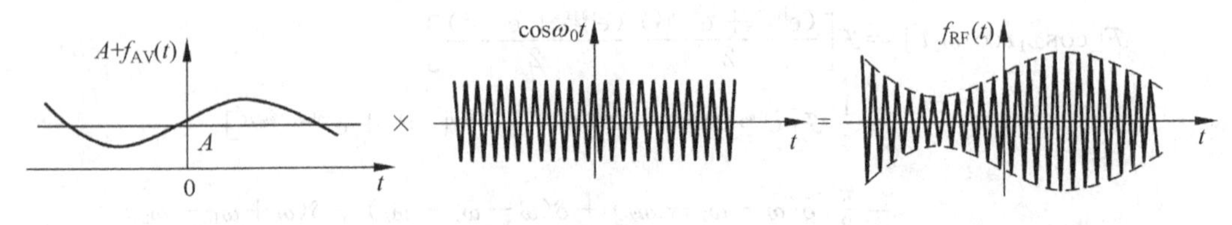

图 5-7 调幅信号时域波形

当需要同时传送多路信号时，可采用不同频率的载波信号，分别进行调制，调制后的各信号占据不同的频段，互不重叠，互不干扰，在一个信道同时传送. 在信号接收端，在不同的频率窗口接收不同载波频率的信号，实现信号分离，这就是基于调制原理的“多路复用”.

7. 时域微分特性

如果$\mathcal{F}[f(t)]=F(\omega)$，则有

$$\mathcal{F}\left[\frac{\mathrm{d}^n f(t)}{\mathrm{d}t^n}\right]=(\mathrm{j}\omega)^n F(\omega). \tag{5.71}$$

当 $n=1$ 时，有

$$\mathcal{F}\left[\frac{\mathrm{d}f(t)}{\mathrm{d}t}\right]=\mathrm{j}\omega F(\omega). \tag{5.72}$$

证明

$$\begin{aligned}\mathcal{F}\left[\frac{\mathrm{d}^n f(t)}{\mathrm{d}t^n}\right]&=\mathcal{F}\left[\frac{\mathrm{d}^n}{\mathrm{d}t^n}\left(\frac{1}{2\pi}\int_{-\infty}^{\infty}F(\omega)\mathrm{e}^{\mathrm{j}\omega t}\,\mathrm{d}\omega\right)\right]\\&=(\mathrm{j}\omega)^n\,\mathcal{F}\left[\frac{1}{2\pi}\int_{-\infty}^{\infty}F(\omega)\mathrm{e}^{\mathrm{j}\omega t}\,\mathrm{d}\omega\right]\\&=(\mathrm{j}\omega)^n\,\mathcal{F}[f(t)]\\&=(\mathrm{j}\omega)^n F(\omega).\end{aligned} \tag{5.73}$$

对 $f(t)$的求导相当于对其每个频率分量求导. 对每个频率分量求导一次，增加一个 $\mathrm{j}\omega$ 因子，即相位移位 $\pi/2$，幅值变化 ω 倍. 如我们所熟悉的，对 $\sin\omega t$ 分量求导得 $\omega\cos\omega t$，对 $\cos\omega t$ 求导得$-\omega\sin\omega t$.

例 5.5 根据时域微分特性求单位冲激信号的傅里叶变换.

解

$$\mathcal{F}[\delta(t)]=\mathcal{F}\left[\frac{\mathrm{d}}{\mathrm{d}t}u(t)\right]=\mathrm{j}\omega\,\mathcal{F}[u(t)]=\mathrm{j}\omega\left[\pi\delta(\omega)+\frac{1}{\mathrm{j}\omega}\right]=\mathrm{j}\omega\pi\delta(\omega)+1=1. \tag{5.74}$$

注意,利用时域微分特性,由微分后信号的傅里叶变换求微分前信号的傅里叶变换,有可能出现错误,这是因为信号微分时丢失了直流分量,微分后信号无法反映微分前信号的直流分量.例如,已知

$$\mathcal{F}[\delta(t)]=\mathrm{j}\omega\,\mathcal{F}[u(t)]=1, \tag{5.75}$$

如果由冲激信号的傅里叶变换求阶跃信号的傅里叶变换,则得到错误结果:

$$\mathcal{F}[u(t)]=\frac{1}{\mathrm{j}\omega}. \tag{5.76}$$

8. 频域微分特性

如果$\mathcal{F}[f(t)]=F(\omega)$,则有

$$\mathcal{F}^{-1}\left[\frac{\mathrm{d}^nF(\omega)}{\mathrm{d}\omega^n}\right]=(-\mathrm{j}t)^nf(t). \tag{5.77}$$

当 $n=1$ 时,有

$$\mathcal{F}^{-1}\left[\frac{\mathrm{d}F(\omega)}{\mathrm{d}\omega}\right]=(-\mathrm{j}t)f(t), \tag{5.78}$$

或

$$\mathcal{F}[(-\mathrm{j}t)f(t)]=\frac{\mathrm{d}F(\omega)}{\mathrm{d}\omega}. \tag{5.79}$$

例 5.6 求傅里叶变换$\mathcal{F}[t]$.

解 已知$\mathcal{F}[1]=2\pi\delta(\omega)$,根据频域微分特性,有

$$\mathcal{F}[-\mathrm{j}t]=\frac{\mathrm{d}}{\mathrm{d}\omega}[2\pi\delta(\omega)]=2\pi\delta'(\omega), \tag{5.80}$$

从而得

$$\mathcal{F}[t]=j2\pi\delta'(\omega). \tag{5.81}$$

9. 时域积分特性

如果$\mathcal{F}[f(t)]=F(\omega)$,则有

$$\mathcal{F}\left[\int_{-\infty}^{t}f(\tau)\mathrm{d}\tau\right]=\frac{F(\omega)}{\mathrm{j}\omega}+\pi F(0)\delta(\omega), \tag{5.82}$$

式中右边第一项和微分特性是对称的,积分是微分的反过程,微分时乘 $\mathrm{j}\omega$ 因子,积分时则

除以 $\mathrm{j}\omega$ 因子.式中右边第二项表示一个直流分量,来自于对 $f(t)$ 的积分.当 $t=-\infty$ 时,$\int_{-\infty}^{t} f(\tau)\mathrm{d}\tau = 0$;当 $t=+\infty$ 时,$\int_{-\infty}^{t} f(\tau)\mathrm{d}\tau = F(0)$,因此 $\int_{-\infty}^{t} f(\tau)\mathrm{d}\tau$ 有幅值为 $\frac{1}{2}F(0)$ 的直流分量,其傅里叶变换是 $\pi F(0)\delta(\omega)$.当 $f(t)$ 为奇函数时,有 $F(0)=0$,$\int_{-\infty}^{t} f(\tau)\mathrm{d}\tau$ 的直流分量也为零.

例 5.7 利用时域积分特性求阶跃信号的傅里叶变换.

解 已知 $\mathcal{F}[\delta(t)]=F(\omega)=1$,根据时域积分特性,有

$$\begin{aligned}\mathcal{F}[u(t)] &= \mathcal{F}\left[\int_{-\infty}^{t} \delta(t)\mathrm{d}t\right] \\ &= \frac{F(\omega)}{\mathrm{j}\omega} + \pi F(0)\delta(\omega) \\ &= \frac{1}{\mathrm{j}\omega} + \pi\delta(\omega).\end{aligned} \tag{5.83}$$

$\delta(t)$ 的积分为 $u(t)$,$u(t)$ 的直流分量是 $1/2$,对应的傅里叶变换为 $\pi\delta(\omega)$.

例 5.8 利用时域积分特性求矩形脉冲信号的傅里叶变换.

解 已知矩形脉冲信号

$$g(t) = E[u(t+\tau/2) - u(t-\tau/2)], \tag{5.84}$$

有

$$\frac{\mathrm{d}g(t)}{\mathrm{d}t} = E[\delta(t+\tau/2) - \delta(t-\tau/2)], \tag{5.85}$$

$$\mathcal{F}\left[\frac{\mathrm{d}g(t)}{\mathrm{d}t}\right] = E(\mathrm{e}^{\mathrm{j}\omega\tau/2} - \mathrm{e}^{-\mathrm{j}\omega\tau/2}), \tag{5.86}$$

$$\mathcal{F}[g(t)] = \frac{1}{\mathrm{j}\omega}\mathcal{F}\left[\frac{\mathrm{d}g(t)}{\mathrm{d}t}\right] + \pi\,\mathcal{F}\left[\frac{\mathrm{d}g(t)}{\mathrm{d}t}\right]_{\omega=0}\delta(\omega). \tag{5.87}$$

因为 $\mathcal{F}\left[\frac{\mathrm{d}g(t)}{\mathrm{d}t}\right]_{\omega=0}=0$,有

$$\mathcal{F}[g(t)] = \frac{E}{\mathrm{j}\omega}(\mathrm{e}^{\mathrm{j}\omega\tau/2} - \mathrm{e}^{-\mathrm{j}\omega\tau/2}) = E\tau\mathrm{Sa}\left(\frac{\omega\tau}{2}\right). \tag{5.88}$$

10. 时域卷积特性

如果信号 $f_1(t)$ 和 $f_2(t)$ 的傅里叶变换分别是

$$\mathcal{F}[f_1(t)] = F_1(\omega), \quad \mathcal{F}[f_2(t)] = F_2(\omega), \tag{5.89}$$

则有

$$\mathcal{F}[f_1(t) * f_2(t)] = F_1(\omega)F_2(\omega). \tag{5.90}$$

此特性表述为时域相卷,频域相乘.

证明

$$\begin{aligned}\mathcal{F}[f_1(t)*f_2(t)] &= \int_{-\infty}^{\infty}\left[\int_{-\infty}^{\infty} f_1(\tau)f_2(t-\tau)\mathrm{d}\tau\right]\mathrm{e}^{-\mathrm{j}\omega t}\mathrm{d}t \\ &= \int_{-\infty}^{\infty} f_1(\tau)\left[\int_{-\infty}^{\infty} f_2(t-\tau)\mathrm{e}^{-\mathrm{j}\omega t}\mathrm{d}t\right]\mathrm{d}\tau \\ &= \int_{-\infty}^{\infty} f_1(\tau)F_2(\omega)\mathrm{e}^{-\mathrm{j}\omega\tau}\mathrm{d}\tau \\ &= F_2(\omega)\int_{-\infty}^{\infty} f_1(\tau)\mathrm{e}^{-\mathrm{j}\omega\tau}\mathrm{d}\tau \\ &= F_1(\omega)F_2(\omega).\end{aligned} \tag{5.91}$$

如果一个系统的单位冲激响应为 $h(t)$，$\mathcal{F}[h(t)]=H(\omega)$；激励为 $e(t)$，$\mathcal{F}[e(t)]=E(\omega)$；系统零状态响应为 $r(t)$，$\mathcal{F}[r(t)]=R(\omega)$；则存在关系

$$r(t)=e(t)*h(t), \tag{5.92}$$

$$R(\omega)=\mathcal{F}[r(t)]=\mathcal{F}[e(t)*h(t)]=E(\omega)H(\omega). \tag{5.93}$$

例 5.9　已知图 5-8 所示信号 $e(t)$ 和 $h(t)$，以及它们的傅里叶变换 $E(\omega)$ 和 $H(\omega)$，求 $r(t)=e(t)*h(t)$ 的傅里叶变换 $R(\omega)$.

解　已知

$$E(\omega)=2\tau A\,\mathrm{Sa}(\omega\tau), \tag{5.94}$$

$$H(\omega)=2\tau A\,\mathrm{Sa}(\omega\tau), \tag{5.95}$$

有

$$R(\omega)=E(\omega)H(\omega)=(2\tau A)^2\,\mathrm{Sa}^2(\omega\tau). \tag{5.96}$$

$r(t)$ 的时域和频域波形也示于图 5-8.

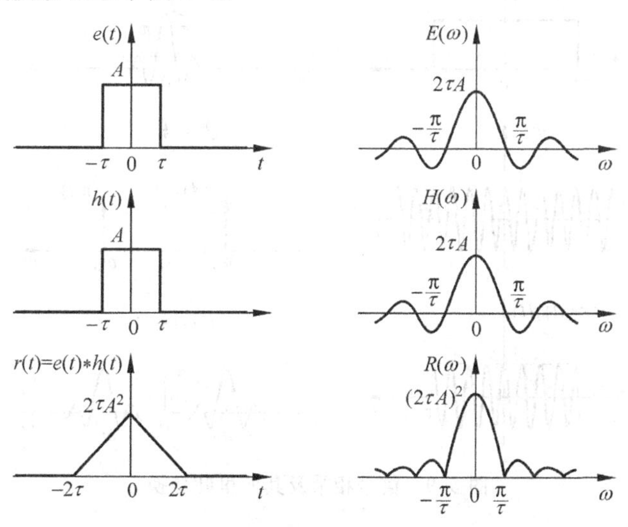

图 5-8　信号卷积及其傅里叶变换

11. 频域卷积特性

如果信号 $f_1(t)$和 $f_2(t)$的傅里叶变换分别是

$$\mathcal{F}[f_1(t)] = F_1(\omega), \quad \mathcal{F}[f_2(t)] = F_2(\omega), \tag{5.97}$$

则有

$$\mathcal{F}[f_1(t)f_2(t)] = \frac{1}{2\pi}F_1(\omega) * F_2(\omega). \tag{5.98}$$

此特性表述为时域相乘,频域相卷.

证明

$$\begin{aligned}\mathcal{F}[f_1(t)f_2(t)] &= \int_{-\infty}^{\infty} f_2(t)\left[\frac{1}{2\pi}\int_{-\infty}^{\infty} F_1(u)\mathrm{e}^{\mathrm{j}ut}\mathrm{d}u\right]\mathrm{e}^{-\mathrm{j}\omega t}\mathrm{d}t \\ &= \frac{1}{2\pi}\int_{-\infty}^{\infty} F_1(u)\left[\int_{-\infty}^{\infty} f_2(t)\mathrm{e}^{-\mathrm{j}(\omega-u)t}\mathrm{d}t\right]\mathrm{d}u \\ &= \frac{1}{2\pi}\int_{-\infty}^{\infty} F_1(u)F_1(\omega-u)\mathrm{d}u \\ &= \frac{1}{2\pi}F_1(\omega) * F_2(\omega).\end{aligned} \tag{5.99}$$

例 5.10 已知图 5-9 所示信号 $g(t)=u(t+\tau)-u(t-\tau)$和 $q(t)=A\cos\omega_0 t$,它们的傅里叶变换分别为 $G(\omega)=2\tau\mathrm{Sa}(\omega\tau)$和 $Q(\omega)=\pi A[\delta(\omega+\omega_0)+\delta(\omega-\omega_0)]$,求 $f(t)=g(t)q(t)$的傅里叶变换 $F(\omega)$.

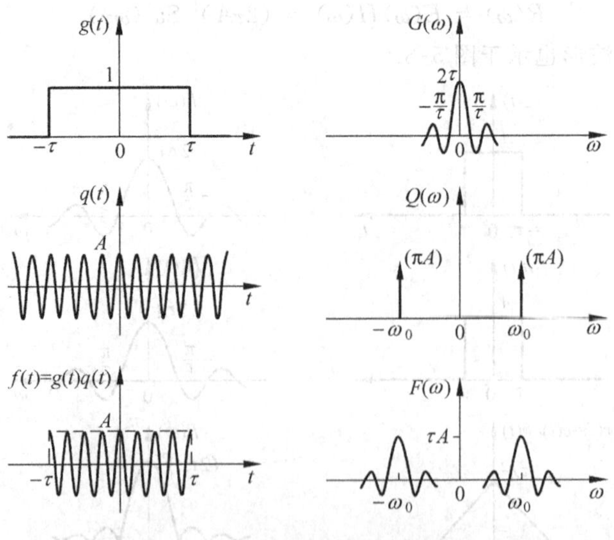

图 5-9 信号相乘及其傅里叶变换

解　根据频域卷积特性,有

$$
\begin{aligned}
F(\omega) &= \frac{1}{2\pi}G(\omega) * Q(\omega) \\
&= \tau A\,\mathrm{Sa}(\omega\tau) * [\delta(\omega+\omega_0)+\delta(\omega-\omega_0)] \\
&= \tau A\,\mathrm{Sa}[(\omega+\omega_0)\tau] + \tau A\,\mathrm{Sa}[(\omega-\omega_0)\tau].
\end{aligned} \tag{5.100}
$$

$f(t)$的时域和频域波形也示于图 5-9. 此例用频域卷积特性说明了信号调制技术中的频谱搬移过程.

5.3　周期信号的傅里叶变换

5.3.1　周期信号傅里叶变换的概念

直流信号和三角信号在无穷区间都不满足绝对可积,但在扩展意义上它们的傅里叶变换存在,它们的频谱密度分布表示为冲激函数. 对于一般周期信号,按照傅里叶级数,可以分解为三角函数分量或复指数函数分量的叠加,在扩展意义上,每个分量的傅里叶变换存在,因此周期信号的傅里叶变换也存在,它是各频率分量的傅里叶变换的和.

给定周期信号 $f_{\mathrm{p}}(t)$,周期 T_1,角频率 ω_1,$f_{\mathrm{p}}(t)$可展开为傅里叶级数:

$$
f_{\mathrm{p}}(t) = \sum_{k=-\infty}^{\infty} F_{\mathrm{gp}}(k\omega_1)\mathrm{e}^{\mathrm{j}k\omega_1 t}, \tag{5.101}
$$

此处下标 p 表示周期信号,下标 g 表示傅里叶级数. 对 $f_{\mathrm{p}}(t)$取傅里叶变换,有

$$
\begin{aligned}
F_{\mathrm{p}}(\omega) &= \mathcal{F}[f_{\mathrm{p}}(t)] \\
&= \mathcal{F}\left[\sum_{k=-\infty}^{\infty} F_{\mathrm{gp}}(k\omega_1)\mathrm{e}^{\mathrm{j}k\omega_1 t}\right] \\
&= \sum_{k=-\infty}^{\infty} F_{\mathrm{gp}}(k\omega_1)\,\mathcal{F}(\mathrm{e}^{\mathrm{j}k\omega_1 t}).
\end{aligned} \tag{5.102}
$$

已知$\mathcal{F}(\mathrm{e}^{\mathrm{j}k\omega_1 t}) = 2\pi\delta(\omega - k\omega_1)$,因此周期信号 $f_{\mathrm{p}}(t)$的傅里叶变换为

$$
F_{\mathrm{p}}(\omega) = 2\pi\sum_{k=-\infty}^{\infty} F_{\mathrm{gp}}(k\omega_1)\delta(\omega - k\omega_1). \tag{5.103}
$$

此式为周期信号的傅里叶变换,也显示了周期信号傅里叶变换和傅里叶级数的关系. 周期信号的傅里叶变换是一个冲激序列,各冲激脉冲的位置在频率点 $k\omega_1$ 处,各冲激脉冲的强度是相应频率点的傅里叶级数系数的 2π 倍,即 $2\pi F_{\mathrm{gp}}(k\omega_1)$.

例 5.11　求图 5-10(a)所示周期冲激信号 $\delta_{\mathrm{p}}(t) = \sum_{i=-\infty}^{\infty}\delta(t - iT_1)$ 的傅里叶变换.

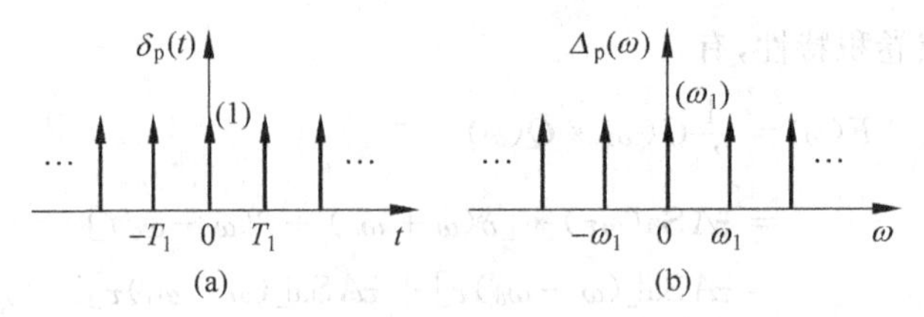

图 5-10 周期冲激序列的傅里叶变换

解 周期冲激序列的傅里叶级数为

$$\Delta_{gp}(k\omega_1) = \frac{1}{T_1}\int_{-T_1/2}^{T_1/2} \delta_p(t)e^{-jk\omega_1 t}dt = \frac{1}{T_1}. \tag{5.104}$$

根据周期信号傅里叶变换和傅里叶级数的关系，周期冲激序列的傅里叶变换为

$$\begin{aligned}\Delta_p(\omega) &= 2\pi\sum_{k=-\infty}^{\infty}\Delta_{gp}(k\omega_1)\delta(\omega - k\omega_1)\\ &= \omega_1\sum_{k=-\infty}^{\infty}\delta(\omega - k\omega_1).\end{aligned} \tag{5.105}$$

$\Delta_p(\omega)$的波形示于图 5-10(b)，频域也是一个周期冲激序列.

5.3.2 延拓周期信号的傅里叶变换

已知非周期信号 $f(t)$，其傅里叶变换 $F(\omega)$存在. 以 T_1 为周期对 $f(t)$进行周期延拓，得周期信号

$$f_p(t) = \sum_{i=-\infty}^{\infty} f(t - iT_1). \tag{5.106}$$

延拓周期信号 $f_p(t)$可以看作非周期信号 $f(t)$和周期冲激序列的卷积. 设有周期为 T_1 的周期冲激序列

$$\delta_p(t) = \sum_{i=-\infty}^{\infty}\delta(t - iT_1), \tag{5.107}$$

则有

$$f_p(t) = f(t) * \delta_p(t). \tag{5.108}$$

根据时域卷积特性和式(5.105)，延拓周期信号的傅里叶变换为

$$\begin{aligned}F_p(\omega) &= F(\omega)\Delta_p(\omega)\\ &= F(\omega)\omega_1\sum_{k=-\infty}^{\infty}\delta(\omega - k\omega_1)\\ &= \omega_1\sum_{k=-\infty}^{\infty}F(\omega)|_{\omega=k\omega_1}\delta(\omega - k\omega_1).\end{aligned} \tag{5.109}$$

此式显示，如果 $f_p(t)$是 $f(t)$的周期延拓，延拓周期 T_1，则 $F_p(\omega)$是 $F(\omega)$的冲激抽样（相

差系数 ω_1)，抽样间隔为 ω_1.

根据周期信号傅里叶变换和傅里叶级数的关系，延拓周期信号的傅里叶级数满足

$$2\pi F_{gp}(k\omega_1) = \omega_1 F(\omega)|_{\omega=k\omega_1}, \tag{5.110}$$

有

$$F_{gp}(k\omega_1) = \frac{1}{T_1} F(\omega)|_{\omega=k\omega_1}. \tag{5.111}$$

此式显示，如果 $f_p(t)$ 是 $f(t)$ 的周期延拓，延拓周期 T_1，则 $F_{gp}(\omega)$ 是 $F(\omega)$ 的数值抽样 $\left(相差系数\frac{1}{T_1}\right)$，抽样间隔为 ω_1.

例 5.12　求图 5-11(e)所示周期为 T_1 的周期矩形脉冲信号 $g_p(t)$ 的傅里叶变换.

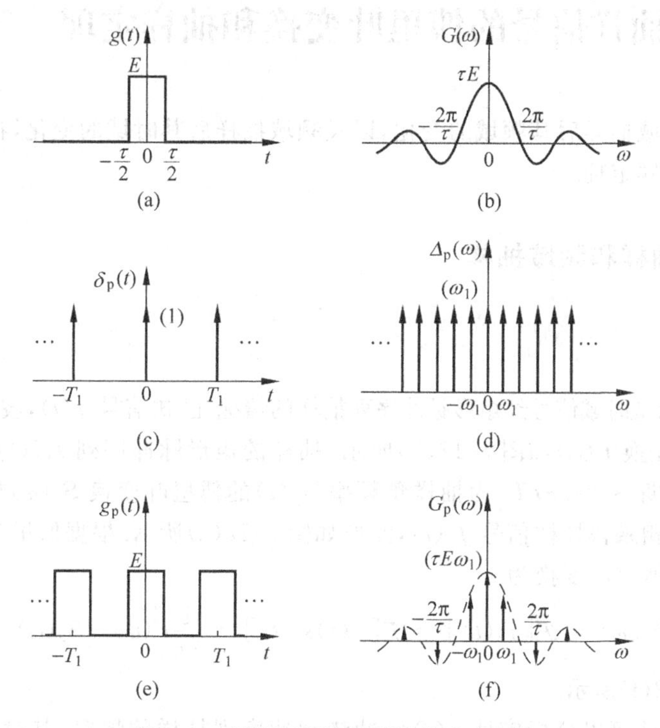

图 5-11　周期矩形波信号的傅里叶变换

解　周期矩形脉冲信号可以看作非周期矩形脉冲信号的周期延拓. 图 5-11(a)所示是非周期矩形脉冲信号 $g(t)$，其傅里叶变换为

$$G(\omega) = E\tau \mathrm{Sa}\left(\frac{\omega\tau}{2}\right), \tag{5.112}$$

波形如图 5-11(b)所示. 构建一个周期冲激序列 $\delta_p(t)$，周期为 T_1，波形如图 5-11(c)所示. $\delta_p(t)$ 的傅里叶变换 $\Delta_p(\omega)$ 也是周期冲激序列，周期为 $\omega_1 = 2\pi/T_1$，波形如图 5-11(d)

所示. $g(t)$和$\delta_p(t)$卷积,得延拓周期信号$g_p(t)$,波形如图 5-11(e)所示. 根据时域卷积特性,$g_p(t)$的傅里叶变换为

$$\begin{aligned} G_p(\omega) &= G(\omega)\Delta_p(\omega) \\ &= E\tau\omega_1 \mathrm{Sa}\left(\frac{\omega\tau}{2}\right)\sum_{k=-\infty}^{\infty}\delta(\omega-k\omega_1) \\ &= E\tau\omega_1 \sum_{k=-\infty}^{\infty}\mathrm{Sa}\left(\frac{k\omega_1\tau}{2}\right)\delta(\omega-k\omega_1), \end{aligned} \tag{5.113}$$

波形如图 5-11(f)所示.

5.4 脉冲抽样信号的傅里叶变换和抽样定理

观察信号时域抽样后其频域的变化,以及频域抽样后其时域的变化,在此基础上可得到时域和频域抽样定理.

5.4.1 时域抽样和频域抽样

1. 时域抽样

图 5-12 所示是时域信号经矩形脉冲序列抽样的情况. 已知信号 $f(t)$,波形如图 5-12(a)所示,其傅里叶变换 $F(\omega)$如图 5-12(b)所示. 抽样的矩形脉冲序列 $s_p(t)$如图 5-12(c)所示,T_s 为抽样周期,$\omega_s=2\pi/T_s$ 为抽样角频率,$s_p(t)$的傅里叶变换 $S_p(\omega)$如图 5-12(d)所示. $f(t)$与 $s_p(t)$相乘得抽样信号 $f_s(t)$,波形如图 5-12(e)所示. 根据傅里叶变换的频域卷积特性,$f_s(t)$的傅里叶变换为

$$F_s(\omega)=\mathcal{F}[f_s(t)]=\mathcal{F}[f(t)s_p(t)]=\frac{1}{2\pi}F(\omega)*S_p(\omega), \tag{5.114}$$

其波形如图 5-12(f)所示.

用同样的方法可以分析信号 $f(t)$经冲激脉冲序列抽样的情况,其过程如图 5-13 所示. 图 5-13(a)是 $f(t)$,图 5-13(b)是 $f(t)$的傅里叶变换 $F(\omega)$,图 5-13(c)是冲激序列 $\delta_p(t)$,图5-13(d)是 $\delta_p(t)$的傅里叶变换$\Delta_p(\omega)$,图 5-13(e)是$\delta_p(t)$和 $f(t)$相乘所得的抽样信号 $f_s(t)$,图 5-13(f)是 $f_s(t)$的傅里叶变换 $F_s(\omega)$,有

$$F_s(\omega)=\mathcal{F}[f_s(t)]=\mathcal{F}[f(t)\delta_p(t)]=\frac{1}{2\pi}F(\omega)*\Delta_p(\omega). \tag{5.115}$$

图 5-12 和图 5-13 显示,抽样信号 $f_s(t)$的傅里叶变换 $F_s(\omega)$是 $f(t)$的傅里叶变换 $F(\omega)$在频率轴上的重复,重复的幅值正比于 $S_p(\omega)$或 $\Delta_p(\omega)$各冲激脉冲的强度; 重复的

间隔是 $\omega_s=2\pi/T_s$，时域对 $f(t)$ 抽样的间隔 T_s 越小，频域 $F(\omega)$ 重复的间隔 ω_s 越大. 这一关系可简述为：时域抽样，频域重复；时域抽样间隔减小，频域重复间隔增大.

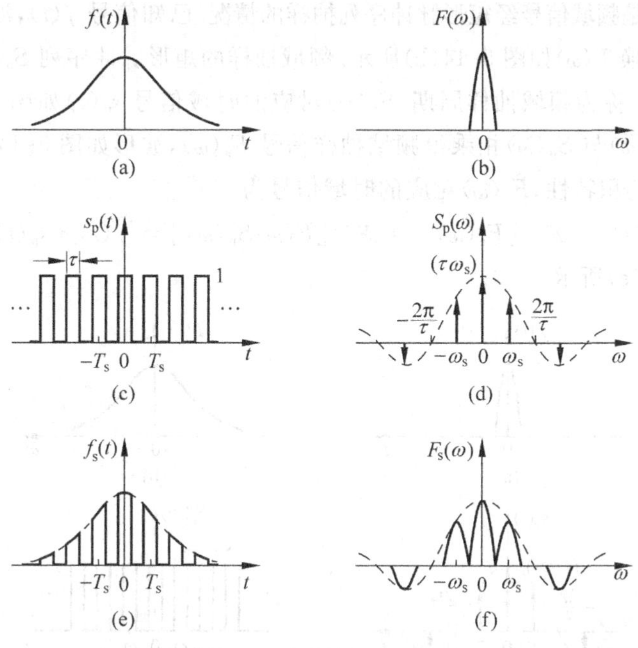

图 5-12　时域矩形脉冲抽样信号的傅里叶变换

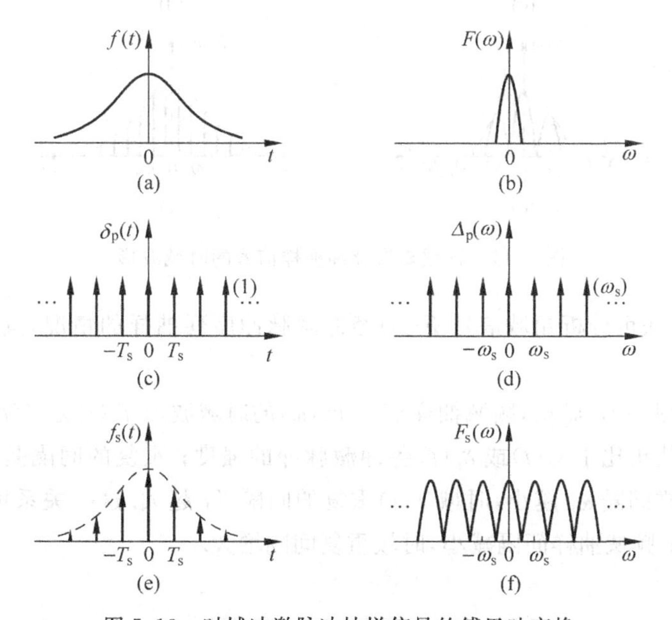

图 5-13　时域冲激脉冲抽样信号的傅里叶变换

2. 频域抽样

图 5-14 所示是频域信号经矩形脉冲序列抽样的情况.已知信号 $f(t)$,波形如图 5-14(a)所示,其傅里叶变换 $F(\omega)$如图 5-14(b)所示.频域抽样的矩形脉冲序列 $S_p(\omega)$如图 5-14(d)所示,脉冲间隔 ω_1 称为频域抽样周期. $S_p(\omega)$对应的时域信号 $s_p(t)$如图 5-14(c)所示,其中 $T_1=2\pi/\omega_1$. $F(\omega)$与 $S_p(\omega)$相乘得频域抽样信号 $F_s(\omega)$,波形如图 5-14(f)所示.根据傅里叶变换的时域卷积特性,$F_s(\omega)$对应的时域信号为

$$f_s(t)=\mathcal{F}^{-1}[F_s(\omega)]=\mathcal{F}^{-1}[F(\omega)S_p(\omega)]=f(t)*s_p(t), \tag{5.116}$$

其波形如图 5-14(e)所示.

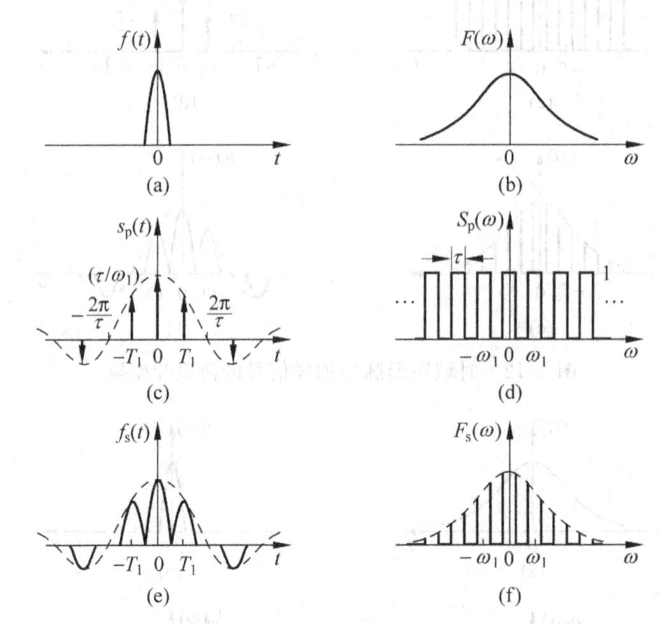

图 5-14　频域矩形脉冲抽样信号的时域波形

用类似的方法可分析频域信号 $F(\omega)$经冲激脉冲序列抽样的情况,其过程如图 5-15 所示.

图 5-14 和图 5-15 显示,频域抽样信号 $F_s(\omega)$的时域波形 $f_s(t)$是 $f(t)$在时间轴上的重复,重复的幅值正比于 $s_p(t)$或 $\delta_p(t)$各冲激脉冲的强度;重复的间隔是 $T_1=2\pi/\omega_1$,频域对 $F(\omega)$的抽样间隔 ω_1 越小,时域 $f(t)$重复的间隔 T_1 越大.这一关系可简述为:频域抽样,时域重复;频域抽样间隔减小,时域重复间隔增大.

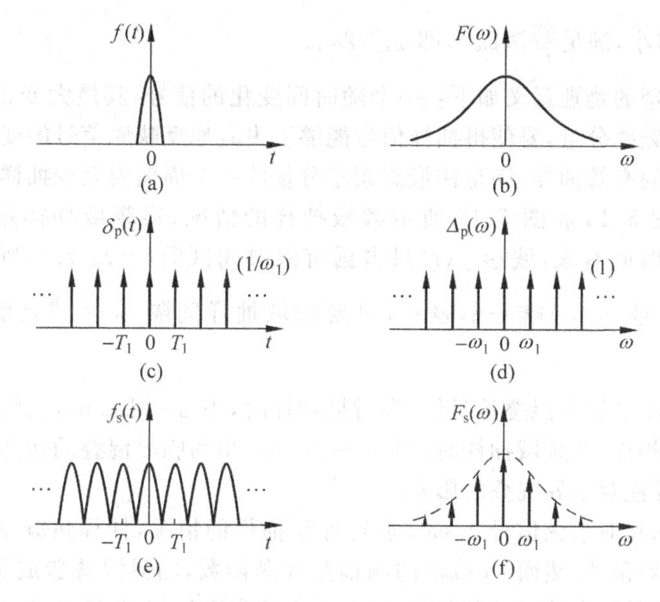

图 5-15　频域冲激脉冲抽样信号的时域波形

5.4.2　时域抽样定理和频域抽样定理

在讨论抽样定理时，涉及信号时间有限和时间无限以及频率有限和频率无限的概念. 如果存在一个有限长时间区间$(-t_m,t_m)$，信号$f(t)$只在此区间内取非零值，在此区间外有$f(t)=0$，则称$f(t)$为时间有限信号，否则称为时间无限信号. 同样，如果存在一个有限长频率区间$(-\omega_m,\omega_m)$，信号$F(\omega)$只在此区间内取非零值，在此区间外有$F(\omega)=0$，则称$F(\omega)$为频率有限信号，否则称为频率无限信号.

观察图 5-12 和图 5-13 所示时域抽样的情况. 假设信号$f(t)$频率有限，频谱密度函数$F(\omega)$只占据有限频率区间$(-\omega_m,\omega_m)$；还假设抽样信号$s_p(t)$或$\delta_p(t)$的脉冲间隔T_s足够小，即抽样角频率$\omega_s=2\pi/T_s$足够大，满足$\omega_s\geqslant 2\omega_m$，那么$F_s(\omega)$中所包含的一系列重复的$F(\omega)$的波形将相互不混叠，$F_s(\omega)$中保留了完整的$F(\omega)$的信息，从$F_s(\omega)$中可以不失真地获得$F(\omega)$，从而可以不失真地恢复$f(t)$.

假如信号$f(t)$频率无限，或者$f(t)$频率有限，但抽样角频率ω_s不足够大，满足不了$\omega_s\geqslant 2\omega_m$，那么$F_s(\omega)$中所包含的一系列重复的$F(\omega)$的波形将相互混叠，$F_s(\omega)$中不再保留完整的$F(\omega)$的信息，因此也就无法不失真地恢复$f(t)$.

由此得时域抽样定理：如果信号$f(t)$频率有限，频谱$F(\omega)=\mathcal{F}[f(t)]$只占据有限频率区间$(-\omega_m,\omega_m)$，则它可以用等间隔的时域抽样信号$f_s(t)$唯一地表示，只要时域抽样

间隔 $T_s=\frac{2\pi}{\omega_s}$足够小，满足$\frac{2\pi}{T_s}\geqslant 2\omega_m$，即 $\omega_s\geqslant 2\omega_m$.

时域抽样定理的物理意义如下：一个随时间变化的信号，其最大变化速度决定了信号所包含的最高频率分量，要使得抽样信号能够不失真地反映原信号的变化，必须保证对其最高频率分量的有效抽样，满足在最高频率分量的一个周期内至少抽样两点.

同样，观察图 5-14 和图 5-15 所示频域抽样的情况，得频域抽样定理：如果信号 $F(\omega)=\mathcal{F}[f(t)]$时间有限，波形 $f(t)$只占据有限时间区间$(-t_m,t_m)$，则它可以用等间隔的频域抽样信号 $F_s(\omega)$唯一地表示，只要频域抽样间隔 $\omega_1=\frac{2\pi}{T_1}$足够小，满足$\frac{2\pi}{\omega_1}\geqslant 2t_m$，即 $T_1\geqslant 2t_m$.

抽样定理给出了避免混叠的条件. 在时域抽样时，当 $\omega_s=2\omega_m$ 时，为临界混叠的状态，重复频谱的边沿相连. 在频域抽样时，当 $T_1=2t_m$ 时，也为临界混叠的状态. 在对时域三角信号抽样时，需要注意临界混叠的影响.

图 5-16 所示是对余弦信号 $\cos\omega_0 t$ 进行冲激抽样的情况，抽样角频率为 $\omega_s=2\omega_0$，满足抽样定理的临界条件. 然而，$\cos\omega_0 t$ 的频谱是冲激函数，临界混叠造成了两个冲激脉冲的重合，混叠结果是两个冲激函数相加，冲激函数的强度加倍. 尽管如此，混叠后的频谱依然完整地保留了原信号频谱的信息.

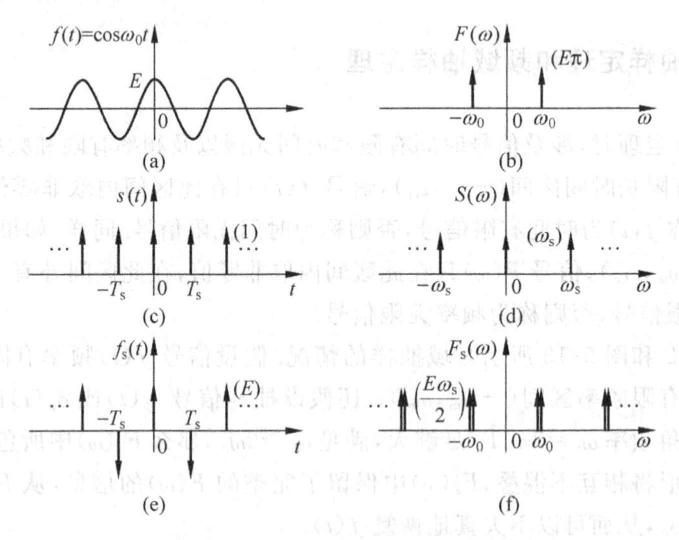

图 5-16 余弦信号的时域抽样及其傅里叶变换

图 5-17 所示是对正弦信号 $\sin\omega_0 t$ 进行冲激抽样的情况，抽样角频率为 $\omega_s=2\omega_0$，满足抽样定理的临界条件. 然而，此时从时域看，抽样点的信号值全部为零，因此抽样结果恒为零；从频域看，$\sin\omega_0 t$ 的频谱是纯虚冲激函数，临界混叠造成了两个纯虚冲激脉冲抵消，频谱恒为零，丢失了原信号的所有信息.

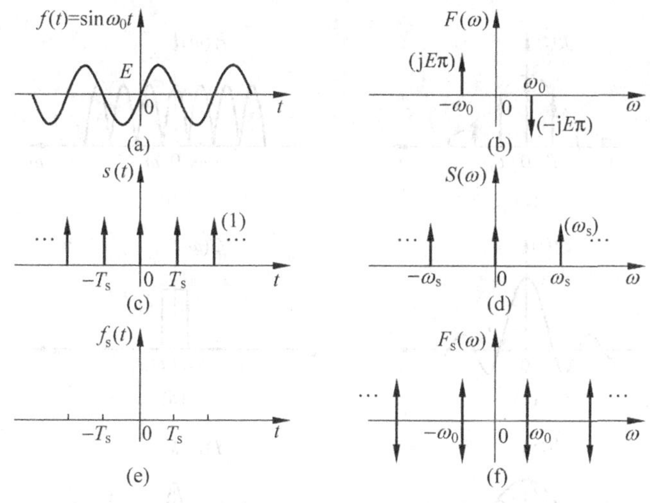

图 5-17　正弦信号的时域抽样及其傅里叶变换

对于任意初始相位的三角信号 $M\cos(\omega_0 t+\phi)=A\cos\omega_0 t+B\sin\omega_0 t$，如果以 $\omega_s=2\omega_0$ 的抽样角频率进行抽样，则只能保留 $\cos\omega_0 t$ 分量的信息，丢失 $\sin\omega_0 t$ 分量的信息. 因此，进行信号抽样时，需要注意这种满足临界抽样率可能带来的误差.

5.4.3　时域信号的恢复

对频率有限信号进行等间隔抽样，只要满足抽样定理，抽样信号就完整地保留原信号的所有信息，由抽样信号可以不失真地恢复原信号. 图 5-18 显示了由抽样信号恢复原信号的过程.

已知频率有限信号 $f(t)$，波形如图 5-18(e)所示. $f(t)$的傅里叶变换为 $F(\omega)$，占据有限频率区间$(-\omega_m,\omega_m)$，波形如图 5-18(f)所示. 对 $f(t)$进行冲激抽样，抽样频率为 $\omega_s=\frac{2\pi}{T_s}=2\omega_m$(满足抽样定理的临界条件)，由此得抽样信号 $f_s(t)$，波形如图 5-18(a)所示. $f_s(t)$的傅里叶变换为 $F_s(\omega)$，波形如图 5-18(b)所示，因为满足抽样，所以 $F_s(\omega)$没有频谱混叠，包含了 $F(\omega)$的完整信息.

现在的问题是，如果只知抽样后的结果 $f_s(t)$和 $F_s(\omega)$，如何不失真地恢复 $f(t)$和 $F(\omega)$. 为此，构造图 5-18(d)所示的频域窗函数 $G(\omega)$，窗口宽度为 $2\omega_m$，用 $G(\omega)$乘以 $F_s(\omega)$，即得到图 5-18(f)所示的原信号 $f(t)$的傅里叶变换 $F(\omega)$. 那么频域乘以窗函数所对应的时域过程是什么呢？频域窗函数 $G(\omega)$对应于图 5-18(c)所示的时域波形 $g(t)$，频域 $G(\omega)$和 $F_s(\omega)$相乘，对应于时域 $g(t)$和 $f_s(t)$相卷积，卷积的结果是 $g(t)$的波形在时间轴上重复和叠加，重复的时间间隔为 T_s，重复的幅值取决于 $f_s(t)$中各冲激脉冲的强度，所有 $g(t)$重复波形的叠加得到 $f(t)$，图 5-18(e)中同时给出了 $g(t)$重复的波形.

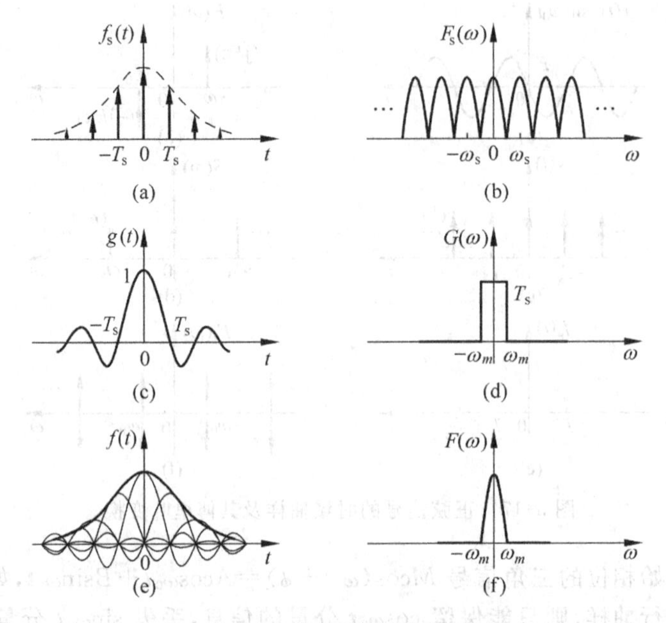

图 5-18 时域信号的恢复

在图 5-18 中,频域窗函数 $G(\omega)$是一个理想低通滤波器,它使得$(-\omega_m,\omega_m)$频率区间内的频率分量得以完整保留,该区间以外的频率分量被完全去除.可见,由抽样信号 $f_s(t)$恢复 $f(t)$的过程就是对 $f_s(t)$进行适当的低通滤波.

习 题

5.1 利用傅里叶变换的性质,求题图 5-1 所示各信号的傅里叶变换.

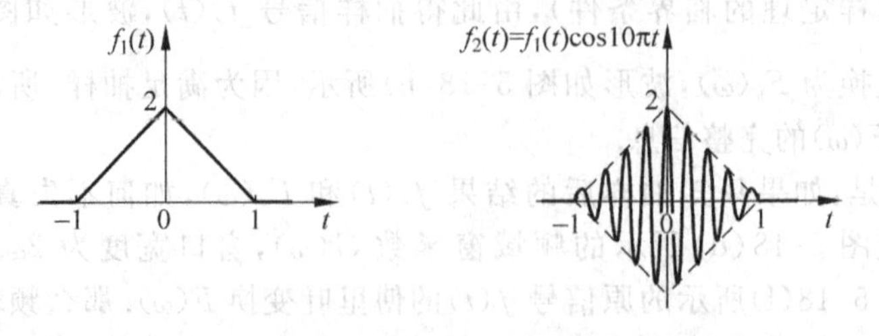

题图 5-1

5.2 求下列两个信号的傅里叶变换,画出幅值谱:

(1) 单边指数衰减余弦信号 $f(t)=\mathrm{e}^{-\alpha t}\cos\omega_0 t\cdot u(t)$ $(\alpha>0)$;

(2) 单边余弦信号 $f(t)=\cos\omega_0 t\cdot u(t)$.

在单边指数衰减余弦信号的傅里叶变换中取极限 $\alpha\to0$，为什么不能得到单边余弦信号的傅里叶变换？

5.3　试证明：如果 $f(t)$是实函数，且 $F(\omega)=\mathcal{F}[f(t)]$，则有

$$\mathcal{F}[f_e(t)]=\mathrm{Re}[F(\omega)],$$
$$\mathcal{F}[f_o(t)]=\mathrm{jIm}[F(\omega)],$$

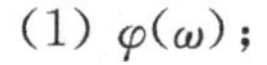
$f_e(t)$和 $f_o(t)$分别为 $f(t)$的偶分量和奇分量.

5.4　已知题图 5-2 所示非周期三角波信号 $f(t)$，其傅里叶变换为

$$F(\omega)=\mathcal{F}[f(t)]=|F(\omega)|\mathrm{e}^{\mathrm{j}\varphi(\omega)},$$

利用傅里叶变换的性质(不做积分运算)，求：

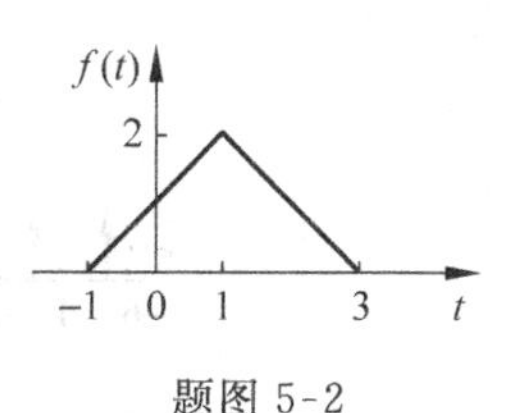

题图 5-2

(1) $\varphi(\omega)$；

(2) $F(0)$；

(3) $\int_{-\infty}^{\infty}F(\omega)\mathrm{d}\omega$；

(4) $\mathcal{F}^{-1}\{\mathrm{Re}[F(\omega)]\}$.

5.5　已知 $F(\omega)=\mathcal{F}[f(t)]$，求下列函数的傅里叶变换：

(1) $(t-2)f(-2t)$；

(2) $f(1-t)$；

(3) $t\dfrac{\mathrm{d}f(t)}{\mathrm{d}t}$.

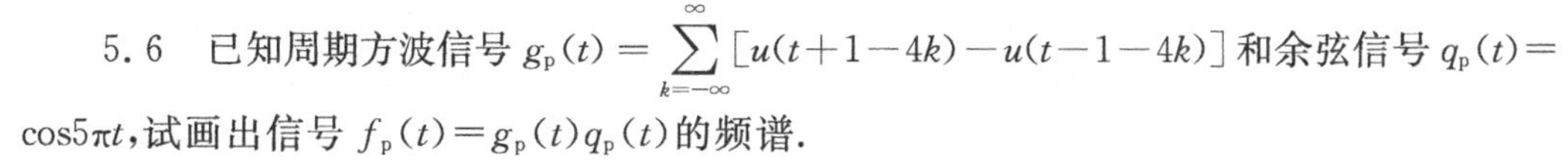
5.6　已知周期方波信号 $g_p(t)=\sum_{k=-\infty}^{\infty}[u(t+1-4k)-u(t-1-4k)]$和余弦信号 $q_p(t)=$

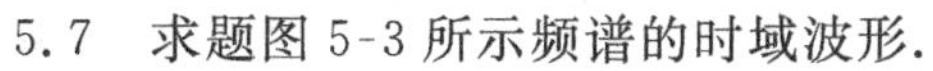
$\cos5\pi t$，试画出信号 $f_p(t)=g_p(t)q_p(t)$的频谱.

5.7　求题图 5-3 所示频谱的时域波形.

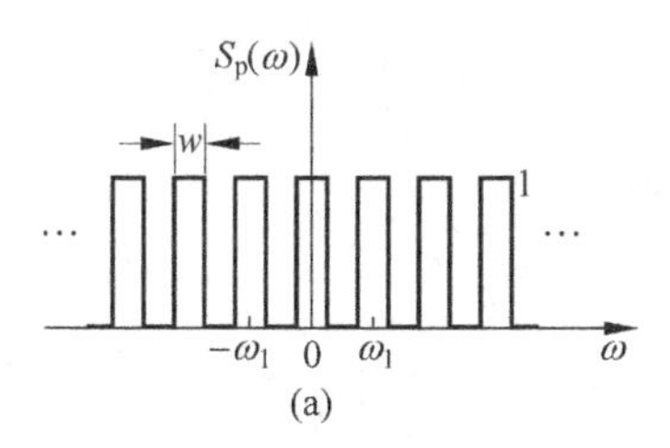

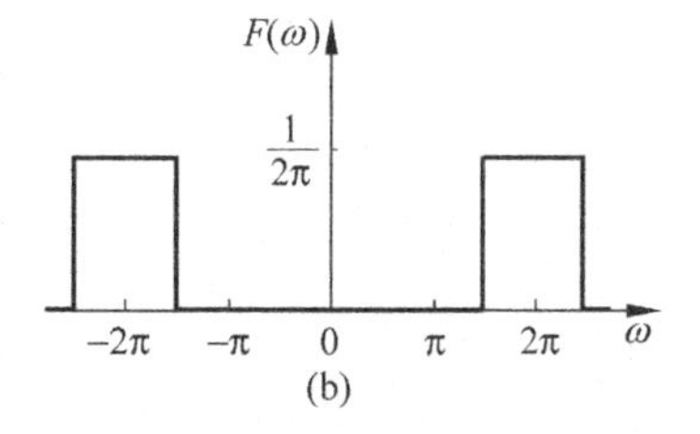

题图 5-3

5.8　证明：一个时间有限信号一定频率无限；一个频率有限信号一定时间无限.

5.9　对于图 5-18 所示的时域信号恢复，当时域抽样频率为 $\omega_s=4\omega_m$ 时，重新画出各

信号波形.

5.10　如题图 5-4 所示,已知 $f_s(t)=f(t)s(t)$,画出 $f_s(t)$,$F(\omega)$,$S(\omega)$和 $F_s(\omega)$的图形.

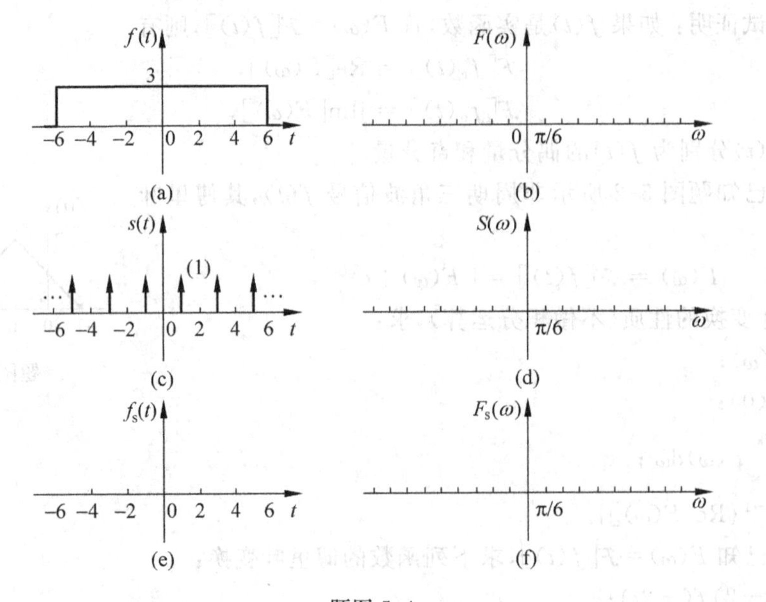

题图 5-4

第6章　拉普拉斯变换

拉普拉斯变换用于分析线性时不变连续时间系统.经过拉普拉斯变换,线性常系数微分方程的求解可简化为代数方程求解;基于拉普拉斯变换的系统函数,可表述和分析系统的基本特性.本章学习拉普拉斯变换的概念、定义和基本性质,以及拉普拉斯变换在线性时不变连续系统分析中的一些基本应用.

6.1　拉普拉斯变换的概念

在经典意义上,信号 $f(t)$ 的傅里叶变换存在,需要在区间 $(-\infty,\infty)$ 满足狄利克雷条件,其中包括 $f(t)$ 在区间 $(-\infty,\infty)$ 绝对可积.然而,像阶跃函数、三角函数等实际中广泛应用的信号都不满足绝对可积的条件,经典意义上的傅里叶变换不存在.引入奇异函数后,虽然使得傅里叶变换能够扩展到一些非绝对可积的函数,但傅里叶变换中包含奇异函数,使得运算很不方便,限制了傅里叶变换在系统分析中的应用.为了克服这一问题,引出了拉普拉斯变换.

6.1.1　双边拉普拉斯变换及其收敛域

对于指数函数 $e^{-\sigma t}$,σ 为实数,当 $\sigma>0$ 时,随着 $t\to+\infty$,其函数值以指数规律衰减,并趋于零,因此 $e^{-\sigma t}$ 经常被称为衰减因子,σ 称为衰减系数.

对于函数 $f(t)$,给它乘以一个衰减因子 $e^{-\sigma t}$,若能使 $f(t)e^{-\sigma t}$ 绝对可积,则存在傅里叶变换:

$$\begin{aligned}F_b(\omega) &= \mathcal{F}[f(t)e^{-\sigma t}]\\ &= \int_{-\infty}^{\infty} f(t)e^{-\sigma t}e^{-j\omega t}\,dt,\end{aligned} \tag{6.1}$$

这里下标 b 表示双边,即积分区间从 $-\infty$ 到 $+\infty$.令 $\sigma+j\omega=s$,有

$$F_b(s) = F_b(\omega) = \int_{-\infty}^{\infty} f(t)e^{-st}\,dt. \tag{6.2}$$

同样,根据傅里叶逆变换的定义,有

$$\begin{aligned}f(t)e^{-\sigma t} &= \mathcal{F}^{-1}[F_b(\omega)]\\ &= \frac{1}{2\pi}\int_{-\infty}^{\infty} F_b(\omega)e^{j\omega t}\,d\omega,\end{aligned} \tag{6.3}$$

$$f(t)=\frac{1}{2\pi}\int_{-\infty}^{\infty}F_{\mathrm b}(\omega)\mathrm e^{\sigma t}\mathrm e^{\mathrm j\omega t}\mathrm d\omega. \tag{6.4}$$

令 $s=\sigma+\mathrm j\omega$，则 $\mathrm j\mathrm d\omega=\mathrm ds$，因此有

$$f(t)=\frac{1}{2\pi\mathrm j}\int_{\sigma-\mathrm j\infty}^{\sigma+\mathrm j\infty}F_{\mathrm b}(s)\mathrm e^{st}\mathrm ds. \tag{6.5}$$

由此定义函数 $f(t)$的双边拉普拉斯变换，正变换和逆变换分别为

$$F_{\mathrm b}(s)=\mathcal{L}_{\mathrm b}[f(t)]=\int_{-\infty}^{\infty}f(t)\mathrm e^{-st}\mathrm dt, \tag{6.6}$$

$$f(t)=\mathcal{L}_{\mathrm b}^{-1}[F_{\mathrm b}(s)]=\frac{1}{2\pi\mathrm j}\int_{\sigma-\mathrm j\infty}^{\sigma+\mathrm j\infty}F_{\mathrm b}(s)\mathrm e^{st}\mathrm ds. \tag{6.7}$$

双边拉普拉斯变换的正变换的积分区间从 $-\infty$ 到 $+\infty$. 双边拉普拉斯变换是把时域信号变换到复频域，$s=\sigma+\mathrm j\omega$ 为复频率，s 的取值范围构成一个复平面，称为 s 平面.

其实，衰减因子 $\mathrm e^{-\sigma t}$ 并不总是起衰减作用，当 $\sigma>0$ 时，它在 $t>0$ 区间起衰减作用，在 $t<0$ 区间则起发散作用. 同样，当 $\sigma<0$ 时，它在 $t<0$ 区间起衰减作用，在 $t>0$ 区间起发散作用. 因此，双边拉普拉斯变换也存在积分收敛问题，只有满足积分收敛条件，双边拉普拉斯变换才存在.

为了分析双边拉普拉斯变换的积分收敛情况，把 $f(t)$分成两个区间讨论，即

$$f(t)=\begin{cases}f_1(t), & t\geqslant 0,\\ f_2(t), & t<0.\end{cases} \tag{6.8}$$

$f(t)$的双边拉普拉斯变换可表示为

$$F_{\mathrm b}(s)=\int_{-\infty}^{0}f_2(t)\mathrm e^{-st}\mathrm dt+\int_{0}^{\infty}f_1(t)\mathrm e^{-st}\mathrm dt, \tag{6.9}$$

此处称前项积分为 $f(t)$的左边拉普拉斯变换，称后项积分为 $f(t)$的右边拉普拉斯变换.

在 $t>0$ 区间，如果 $t\to+\infty$ 时 $f_1(t)$ 不是以高于指数阶的速度发散，则一定存在一个实数 σ_1，使得 $\sigma>\sigma_1$ 时函数 $f(t)\mathrm e^{-\sigma t}$ 在区间 $(0,+\infty)$ 绝对可积，积分$\int_0^{\infty}f_1(t)\mathrm e^{-st}\mathrm dt$ 收敛，即 $f(t)$ 的右边拉普拉斯变换存在. 称 $\sigma>\sigma_1$ 是 $f(t)$ 的右边拉普拉斯变换的收敛域，在 s 平面上的表示如图 6-1(a) 所示，$\sigma=\sigma_1$ 是收敛边界，收敛域是收敛边界右边的区域，不包含收敛边界. 当然，如果 $t\to+\infty$ 时 $f_1(t)$ 以高于指数阶的速度发散，例如 $f_1(t)=\mathrm e^{t^2}$，则不存在这样的 σ_1，满足 $\sigma>\sigma_1$ 时积分$\int_0^{\infty}f(t)\mathrm e^{-st}\mathrm dt$ 收敛，这种情况 $f(t)$ 的右边拉普拉斯变换不存在.

类似地，在 $t<0$ 区间，如果 $t\to-\infty$ 时 $f_2(t)$ 不是以高于指数阶的速度发散，则一定存在一个实数 σ_2，使得 $\sigma<\sigma_2$ 时函数 $f(t)\mathrm e^{-\sigma t}$ 在区间$(-\infty,0)$ 绝对可积，积分$\int_{-\infty}^{0}f_2(t)\mathrm e^{-st}\mathrm dt$ 收敛，即 $f(t)$ 的左边拉普拉斯变换存在. 称 $\sigma<\sigma_2$ 是 $f(t)$ 的左边拉普拉斯变换的收敛域，在 s 平面上的表示如图 6-1(b) 所示，$\sigma=\sigma_2$ 是收敛边界，收敛域是收敛边界左边的区域，不包含收敛边界. 同样，如果 $t\to-\infty$ 时 $f_2(t)$ 以高于指数阶的速度发散，则不存在这样的 σ_2，满足 $\sigma<$

σ_2 时积分$\int_{-\infty}^{0} f_2(t)\mathrm{e}^{-st}\mathrm{d}t$ 收敛,这种情况 $f(t)$ 的左边拉普拉斯变换不存在.

如果 $f(t)$ 的双边拉普拉斯变换存在,则必须左边拉普拉斯变换和右边拉普拉斯变换同时存在,并且左边变换和右边变换的收敛域有公共区域,这一公共区域即为 $f(t)$ 的双边拉普拉斯变换的收敛域. 显然,如果 $\sigma_2>\sigma_1$,则收敛域存在公共区域,$f(t)$ 的双边拉普拉斯变换存在,收敛域为 $\sigma_1<\sigma<\sigma_2$,在 s 平面上如图 6-1(c) 所示; 如果 $\sigma_2<\sigma_1$,则收敛域没有公共区域,$f(t)$ 的双边拉普拉斯变换不存在.

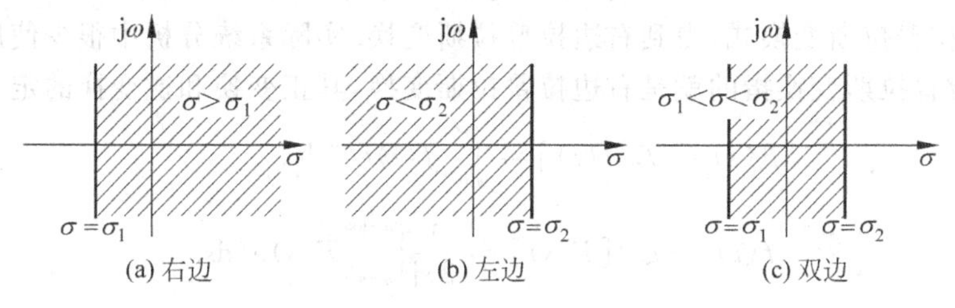

图 6-1 右边、左边和双边拉普拉斯变换的收敛域

例 6.1 判断图 6-2 所示各信号的双边拉普拉斯变换是否存在,以及存在时的收敛域.

解 对于每一个信号,先确定信号右边拉普拉斯变换和左边拉普拉斯变换的收敛域,然后确定双边拉普拉斯变换是否存在,以及存在时的收敛域. 结果见图 6-2.

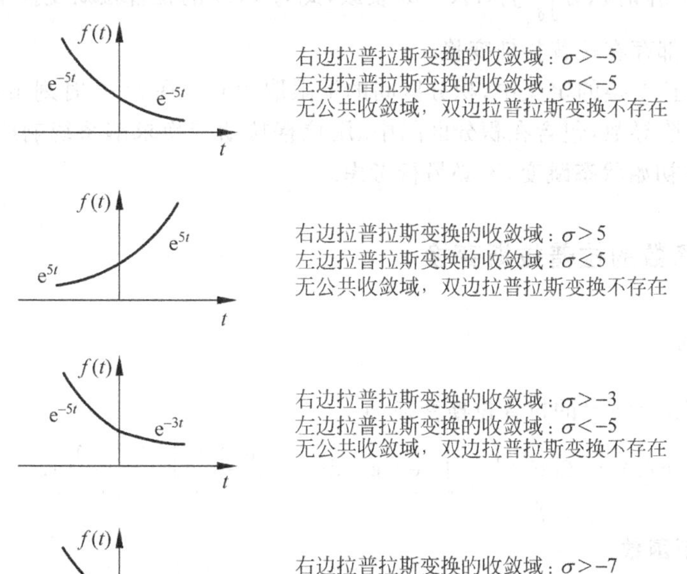

图 6-2 双边拉普拉斯变换存在的收敛域

6.1.2 拉普拉斯变换及其收敛域

在系统分析中，系统激励和响应信号通常从某一时刻以后开始出现，选择适当的时间参考点，可以使得系统激励和响应信号只出现在 $t\geqslant 0$ 的时间区间. 如果信号 $f(t)$ 只出现在 $t\geqslant 0$ 的时间区间，则称之为因果信号. 因果信号可表示为

$$f(t)=f(t)u(t). \tag{6.10}$$

代入到双边拉普拉斯变换式，得到右边拉普拉斯变换. 实际系统分析中很少使用双边拉普拉斯变换，拉普拉斯变换指的就是右边拉普拉斯变换，其正变换和逆变换的定义分别为

$$F(s)=\mathcal{L}[f(t)]=\int_{0_-}^{\infty}f(t)\mathrm{e}^{-st}\,\mathrm{d}t, \tag{6.11}$$

$$f(t)=\mathcal{L}^{-1}[F(s)]=\frac{1}{2\pi\mathrm{j}}\int_{\sigma-\mathrm{j}\infty}^{\sigma+\mathrm{j}\infty}F(s)\mathrm{e}^{st}\,\mathrm{d}s. \tag{6.12}$$

称 $f(t)$ 为原函数，$F(s)$ 为像函数. 当 $t\to+\infty$ 时，如果 $f(t)$ 不是以高于指数阶的速度发散，则一定存在一个实数 σ_1，使得 $\sigma>\sigma_1$ 时，积分 $\int_{0_-}^{\infty}f_1(t)\mathrm{e}^{-st}\,\mathrm{d}t$ 收敛，$f(t)$ 的拉普拉斯变换 $F(s)$ 存在，$\sigma>\sigma_1$ 为收敛域. 如果 $t\to+\infty$ 时 $f(t)$ 以高于指数阶的速度发散，则不存在这样的 σ_1，满足 $\sigma>\sigma_1$ 时积分 $\int_{0_-}^{\infty}f_1(t)\mathrm{e}^{-st}\,\mathrm{d}t$ 收敛，此时 $f(t)$ 的拉普拉斯变换不存在. 实际中经常使用的信号都存在拉普拉斯变换.

在拉普拉斯正变换的定义中，积分区间的下限取为 0_-，在 $t=0$ 时刻出现的冲激函数及冲激函数的各阶导数，包含在积分区间中. 用拉普拉斯变换求解系统响应，自动包含了 $t=0$ 时刻的系统初始状态跳变，不必另行考虑.

6.1.3 常用函数的拉普拉斯变换

1. 指数函数

指数函数 $f(t)=\mathrm{e}^{-\alpha t}$ 的拉普拉斯变换为

$$F(s)=\mathcal{L}[\mathrm{e}^{-\alpha t}]=\int_{0}^{\infty}\mathrm{e}^{-\alpha t}\mathrm{e}^{-st}\,\mathrm{d}t=-\left.\frac{\mathrm{e}^{-(s+\alpha)t}}{s+\alpha}\right|_0^{\infty}=\frac{1}{s+\alpha}. \tag{6.13}$$

2. 单位阶跃函数

单位阶跃函数 $f(t)=u(t)$ 的拉普拉斯变换为

$$F(s)=\mathcal{L}[u(t)]=\int_{0}^{\infty}\mathrm{e}^{-st}\,\mathrm{d}t=-\left.\frac{\mathrm{e}^{-st}}{s}\right|_0^{\infty}=\frac{1}{s}. \tag{6.14}$$

3. t 的整数次幂函数

幂函数 $f(t)=t^n$(n 为整数)的拉普拉斯变换为

$$F(s)=\mathcal{L}[t^n]=\int_0^{\infty} t^n \mathrm{e}^{-st}\mathrm{d}t, \tag{6.15}$$

用分部积分法得

$$\int_0^{\infty} t^n \mathrm{e}^{-st}\mathrm{d}t=-\frac{t^n}{s}\mathrm{e}^{-st}\Big|_0^{\infty}+\frac{n}{s}\int_0^{\infty} t^{n-1}\mathrm{e}^{-st}\mathrm{d}t=\frac{n}{s}\int_0^{\infty} t^{n-1}\mathrm{e}^{-st}\mathrm{d}t, \tag{6.16}$$

即

$$\mathcal{L}[t^n]=\frac{n}{s}\mathcal{L}[t^{n-1}]. \tag{6.17}$$

由此得

$$\mathcal{L}[t^n]=\frac{n!}{s^{n+1}}, \tag{6.18}$$

$$\mathcal{L}[t]=\frac{1}{s^2}. \tag{6.19}$$

4. 冲激函数

冲激函数 $f(t)=\delta(t)$ 的拉普拉斯变换为

$$F(s)=\mathcal{L}[\delta(t)]=\int_{0_-}^{\infty}\delta(t)\mathrm{e}^{-st}\mathrm{d}t=1. \tag{6.20}$$

常用函数的拉普拉斯变换见表 6-1.

表 6-1　常用函数的拉普拉斯变换

序号	$f(t)(t>0_-)$	$F(s)=\mathcal{L}[f(t)]$	收敛域
1	$\delta(t)$	1	整个 s 平面
2	$u(t)$	$\frac{1}{s}$	$\sigma>0$
3	$\mathrm{e}^{-\alpha t}$	$\frac{1}{s+\alpha}$	$\sigma>-\alpha$
4	t^n(n 为整数)	$\frac{n!}{s^{n+1}}$	$\sigma>0$
5	$\sin\omega_0 t$	$\frac{\omega_0}{s^2+\omega_0^2}$	$\sigma>0$
6	$\cos\omega_0 t$	$\frac{s}{s^2+\omega_0^2}$	$\sigma>0$
7	$\mathrm{e}^{-\alpha t}\sin\omega_0 t$	$\frac{\omega_0}{(s+\alpha)^2+\omega_0^2}$	$\sigma>-\alpha$
8	$\mathrm{e}^{-\alpha t}\cos\omega_0 t$	$\frac{s+\alpha}{(s+\alpha)^2+\omega_0^2}$	$\sigma>-\alpha$
9	$t^n\mathrm{e}^{-\alpha t}$($n$ 为整数)	$\frac{n!}{(s+\alpha)^{n+1}}$	$\sigma>-\alpha$

6.1.4　拉普拉斯变换的零、极点

一般情况下，一个信号的拉普拉斯变换可以表示为两个 s 有理多项式之比，即

$$F(s)=\frac{N(s)}{D(s)}=K\frac{s^m+b_{m-1}s^{m-1}+\cdots+b_1s+b_0}{s^n+a_{n-1}s^{n-1}+\cdots+a_1s+a_0}=K\frac{\prod_{j=1}^{m}(s-z_j)}{\prod_{i=1}^{n}(s-p_i)},\tag{6.21}$$

其中 $K,a_i(i=0,1,\cdots,n-1)$和 $b_j(j=0,1,\cdots,m-1)$都为实数，m 和 n 为正整数.

当 $s=z_j$ 时，有 $N(s)=0$ 和 $F(s)=0$，故称 z_j 为 $F(s)$的零点. 如果 z_j 是 $N(s)=0$ 的 k 阶重根，则称 z_j 为 $F(s)$的 k 阶零点.

当 $s\to p_i$ 时，有 $D(s)\to 0$ 和 $F(s)\to\infty$，故称 p_i 为 $F(s)$的极点. 如果 p_i 是 $D(s)=0$ 的 k 阶重根，则称 p_i 为 $F(s)$的 k 阶极点.

$F(s)$的收敛域中一定不包含任何极点，收敛边界是一条平行于虚轴的直线，通过 s 平面中最右边的极点，收敛域是收敛边界右边的区域.

6.1.5　拉普拉斯变换与傅里叶变换的关系

傅里叶变换、双边拉普拉斯变换和拉普拉斯变换的关系如图 6-3 所示. 信号 $f(t)$乘以衰减因子 $e^{-\sigma t}$后的傅里叶变换为信号的双边拉普拉斯变换；信号 $f(t)$乘以阶跃信号 $u(t)$再乘以衰减因子 $e^{-\sigma t}$后的傅里叶变换为信号的拉普拉斯变换；如果信号 $f(t)$的双边拉普拉斯变换存在且收敛域包含虚轴 $\sigma=0$，则在双边拉普拉斯变换中取 $\sigma=0$，即 $s=j\omega$，则得信号的傅里叶变换；如果信号 $f(t)$是因果信号，则其双边拉普拉斯变换和拉普拉斯变换相同.

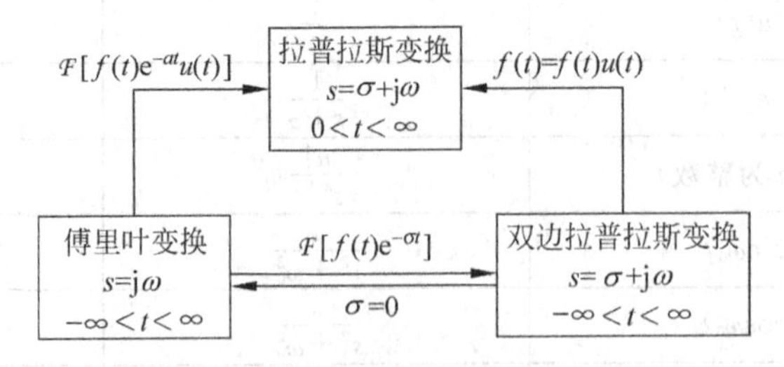

图 6-3　拉普拉斯变换和傅里叶变换关系框图

下面以单边指数衰减余弦信号 $f(t)=e^{-\alpha t}\cos\omega_0 t\cdot u(t)(\alpha>0)$为例说明拉普拉斯变换和傅里叶变换的关系. 根据拉普拉斯变换的定义，有

$$F(s)=\mathcal{L}[f(t)]=\mathcal{F}[f(t)\mathrm{e}^{-\sigma t}]_{\sigma+\mathrm{j}\omega=s}=\mathcal{F}[\mathrm{e}^{-(\alpha+\sigma)t}\cos\omega_0 t\cdot u(t)]_{\sigma+\mathrm{j}\omega=s}$$

$$=\left.\frac{(\alpha+\sigma)+\mathrm{j}\omega}{[(\alpha+\sigma)+\mathrm{j}\omega]^2+\omega_0^2}\right|_{\sigma+\mathrm{j}\omega=s}=\frac{\alpha+s}{(\alpha+s)^2+\omega_0^2},\quad 收敛域\ \sigma>-\alpha,\tag{6.22}$$

收敛边界是 s 平面上平行于虚轴的直线 $\sigma=-\alpha$，收敛域是收敛边界右边的区域. 取不同的衰减因子的系数 $\sigma=\sigma_i$，得不同衰减速度的信号 $f(t)\mathrm{e}^{-\sigma_i t}$，所有这些信号的傅里叶变换的集合构成拉普拉斯变换.

$f(t)\mathrm{e}^{-\sigma_i t}$ 的衰减速度和 σ_i 的关系为：当 $\sigma_i>0$ 时，$f(t)\mathrm{e}^{-\sigma_i t}$ 比 $f(t)$ 衰减得快，它绝对可积，傅里叶变换存在；当 $\sigma_i=0$ 时，$f(t)\mathrm{e}^{-\sigma_i t}$ 即为 $f(t)$，它也绝对可积，傅里叶变换存在；当 $-\alpha<\sigma_i<0$ 时，$f(t)\mathrm{e}^{-\sigma_i t}$ 比 $f(t)$ 衰减速度慢，但仍然绝对可积，傅里叶变换存在；当 $\sigma_i\leqslant-\alpha$ 时，$f(t)\mathrm{e}^{-\sigma_i t}$ 无衰减或发散，不再绝对可积，(经典意义的)傅里叶变换不存在.

图 6-4 显示了 s 平面上 $f(t)$ 的拉普拉斯变换和 $f(t)\mathrm{e}^{-\sigma t}$ 的傅里叶变换的关系，拉普拉斯变换是复函数，图中的纵坐标表示的是拉普拉斯变换的模. 在 s 平面上，$\sigma=\sigma_i$ 是平行于虚轴的直线，当 $\sigma_i>0$ 时，直线在虚轴右边；当 $\sigma_i=0$ 时，直线是虚轴；当 $-\alpha<\sigma_i<0$ 时，直线在虚轴和收敛边界之间. 可见，在 s 平面收敛域内，$f(t)$ 的拉普拉斯变换 $F(s)$ 在直线 $\sigma=\sigma_i$ 上的取值是 $f(t)\mathrm{e}^{-\sigma_i t}$ 的傅里叶变换；$F(s)$ 在虚轴 $\sigma=0$ 上的取值是 $f(t)$ 的傅里叶变换.

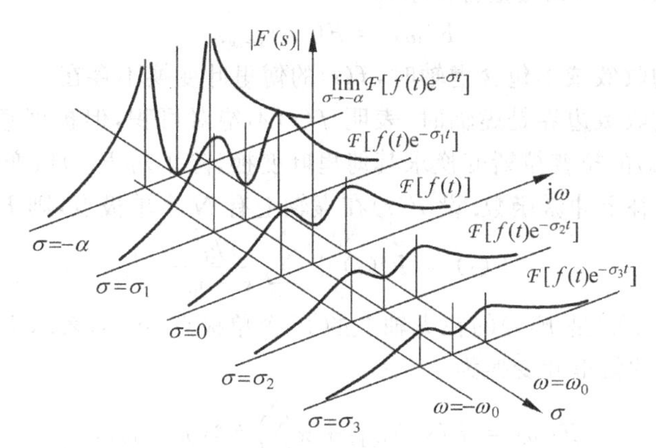

图 6-4　傅里叶变换和拉普拉斯变换关系的三维图

观察收敛边界上的情况. 当 $\sigma\to-\alpha(\sigma>-\alpha)$ 时，有

$$f(t)\mathrm{e}^{-\sigma t}\to\cos\omega_0 t\cdot u(t),\tag{6.23}$$

$$\mathcal{F}[f(t)\mathrm{e}^{-\sigma t}]\to\frac{\mathrm{j}\omega}{\omega_0^2-\omega^2}.\tag{6.24}$$

如果取 $\sigma=-\alpha$，则有

$$f(t)\mathrm{e}^{-\sigma t}=\cos\omega_0 t\cdot u(t),\tag{6.25}$$

$$\mathcal{F}[f(t)\mathrm{e}^{-\sigma t}]=\frac{\mathrm{j}\omega}{\omega_0^2-\omega^2}+\frac{\pi}{2}[\delta(\omega+\omega_0)+\delta(\omega-\omega_0)], \tag{6.26}$$

式中包含了冲激函数.拉普拉斯变换的收敛域不包含收敛边界,因此拉普拉斯变换中没有冲激函数.

在图 6-4 中,当收敛域内 $s\to-\alpha\pm\mathrm{j}\omega_0$ 时,$|F(s)|\to\infty$,$p_{1,2}=-\alpha\pm\mathrm{j}\omega_0$ 是 $F(s)$的极点.$F(s)$有两个极点,极点坐标表示的正是信号 $f(t)=\mathrm{e}^{-\alpha t}\cos\omega_0 t\cdot u(t)$的衰减和频率两个特征参数.

在图 6-4 中,当收敛域内 $s\to-\alpha$ 时,$|F(s)|\to 0$,$z_1=-\alpha$ 是 $F(s)$的零点.$F(s)$有一个零点.

基于信号拉普拉斯变换和傅里叶变换的关系,一些信号的傅里叶变换可以从拉普拉斯变换求得,条件和方法如下:

(1) 如果 $f(t)$是非因果信号,则 $f(t)$的傅里叶变换的积分区间是$(-\infty,\infty)$,而 $f(t)$的拉普拉斯变换的积分区间是$(0_-,\infty)$,此时两者没有关系,不能由 $f(t)$的拉普拉斯变换求其傅里叶变换.

(2) 如果 $f(t)$是因果信号,则 $f(t)$的傅里叶变换和拉普拉斯变换的积分区间都是$(0_-,\infty)$,此时能否由 $f(t)$的拉普拉斯变换求其傅里叶变换,取决于 $f(t)$拉普拉斯变换的收敛域.当 $f(t)$的拉普拉斯变换 $F(s)$的收敛域包含虚轴时,虚轴上的拉普拉斯变换就是傅里叶变换,直接由 $F(s)$做变量替换求得

$$F(\omega)=F(s)\mid_{s=\mathrm{j}\omega}. \tag{6.27}$$

(3) 当 $F(s)$的收敛域不包含虚轴时,$f(t)$的傅里叶变换不存在.

(4) 当 $F(s)$的收敛边界是虚轴时,表明 $f(t)$不绝对可积,但扩展意义上的傅里叶变换存在.此时由 $f(t)$的拉普拉斯变换求其傅里叶变换,除了对 $F(s)$做变量替换外,还需要在虚轴上的极点处补上冲激函数.设 $F(s)$在虚轴上有 N 个单极点,则 $F(s)$可表示为

$$F(s)=F_l(s)+\sum_{i=1}^{N}\frac{k_i}{s-\mathrm{j}\omega_i}, \tag{6.28}$$

其中 $\mathrm{j}\omega_i(i=1,2,\cdots,N)$是 $F(s)$的在虚轴上的 N 个单极点,$F_l(s)$表示 $F(s)$中的剩余极点的部分.此时,$f(t)$的傅里叶变换为

$$F(\omega)=F(s)\mid_{s=\mathrm{j}\omega}+\pi\sum_{i=1}^{N}k_i\delta(\omega-\omega_i), \tag{6.29}$$

式中前项为变量替换部分,后项为补上的冲激函数的部分.

6.2 拉普拉斯变换的性质

1. 线性特性

如果$\mathcal{L}[f_1(t)]=F_1(s)$,$\mathcal{L}[f_2(t)]=F_2(s)$,则有

$$\mathcal{L}[Af_1(t)+Bf_2(t)] = AF_1(s)+BF_2(s). \tag{6.30}$$

2. 时域平移特性

如果$\mathcal{L}[f(t)]=F(s)$，则当 $t_0>0$ 时，有

$$\mathcal{L}[f(t-t_0)u(t-t_0)] = \mathrm{e}^{-st_0}F(s). \tag{6.31}$$

证明

$$\begin{aligned}\mathcal{L}[f(t-t_0)u(t-t_0)] &= \int_0^{\infty} f(t-t_0)u(t-t_0)\mathrm{e}^{-st}\,\mathrm{d}t \\ &= \int_{t_0}^{\infty} f(t-t_0)\mathrm{e}^{-st}\,\mathrm{d}t,\end{aligned} \tag{6.32}$$

令 $\tau=t-t_0$，得

$$\mathcal{L}[f(t-t_0)u(t-t_0)] = \int_0^{\infty} f(\tau)\mathrm{e}^{-st_0}\mathrm{e}^{-s\tau}\,\mathrm{d}t = \mathrm{e}^{-st_0}F(s). \tag{6.33}$$

3. s 域平移特性

如果$\mathcal{L}[f(t)]=F(s)$，则有

$$\mathcal{L}[f(t)\mathrm{e}^{-s_0t}] = F(s+s_0)\ . \tag{6.34}$$

证明

$$\mathcal{L}[f(t)\mathrm{e}^{-s_0t}] = \int_0^{\infty} f(t)\mathrm{e}^{-(s+s_0)t}\,\mathrm{d}t = F(s+s_0). \tag{6.35}$$

4. 时域微分特性

如果$\mathcal{L}[f(t)]=F(s)$，则有

$$\mathcal{L}\left[\frac{\mathrm{d}}{\mathrm{d}t}f(t)\right] = sF(s)-f(0_-)\ , \tag{6.36}$$

$$\mathcal{L}\left[\frac{\mathrm{d}^2}{\mathrm{d}^2t}f(t)\right] = s^2F(s)-sf(0_-)-f'(0_-), \tag{6.37}$$

$$\mathcal{L}\left[\frac{\mathrm{d}^n}{\mathrm{d}^nt}f(t)\right] = s^nF(s)-s^{n-1}f(0_-)-s^{n-2}f'(0_-)-\cdots-f^{n-1}(0_-). \tag{6.38}$$

证明

$$\begin{aligned}\mathcal{L}\left[\frac{\mathrm{d}}{\mathrm{d}t}f(t)\right] &= \int_{0_-}^{\infty}\left[\frac{\mathrm{d}}{\mathrm{d}t}f(t)\right]\mathrm{e}^{-st}\,\mathrm{d}t \\ &= f(t)\mathrm{e}^{-st}\big|_{0_-}^{\infty} + s\int_{0_-}^{\infty} f(t)\mathrm{e}^{-st}\,\mathrm{d}t \\ &= sF(s)-f(0_-).\end{aligned} \tag{6.39}$$

同样可以证得

$$\mathcal{L}\left[\frac{\mathrm{d}^2}{\mathrm{d}t^2}f(t)\right]=s\left\{\mathcal{L}\left[\frac{\mathrm{d}}{\mathrm{d}t}f(t)\right]\right\}-\left[\frac{\mathrm{d}}{\mathrm{d}t}f(t)\right]_{t=0_-}$$

$$=s^2F(s)-sf(0_-)-f'(0_-). \tag{6.40}$$

依次类推,可以证得 $f(t)$的 n 阶导数的拉普拉斯变换.

例 6.2 已知图 6-5 所示信号 $f(t)$的波形,求 $\mathcal{L}\left[\frac{\mathrm{d}}{\mathrm{d}t}f(t)\right]$.

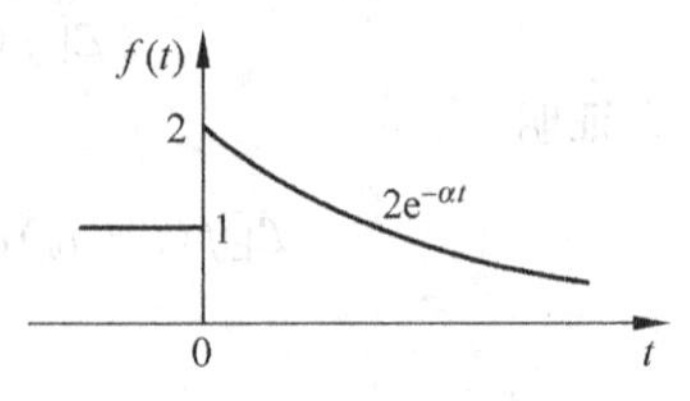

图 6-5 例 6.2 信号波形

解 比较两种求解方法.

方法一:

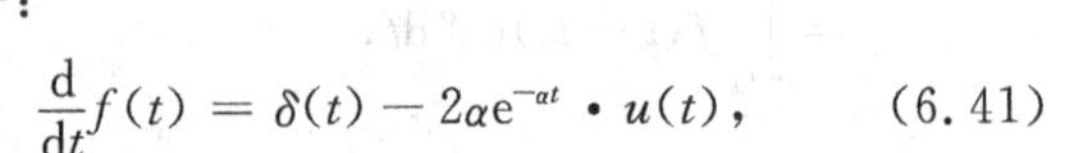

$$\frac{\mathrm{d}}{\mathrm{d}t}f(t)=\delta(t)-2\alpha\mathrm{e}^{-\alpha t}\cdot u(t), \tag{6.41}$$

$$\mathcal{L}\left[\frac{\mathrm{d}}{\mathrm{d}t}f(t)\right]=1-\frac{2\alpha}{s+\alpha}. \tag{6.42}$$

方法二:

$$\mathcal{L}[f(t)]=\frac{2}{s+\alpha}, \tag{6.43}$$

根据时域微分特性,有

$$\mathcal{L}\left[\frac{\mathrm{d}}{\mathrm{d}t}f(t)\right]=sF(s)-f(0_-)=s\frac{2}{s+\alpha}-1=1-\frac{2\alpha}{s+\alpha}. \tag{6.44}$$

可见,拉普拉斯变换考虑了信号 $f(t)$的 0_- 状态,以及 $f(t)$在 $t=0$ 时的跳变.

5. 时域积分特性

如果$\mathcal{L}[f(t)]=F(s)$,则有

$$\mathcal{L}\left[\int_{-\infty}^{t}f(x)\mathrm{d}x\right]=\frac{1}{s}F(s)+\frac{1}{s}f^{(-1)}(0_-), \tag{6.45}$$

其中

$$f^{(-1)}(0_-)=\int_{-\infty}^{0_-}f(x)\mathrm{d}x. \tag{6.46}$$

如果 $f(t)$是因果信号,则 $f^{(-1)}(0_-)=0$,有

$$\mathcal{L}\left[\int_{-\infty}^{t}f(x)\mathrm{d}x\right]=\frac{1}{s}F(s). \tag{6.47}$$

证明

$$\mathcal{L}\left[\int_{-\infty}^{t}f(x)\mathrm{d}x\right]=\mathcal{L}\left[\int_{-\infty}^{0_-}f(x)\mathrm{d}x+\int_{0_-}^{t}f(x)\mathrm{d}x\right]$$

$$=\mathcal{L}[f^{(-1)}(0_-)]+\int_{0_-}^{\infty}\left[\int_{0_-}^{t}f(x)\mathrm{d}x\right]\mathrm{e}^{-st}\mathrm{d}t$$

$$= \frac{f^{(-1)}(0_-)}{s} - \left[\frac{e^{-st}}{s}\int_{0_-}^{t} f(x)dx\right]_{0_-}^{\infty} + \frac{1}{s}\int_{0_-}^{\infty} f(t)e^{-st}dt$$

$$= \frac{1}{s}F(s) + \frac{f^{(-1)}(0_-)}{s}. \tag{6.48}$$

拉普拉斯变换的时域微分特性和积分特性显示，经过拉普拉斯变换，信号的时域微分运算和积分运算转换成为复频域的代数运算，这正是拉普拉斯变换简化线性常系数微分方程求解，进而简化系统分析方法的原因所在.

6. 时域卷积特性

如果$\mathcal{L}[f_1(t)]=F_1(s)$，$\mathcal{L}[f_2(t)]=F_2(s)$，则有

$$\mathcal{L}[f_1(t) * f_2(t)] = F_1(s)F_2(s) . \tag{6.49}$$

证明

$$\mathcal{L}[f_1(t) * f_2(t)] = \int_{0_-}^{\infty}\left[\int_{-\infty}^{\infty} f_1(\tau)u(\tau)f_2(t-\tau)u(t-\tau)d\tau\right]e^{-st}dt$$

$$= \int_{0_-}^{\infty} f_1(\tau)\left[\int_{\tau_-}^{\infty} f_2(t-\tau)u(t-\tau)e^{-st}dt\right]d\tau. \tag{6.50}$$

令 $x=t-\tau$，得

$$\mathcal{L}[f_1(t) * f_2(t)] = \int_{0_-}^{\infty} f_1(\tau)\left[e^{-s\tau}\int_{0_-}^{\infty} f_2(x)e^{-sx}dx\right]d\tau = F_1(s)F_2(s). \tag{6.51}$$

7. 初值定理

设信号 $f(t)$及其导数$\frac{d}{dt}f(t)$的拉普拉斯变换存在，且$\mathcal{L}[f(t)]=F(s)$，则

$$\lim_{t\to 0_+} f(t) = \lim_{s\to\infty} sF(s) . \tag{6.52}$$

证明　根据时域微分特性，有

$$sF(s) - f(0_-) = \mathcal{L}\left[\frac{d}{dt}f(t)\right]$$

$$= \int_{0_-}^{0_+}[f(0_+) - f(0_-)]\delta(t)e^{-st}dt + \int_{0_+}^{\infty}\frac{df(t)}{dt}e^{-st}dt$$

$$= f(0_+) - f(0_-) + \int_{0_+}^{\infty}\frac{df(t)}{dt}e^{-st}dt. \tag{6.53}$$

当 $s\to\infty$时，存在极限

$$\lim_{s\to\infty}\int_{0_+}^{\infty}\frac{df(t)}{dt}e^{-st}dt = \int_{0_+}^{\infty}\frac{df(t)}{dt}[\lim_{s\to\infty}e^{-st}]dt = 0, \tag{6.54}$$

因此有

$$\lim_{s\to\infty} sF(s) = f(0_+) = \lim_{t\to 0_+} f(t). \tag{6.55}$$

8. 终值定理

设信号 $f(t)$ 及其导数 $\frac{\mathrm{d}}{\mathrm{d}t}f(t)$ 的拉普拉斯变换存在，且 $\mathcal{L}[f(t)]=F(s)$，如果 $f(t)$ 的终值 $f(\infty)=\lim\limits_{t\to\infty}f(t)$ 存在，则有

$$\lim_{t\to\infty}f(t)=\lim_{s\to 0}sF(s)\,. \tag{6.56}$$

证明 在初值定理证明中有关系式

$$sF(s)=f(0_+)+\int_{0_+}^{\infty}\frac{\mathrm{d}f(t)}{\mathrm{d}t}\mathrm{e}^{-st}\mathrm{d}t, \tag{6.57}$$

取 $s\to 0$ 的极限，有

$$\begin{aligned}\lim_{s\to 0}sF(s)&=f(0_+)+\lim_{s\to 0}\int_{0_+}^{\infty}\frac{\mathrm{d}f(t)}{\mathrm{d}t}\mathrm{e}^{-st}\mathrm{d}t\\&=f(0_+)+\lim_{t\to\infty}f(t)-f(0_+)\\&=\lim_{t\to\infty}f(t).\end{aligned} \tag{6.58}$$

注意，对于 $\cos\omega t$ 和 $\sin\omega t$ 这样的函数，$t\to\infty$ 时的极限不存在，不能应用终值定理.

拉普拉斯变换的基本性质见表 6-2.

表 6-2 拉普拉斯变换的基本性质

名称	关系式，其中：$\mathcal{L}[f(t)]=F(s)$，$\mathcal{L}[f_1(t)]=F_1(s)$，$\mathcal{L}[f_2(t)]=F_2(s)$
线性特性	$\mathcal{L}[Af_1(t)+Bf_2(t)]=AF_1(s)+BF_2(s)$
尺度特性	$\mathcal{L}[f(at)]=\frac{1}{a}F\left(\frac{s}{a}\right),a>0$
时域平移特性	$\mathcal{L}[f(t-t_0)u(t-t_0)]=\mathrm{e}^{-st_0}F(s),t_0>0$
s 域平移特性	$\mathcal{L}[f(t)\mathrm{e}^{-s_0t}]=F(s+s_0)$
时域微分特性	$\mathcal{L}\left[\frac{\mathrm{d}}{\mathrm{d}t}f(t)\right]=sF(s)-f(0_-)$ $\mathcal{L}\left[\frac{\mathrm{d}^n}{\mathrm{d}^nt}f(t)\right]=s^nF(s)-s^{n-1}f(0_-)-s^{n-2}f'(0_-)-\cdots-f^{n-1}(0_-)$
时域积分特性	$\mathcal{L}\left[\int_{-\infty}^{t}f(x)\mathrm{d}x\right]=\frac{1}{s}F(s)+\frac{1}{s}f^{(-1)}(0_-)$
时域卷积特性	$\mathcal{L}[f_1(t)*f_2(t)]=F_1(s)F_2(s)$
时域相乘特性	$\mathcal{L}[f_1(t)f_2(t)]=\frac{1}{2\pi\mathrm{j}}\int_{\sigma-\mathrm{j}\infty}^{\sigma+\mathrm{j}\infty}F_1(p)F_2(s-p)\mathrm{d}p$
初值定理	$\lim\limits_{t\to 0_+}f(t)=\lim\limits_{s\to\infty}sF(s)$
终值定理	$\lim\limits_{t\to\infty}f(t)=\lim\limits_{s\to 0}sF(s)$
s 域微分特性	$\mathcal{L}[-tf(t)]=\frac{\mathrm{d}}{\mathrm{d}s}F(s)$
s 域积分特性	$\mathcal{L}\left[\frac{f(t)}{t}\right]=\int_{s}^{\infty}F(\lambda)\mathrm{d}\lambda$

6.3 拉普拉斯逆变换

由拉普拉斯变换的像函数 $F(s)$求原函数 $f(t)$的过程称为拉普拉斯逆变换. 根据拉普拉斯逆变换的定义进行积分，通常比较复杂. 实际中经常采用的是部分分式分解法和留数法，在此对部分分式分解法进行介绍.

部分分式分解法基于信号分解和叠加的原理，把复杂的像函数 $F(s)$分解为简单的典型形式的部分分式之和，求取各部分分式的拉普拉斯逆变换，然后叠加形成原函数 $f(t)$. 如前所述，一个信号的拉普拉斯变换通常可以表示为两个 s 的有理多项式之比：

$$F(s)=\frac{N(s)}{D(s)}=K\frac{s^m+b_{m-1}s^{m-1}+\cdots+b_1s+b_0}{s^n+a_{n-1}s^{n-1}+\cdots+a_1s+a_0}, \tag{6.59}$$

当 $m<n$ 时为有理真分式；当 $m\geqslant n$ 时为假分式. 通过长除法可以把一个假分式变成为一个 s 的多项式和一个真分式之和，即

$$F(s)=c_{m-n}s^{m-n}+c_{m-n-1}s^{m-n-1}+\cdots+c_1s+c_0+\frac{N_1(s)}{D(s)}, \tag{6.60}$$

式中各项 s 的幂函数对应于时域的冲激函数及其各阶导数. 因此，剩下的问题归结为求一个 s 有理真分式的拉普拉斯逆变换.

设 $F(s)$是真分式，其分母多项式 $D(s)$可以分解为 n 个因子的乘积，即

$$F(s)=\frac{N(s)}{D(s)}=K\frac{N(s)}{(s-p_1)(s-p_2)\cdots(s-p_n)}, \tag{6.61}$$

式中 $p_1,p_2,\cdots,p_n$ 是分母多项式方程 $D(s)=0$ 的根，即 $F(s)$的极点. 根据极点的不同形式，式(6.61)可分解为不同形式的部分分式的和.

1. 极点为单根

如果 $F(s)$含有 k 个互不相同的实数极点，则可分解为如下形式的部分分式：

$$F(s)=\frac{A_1}{s-p_1}+\frac{A_2}{s-p_2}+\cdots+\frac{A_k}{s-p_k}, \tag{6.62}$$

各部分分式的系数

$$A_i=[(s-p_i)F(s)]_{s=p_i}. \tag{6.63}$$

根据表 6-1，$F(s)$对应的原函数为

$$f(t)=A_1e^{p_1t}+A_2e^{p_2t}+\cdots+A_ke^{p_kt}. \tag{6.64}$$

如果 $F(s)$含有复数极点，复数极点一定成对共轭出现. 假设 $F(s)$含有一对共轭极点 $p_{1,2}=\alpha\pm j\beta$，则可分解为如下形式的部分分式：

$$F(s)=\frac{A}{s-\alpha-\mathrm{j}\beta}+\frac{B}{s-\alpha+\mathrm{j}\beta}, \tag{6.65}$$

部分分式的系数为

$$A=(s-\alpha-\mathrm{j}\beta)F(s)\big|_{s=\alpha+\mathrm{j}\beta}, \tag{6.66}$$

$$B=(s-\alpha+\mathrm{j}\beta)F(s)\big|_{s=\alpha-\mathrm{j}\beta}, \tag{6.67}$$

A 和 B 也一定是共轭关系. $F(s)$对应的原函数为

$$f(t)=A\mathrm{e}^{\alpha+\mathrm{j}\beta t}+B\mathrm{e}^{\alpha-\mathrm{j}\beta t}=C\mathrm{e}^{\alpha t}\cos\beta t+D\mathrm{e}^{\alpha t}\sin\beta t. \tag{6.68}$$

2. 极点为重根

如果 $F(s)$含有一个 k 阶重复的实数极点,即 $p_1=p_2=\cdots=p_k$,则可分解为如下形式的部分分式:

$$F(s)=\frac{A_1}{(s-p_1)^k}+\frac{A_2}{(s-p_1)^{k-1}}+\cdots+\frac{A_k}{s-p_1}, \tag{6.69}$$

各部分分式的系数为

$$A_1=(s-p_1)^kF(s)\big|_{s=p_1}, \tag{6.70}$$

$$A_2=\left[\frac{\mathrm{d}}{\mathrm{d}s}[(s-p_1)^kF(s)]\right]_{s=p_1}, \tag{6.71}$$

$$A_3=\left[\frac{1}{2!}\frac{\mathrm{d}^2}{\mathrm{d}s^2}[(s-p_1)^kF(s)]\right]_{s=p_1}, \tag{6.72}$$

依次类推,有

$$A_k=\left[\frac{1}{(k-1)!}\frac{\mathrm{d}^{k-1}}{\mathrm{d}s^{k-1}}[(s-p_1)^kF(s)]\right]_{s=p_1}. \tag{6.73}$$

$F(s)$对应的时域函数为

$$f(t)=\frac{A_1}{(k-1)!}t^{k-1}\mathrm{e}^{p_1t}+\frac{A_2}{(k-2)!}t^{k-2}\mathrm{e}^{p_1t}+\cdots+A_k\mathrm{e}^{p_1t}. \tag{6.74}$$

还有 $F(s)$含有 k 阶重复的共轭复数极点的情况,此处不再介绍.

6.4 拉普拉斯变换求解线性时不变系统

6.4.1 拉普拉斯变换求解线性常系数微分方程

如前所述,一个输入为 $e(t)$、输出为 $r(t)$的线性时不变系统可以用一个线性常系数微分方程来描述:

$$\frac{\mathrm{d}^n r(t)}{\mathrm{d}t^n}+a_{n-1}\frac{\mathrm{d}^{n-1}r(t)}{\mathrm{d}t^{n-1}}+\cdots+a_1\frac{\mathrm{d}r(t)}{\mathrm{d}t}+a_0 r(t)$$
$$=b_m\frac{\mathrm{d}^m e(t)}{\mathrm{d}t^m}+b_{m-1}\frac{\mathrm{d}^{m-1}e(t)}{\mathrm{d}t^{m-1}}+\cdots+b_1\frac{\mathrm{d}e(t)}{\mathrm{d}t}+b_0 e(t),\tag{6.75}$$

求解此 n 阶微分方程，需要 n 个初始条件：$r(0_-),r'(0_-),r''(0_-),\cdots,r^{(n-1)}(0_-)$.

采用拉普拉斯变换求解此线性常系数微分方程，对方程两边取拉普拉斯变换，得

$$\begin{aligned}&[s^nR(s)-s^{n-1}r(0_-)-\cdots-sr^{(n-2)}(0_-)-r^{(n-1)}(0_-)]\\&+a_{n-1}[s^{n-1}R(s)-s^{n-2}r(0_-)-\cdots-sr^{(n-3)}(0_-)-r^{(n-2)}(0_-)]\\&+\cdots\\&+a_1[sR(s)-r(0_-)]\\&+a_0R(s)\\&=b_ms^mE(s)+b_{m-1}s^{m-1}E(s)+\cdots+b_1sE(s)+b_0E(s),\end{aligned}\tag{6.76}$$

式中 $R(s)=\mathcal{L}[r(t)]$，$E(s)=\mathcal{L}[e(t)]$，整理得

$$\begin{aligned}&(s^n+a_{n-1}s^{n-1}+\cdots+a_1s+a_0)R(s)\\&-r(0_-)s^{n-1}\\&-[r'(0_-)+a_{n-1}r(0_-)]s^{n-2}\\&-\cdots\\&-[r^{(n-2)}(0_-)+a_{n-1}r^{(n-3)}(0_-)+a_{n-2}r^{(n-4)}(0_-)+\cdots+a_2r(0_-)]s\\&-[r^{(n-1)}(0_-)+a_{n-1}r^{(n-2)}(0_-)+a_{n-2}r^{(n-3)}(0_-)+\cdots+a_1r(0_-)]\\&=[b_ms^m+b_{m-1}s^{m-1}+\cdots+b_1s+b_0]E(s).\end{aligned}\tag{6.77}$$

此式为关于 $R(s)$ 和 $E(s)$ 的代数方程，可简写为

$$D(s)R(s)-B(s)=N(s)E(s),\tag{6.78}$$

或

$$R(s)=\frac{N(s)}{D(s)}E(s)+\frac{B(s)}{D(s)}.\tag{6.79}$$

令

$$H(s)=\frac{N(s)}{D(s)}=\frac{b_ms^m+b_{m-1}s^{m-1}+\cdots+b_1s+b_0}{s^n+a_{n-1}s^{n-1}+\cdots+a_1s+a_0},\tag{6.80}$$

则有

$$R(s)=H(s)E(s)+\frac{B(s)}{D(s)},\tag{6.81}$$

式中右边第一项是系统的零状态响应，第二项是系统的零输入响应，有

$$R_{zs}(s)=H(s)E(s),\tag{6.82}$$

$$R_{zi}(s)=\frac{B(s)}{D(s)},\tag{6.83}$$

$$R(s)=R_{zs}(s)+R_{zi}(s). \tag{6.84}$$

当系统为零初始状态时，有 $B(s)=0$ 和 $R_{zi}(s)=0$.

进行拉普拉斯逆变换，可求得系统的时域响应：

$$r_{zs}(t)=\mathcal{L}^{-1}[R_{zs}(s)]=\mathcal{L}^{-1}[H(s)E(s)], \tag{6.85}$$

$$r_{zi}(t)=\mathcal{L}^{-1}[R_{zi}(s)]=\mathcal{L}^{-1}\left[\frac{B(s)}{D(s)}\right], \tag{6.86}$$

$$r(t)=\mathcal{L}^{-1}[R(s)]=\mathcal{L}^{-1}[R_{zs}(s)+R_{zi}(s)]. \tag{6.87}$$

例 6.3 用拉普拉斯变换求解例 2.1 电路的响应.

解 已知电路系统的微分方程为

$$\frac{d^2}{dt^2}i(t)+7\frac{d}{dt}i(t)+10i(t)=\frac{d^2}{dt^2}e(t)+6\frac{d}{dt}e(t)+4e(t), \tag{6.88}$$

系统初始状态为

$$i(0_-)=\frac{4}{5}\text{A};\quad \frac{d}{dt}i(0_-)=0\text{A/s}. \tag{6.89}$$

系统激励为 $e(t)=2+2u(t)$，含有 0_- 初始状态，因此有

$$e(0_-)=2\text{V};\quad \frac{d}{dt}e(0_-)=0\text{V/s}. \tag{6.90}$$

对微分方程两边取拉普拉斯变换，得

$$\left[s^2I(s)-\frac{4}{5}s\right]+7\left[sI(s)-\frac{4}{5}\right]+10I(s)=[s^2E(s)-2s]+6[sE(s)-2]+4E(s). \tag{6.91}$$

因为 $E(s)=\frac{4}{s}$，有

$$\begin{aligned}I(s)&=\frac{14s^2+88s+80}{5s(s^2+7s+10)}\\&=\frac{14s^2+88s+80}{5s(s+2)(s+5)}\\&=\frac{8}{5}\frac{1}{s}+\frac{4}{3}\frac{1}{s+2}-\frac{2}{15}\frac{1}{s+5}.\end{aligned} \tag{6.92}$$

由拉普拉斯逆变换，求得系统响应

$$i(t)=\frac{8}{5}+\frac{4}{3}e^{-2t}-\frac{2}{15}e^{-5t},\quad t>0. \tag{6.93}$$

6.4.2 拉普拉斯变换求解线性时不变电路

在电路分析中，可以采用电阻、电感和电容元件的时域模型，建立和求解电路系统的微分方程. 也可以采用拉普拉斯变换，基于电阻、电感和电容元件的复频域模型，即 s 域模

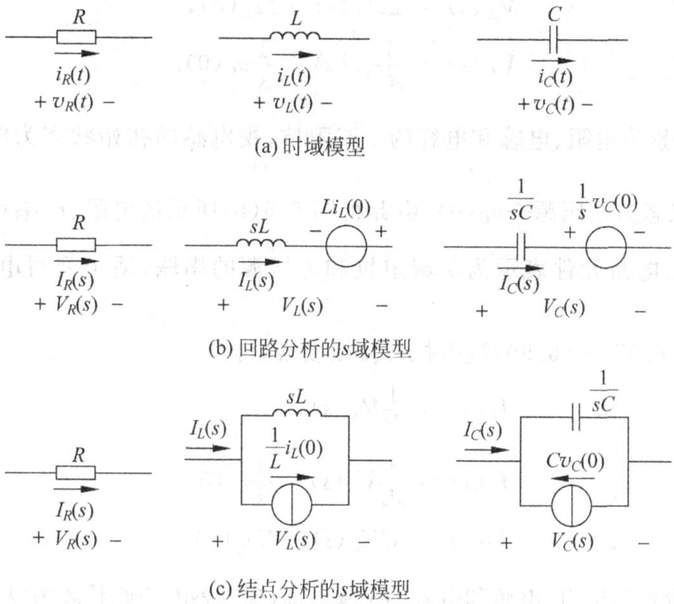

(a) 时域模型

(b) 回路分析的 s 域模型

(c) 结点分析的 s 域模型

图 6-6　时域和 s 域的电阻、电感和电容模型

型，建立和求解系统方程.

图 6-6(a)所示是电阻、电感和电容元件的时域模型，当电阻值为 R，电感值为 L，电感初始状态为 $i_L(0)$，电容值为 C，电容初始状态为 $v_C(0)$ 时，时域的电压、电流和初始状态的关系分别为

$$v_R(t) = Ri_R(t)\ , \tag{6.94}$$

$$v_L(t) = L\frac{\mathrm{d}}{\mathrm{d}t}i_L(t), \tag{6.95}$$

$$v_C(t) = v_C(0) + \frac{1}{C}\int_0^t i_C(\tau)\mathrm{d}\tau, \tag{6.96}$$

或

$$i_R(t) = \frac{1}{R}v_R(t), \tag{6.97}$$

$$i_L(t) = i_C(0) + \frac{1}{L}\int_0^t v_L(\tau)\mathrm{d}\tau, \tag{6.98}$$

$$i_C(t) = C\frac{\mathrm{d}}{\mathrm{d}t}v_C(t). \tag{6.99}$$

对式(6.94)～(6.96)进行拉普拉斯变换，得 s 域的电压、电流和初始状态的关系，分别为

$$V_R(s) = RI_R(s),$$

$$V_L(s) = sLI_L(s) - Li_L(0),$$

$$V_C(s) = \frac{1}{sC}I_C(s) + \frac{1}{s}v_C(0).$$

称 R，sL 和$\frac{1}{sC}$分别为电阻、电感和电容的 s 域阻抗，视电感的初始状态为电压源 $Li_L(0)$，视电容的初始状态为电压源$\frac{1}{s}v_C(0)$，由此得图 6-6(b)所示的电阻、电感和电容的 s 域模型.在此模型中，电路元件表示为 s 域阻抗和电压源的串联，适于列写电路系统的回路方程.

同样，对式(6.97)～(6.99)进行拉普拉斯变换，得

$$I_R(s) = \frac{1}{R}V_R(s), \tag{6.100}$$

$$I_L(s) = \frac{1}{sL}V_L(s) + \frac{1}{s}i_L(0), \tag{6.101}$$

$$I_C(s) = sCV_C(s) - Cv_C(0). \tag{6.102}$$

R，sL 和$\frac{1}{sC}$依然分别为电阻、电感和电容的 s 域阻抗，视电感的初始状态为电流源$\frac{1}{s}i_L(0)$，视电容的初始状态为电流源 $Cv_L(0)$，由此得图 6-6(c)所示的电阻、电感和电容的 s 域模型.在此模型中，电路元件表示为 s 域阻抗和电流源的并联，适于列写电路系统的结点方程.

例 6.4 已知图 6-7(a)所示 RLC 串联电路，$R=2.5\Omega$，$L=0.5\text{H}$，$C=\frac{1}{3}\text{F}$，电感初始状态为 $i(0)=1\text{A}$，电容初始状态为 $v_C(0)=-1\text{V}$，采用拉普拉斯变换，求激励 $e(t)=u(t)$ 时的响应 $i(t)$.

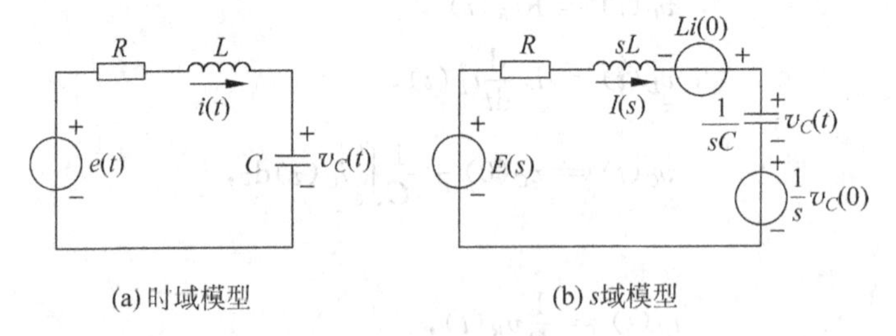

图 6-7 例 6.4 电路

解 根据图 6-7(a)的时域模型，可建立图 6-7(b)所示的回路分析的 s 域模型.根据此模型，列写回路方程：

$$I(s)\left(R + sL + \frac{1}{sC}\right) = E(s) + Li(0) - \frac{1}{s}v_C(0), \tag{6.103}$$

$$I(s)=\frac{\frac{s}{L}}{s^2+\frac{R}{L}s+\frac{1}{LC}}E(s)+\frac{si(0)-\frac{1}{L}v_C(0)}{s^2+\frac{R}{L}s+\frac{1}{LC}},\tag{6.104}$$

此式中前项对应零状态响应,后项为零输入响应.代入电路参数和$E(s)=\frac{1}{s}$,得

$$I(s)=\frac{s+4}{s^2+5s+6}=\frac{2}{s+2}-\frac{1}{s+3}.\tag{6.105}$$

由拉普拉斯逆变换,求得

$$i(t)=2\mathrm{e}^{-2t}-\mathrm{e}^{-3t},\quad t>0.\tag{6.106}$$

6.5 系统函数及其应用

6.5.1 系统函数的概念

系统函数描述在 s 域系统零状态响应和系统激励的关系.

在时域,系统零状态响应 $r(t)$是系统激励 $e(t)$和系统单位冲激响应 $h(t)$的卷积:

$$r(t)=e(t)*h(t).\tag{6.107}$$

取拉普拉斯变换,得

$$R(s)=E(s)H(s).\tag{6.108}$$

定义系统函数为系统单位冲激响应 $h(t)$的拉普拉斯变换

$$H(s)=\mathcal{L}[h(t)],\tag{6.109}$$

由此得,系统零状态响应的拉普拉斯变换 $R(s)$是系统激励的拉普拉斯变换 $E(s)$和系统函数的乘积.

根据式(6.108),可得系统函数的另一表述和求取方法,系统函数为系统零状态响应的拉普拉斯变换和系统激励的拉普拉斯变换之比:

$$H(s)=\frac{R(s)}{E(s)}.\tag{6.110}$$

系统函数和系统微分方程的关系如下.已知系统微分方程

$$\begin{aligned}&r^{(n)}(t)+a_{n-1}r^{(n-1)}(t)+\cdots+a_1r^{(1)}(t)+a_0r(t)\\&=b_me^{(m)}(t)+b_{m-1}e^{(m-1)}(t)+\cdots+b_1e^{(1)}(t)+b_0e(t),\end{aligned}\tag{6.111}$$

取零初始状态,并对方程进行拉普拉斯变换

$$\begin{aligned}&s^nR(s)+a_{n-1}s^{n-1}R(s)+\cdots+a_1sR(s)+a_0R(s)\\&=b_ms^mE(s)+b_{m-1}s^{m-1}E(s)+\cdots+b_1sE(s)+b_0E(s),\end{aligned}\tag{6.112}$$

由此得系统函数

$$H(s)=\frac{R(s)}{E(s)}=\frac{b_m s^n+b_{m-1}s^{n-1}+\cdots+b_1 s+b_0}{s^n+a_{n-1}s^{n-1}+\cdots+a_1 s+a_0}. \tag{6.113}$$

系统函数是两个 s 的多项式之比.

以上是系统函数的定义和求取方法.和系统时域的单位冲激响应 $h(t)$ 一样,系统函数 $H(s)$ 也广泛应用于系统的描述和分析.

6.5.2 由系统函数的极点分布分析系统响应的特征

通过系统函数可以分析一个系统的响应构成和特征.式(6.113)的系统函数可以表示为如下形式:

$$H(s)=K\frac{\prod_{j=1}^{m}(s-z_j)}{\prod_{i=1}^{n}(s-p_i)}, \tag{6.114}$$

其中,z_j 是 $H(s)=0$ 的分子多项式的根,是 $H(s)$ 的零点; p_i 是 $H(s)=0$ 的分母多项式的根,是 $H(s)$ 的极点.显然,$H(s)$ 的极点是系统微分方程的特征根,决定了系统单位冲激响应 $h(t)$ 所包含的所有特征分量,极点坐标表示了各分量的频率和衰减.$H(s)$ 的零点只影响 $h(t)$ 各特征分量的幅值和初始相位,但不影响频率和衰减.图 6-8 所示是 s 平面上不同位置单阶极点所对应的系统单位冲激响应的特征示意图,图 6-9 所示是 s 平面上不同位置二阶极点所对应的系统单位冲激响应的特征示意图.

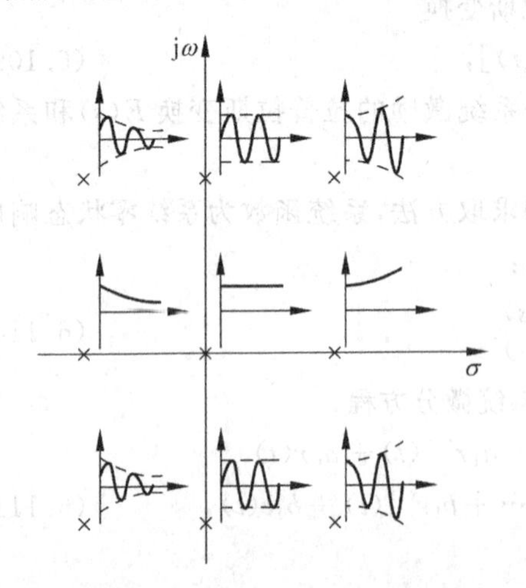

图 6-8　单阶极点与对应的单位冲激响应

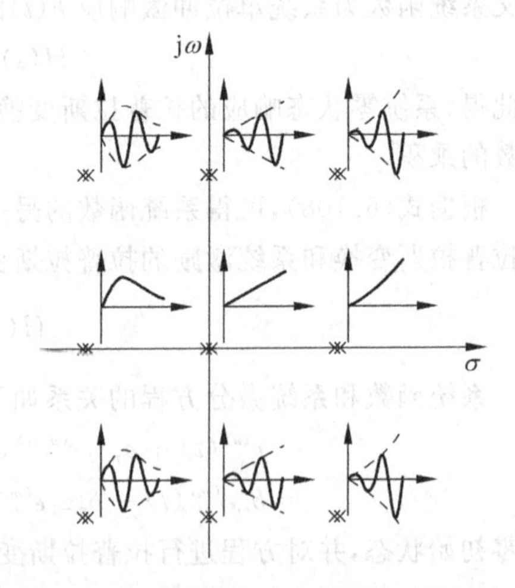

图 6-9　二阶极点与对应的单位冲激响应

在式(6.114)中，可能出现零点和极点相消的情况. 如果有零、极点相消，则系统函数的极点不再是全部的系统微分方程的特征根. 系统函数仅描述系统零状态响应和系统激励的关系，当存在零、极点相消时，相消极点所对应的特征分量将不再能表现在系统的零状态响应中. 因此，用系统单位冲激响应和系统函数描述系统有可能存在缺失，并不总能完整表示系统所有的固有特性. 作为对比，回顾式(6.83)，无论是否存在零、极点相消，在系统的零输入响应中，系统所有的特征分量都能得以表现.

6.5.3　由系统函数的极点分布分析系统的稳定性

所谓系统稳定，要求系统对任意有界的输入$|e(t)|\leqslant M_e$只产生有界的输出$r(t)|\leqslant M_r$. 如果系统在有界输入作用下产生无界的输出，则称系统是不稳定的. 判断系统稳定的充分必要条件是系统函数$H(s)$的所有极点位于s平面的左半部，或者说$H(s)$的收敛域包含虚轴.

系统稳定的充分必要条件的另一种表述是，系统的单位冲激响应$h(t)$绝对可积，即

$$\int_{-\infty}^{\infty} |h(t)|\,\mathrm{d}t \leqslant M. \tag{6.115}$$

对于因果系统，有

$$\int_{0}^{\infty} |h(t)|\,\mathrm{d}t \leqslant M. \tag{6.116}$$

如果$h(t)$绝对可积，一定有

$$\lim_{t\to\infty} h(t) = 0, \tag{6.117}$$

但相反则不一定成立，因此，此式是系统稳定的必要条件.

6.6　系统频率响应特性

6.6.1　系统频率响应特性的概念

如果一个系统的单位冲激响应$h(t)$的傅里叶变换存在，则称其为系统的频率响应特性，

$$H(\omega) = \mathcal{F}[h(t)]. \tag{6.118}$$

对于一个稳定的线性时不变系统，零状态响应$r(t)$、激励$e(t)$和单位冲激响应$h(t)$满足卷积关系

$$r(t) = e(t) * h(t), \tag{6.119}$$

它们的傅里叶变换满足关系

$$R(\omega)=E(\omega)H(\omega),\tag{6.120}$$

$$\begin{aligned}|R(\omega)|\,\mathrm{e}^{\mathrm{j}\phi_{\mathrm{r}}(\omega)}&=|E(\omega)|\,\mathrm{e}^{\mathrm{j}\phi_{\mathrm{e}}(\omega)}\,|H(\omega)|\,\mathrm{e}^{\mathrm{j}\phi_{\mathrm{h}}(\omega)}\\&=|E(\omega)|\,|H(\omega)|\,\mathrm{e}^{\mathrm{j}[\phi_{\mathrm{e}}(\omega)+\phi_{\mathrm{h}}(\omega)]}.\end{aligned}\tag{6.121}$$

于是有

$$|R(\omega)|=|E(\omega)|\,|H(\omega)|,\tag{6.122}$$

$$\phi_{\mathrm{r}}(\omega)=\phi_{\mathrm{e}}(\omega)+\phi_{\mathrm{h}}(\omega).\tag{6.123}$$

以上关系显示,激励信号经过系统产生响应,系统对激励信号的改变包括两个方面:(1)对各频率分量的幅值进行加权,$|R(\omega)|=|E(\omega)|\,|H(\omega)|$;(2)对各频率分量的相位进行平移,$\phi_{\mathrm{r}}(\omega)=\phi_{\mathrm{e}}(\omega)+\phi_{\mathrm{h}}(\omega)$. 系统频率响应特性 $H(\omega)$描述了系统响应和系统激励在频域的关系,描述了各频率分量经过系统后所发生的改变. 称$|H(\omega)|$为系统的幅频特性,称$\phi_{\mathrm{h}}(\omega)$为系统的相频特性.

稳定的系统才有频率响应特性. 当系统稳定时,系统函数 $H(s)$的收敛域包含 s 平面的虚轴,系统频率响应特性就是 $H(s)$在虚轴上的取值,有

$$H(\omega)=H(s)\big|_{s=\mathrm{j}\omega}.\tag{6.124}$$

6.6.2 由系统函数的零、极点分布分析系统的频率响应特性

根据系统函数 $H(s)$的零、极点分布可以用几何方法分析系统的频率响应特性. 已知系统函数

$$H(s)=K\frac{\prod_{j=1}^{m}(s-z_j)}{\prod_{i=1}^{n}(s-p_i)},\tag{6.125}$$

系统的频率响应特性为

$$H(\omega)=H(s)\big|_{s=\mathrm{j}\omega}=K\frac{\prod_{j=1}^{m}(\mathrm{j}\omega-z_j)}{\prod_{i=1}^{n}(\mathrm{j}\omega-p_i)}.\tag{6.126}$$

在 s 平面上,p_i 和 z_j 是复常量,$\mathrm{j}\omega$ 是复变量,$\mathrm{j}\omega-z_j$ 和 $\mathrm{j}\omega-p_i$ 也是复变量,写成极坐标的形式,有

$$\mathrm{j}\omega-z_j=A_j\exp(\mathrm{j}\alpha_j),\tag{6.127}$$

$$\mathrm{j}\omega-p_i=B_i\exp(\mathrm{j}\beta_i),\tag{6.128}$$

这些复变量在 s 平面上的变化如图 6-10 所示. 用极坐标表示时,系统频率响应特性为

$$H(\omega)=K\frac{\prod_{j=1}^{m}A_j}{\prod_{i=1}^{n}B_i}\exp\left[\mathrm{j}\left(\sum_{j=1}^{m}\alpha_j-\sum_{i=1}^{n}\beta_i\right)\right]$$

$$=|H(\omega)|\exp[\mathrm{j}\phi(\omega)], \tag{6.129}$$

其中

$$|H(\omega)|=K\frac{\prod_{j=1}^{m}A_j}{\prod_{i=1}^{n}B_i}, \tag{6.130}$$

$$\phi(\omega)=\sum_{j=1}^{m}\alpha_j-\sum_{i=1}^{n}\beta_i. \tag{6.131}$$

$|H(\omega)|$表示幅频特性，$\phi(\omega)$表示相频特性. 在图 6-10 中，当频率 ω 从 $-\infty$ 变化到 ∞ 时，向量 $\mathrm{j}\omega$ 的终点沿着虚轴从 $-\mathrm{j}\infty$ 变化到 $\mathrm{j}\infty$，向量 $\mathrm{j}\omega-z_j=A_j\exp(\mathrm{j}\alpha_j)$ 和 $\mathrm{j}\omega-p_i=B_i\exp(\mathrm{j}\beta_i)$ 也随之变化. 在不同的 ω 值下，量取各向量长度 A_j 和 B_i，按照式(6.130)计算$|H(\omega)|$，得$|H(\omega)|$—ω 关系曲线，即为幅频特性. 同样，在不同的 ω 值下，量取各向量角度 α_j 和 β_i，按照式(6.131)计算 $\phi(\omega)$，得 $\phi(\omega)$—ω 关系曲线，即为相频特性.

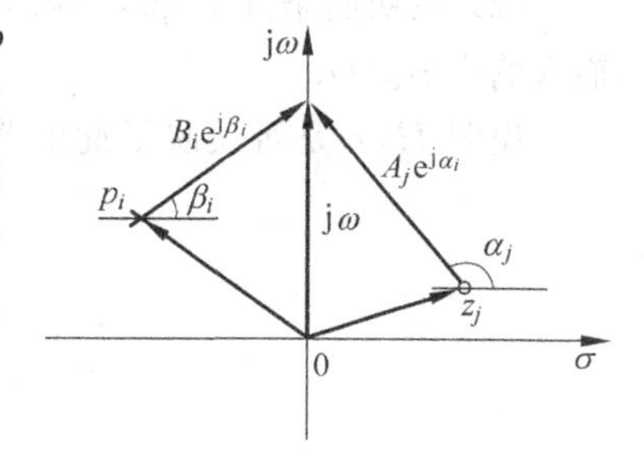

图 6-10　由零极点分布分析系统频率响应特性

如果系统函数 $H(s)$有一个很靠近虚轴的零点 $z_j=\sigma_j+\mathrm{j}\omega_j$，则当频率变化到 $\omega=\omega_j$ 时，A_j 的值很小，使幅频特性出现一个局部极小值，表示系统在 $\omega=\omega_j$ 频率处具有带阻特性. 如果系统函数有一个很靠近虚轴的极点 $p_i=\sigma_i+\mathrm{j}\omega_i$，则当频率变化到 $\omega=\omega_i$ 时，B_i 的值很小，使系统幅频特性出现一个局部极大值，表示系统在 $\omega=\omega_i$ 频率处具有带通特性.

习题

6.1　求下列信号的拉普拉斯变换和收敛域：

(1) $2\delta(t)+\mathrm{e}^{2t}$；　(2) $t\mathrm{e}^{-3t}$；　(3) $\mathrm{e}^{-t}\sin 2t$.

6.2　求下列信号的拉普拉斯变换：

(1) $\mathrm{e}^{-t}u(t-2)$；　(2) $\mathrm{e}^{-(t-2)}u(t)$；　(3) $\mathrm{e}^{-(t-2)}u(t-2)$.

6.3　求下列函数的拉普拉斯逆变换：

(1) $\dfrac{4s+5}{s^2+5s+6}$；　　(2) $\dfrac{1}{s(s^2+5)}$.

6.4　用拉普拉斯变换求解下列微分方程(习题 2.1)：

$$\frac{\mathrm{d}^2r(t)}{\mathrm{d}t^2}+5\frac{\mathrm{d}r(t)}{\mathrm{d}t}+6r(t)=2\frac{\mathrm{d}^2e(t)}{\mathrm{d}t^2}+6\frac{\mathrm{d}e(t)}{\mathrm{d}t},$$

激励信号为 $e(t)=(1+e^{-t})u(t)$，初始状态 $r(0_-)=1, r'(0_-)=0$.

6.5　由下列系统函数 $H(s)$ 求系统频率响应特性 $H(\omega)$：

(1) $H(s)=\dfrac{s+2}{s^2+4s+8}$；　　(2) $H(s)=\dfrac{2}{s^2+1}$.

6.6　已知电路如题图 6-1 所示，求：

(1) 系统函数 $H(s)=\dfrac{I_L(s)}{I_S(s)}$；

(2) 在初始条件 $v_C(0)=V_0, i_L(0)=I_0$ 下电感电流的零输入响应 $i_{Lzi}(t)$.

说明 $H(s)$ 是否反映了此电路的所有固有特性.

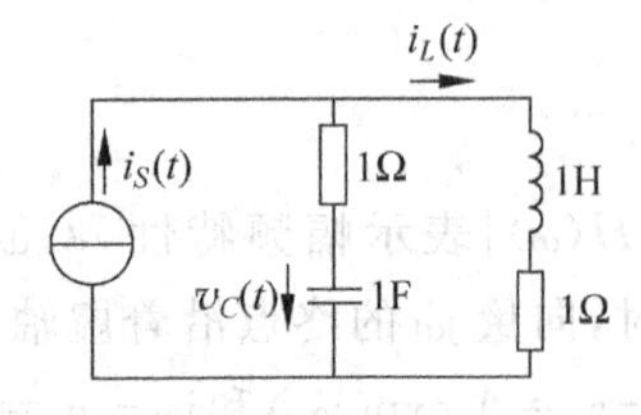

题图 6-1

第 7 章　离散周期信号的傅里叶级数

和连续周期信号的傅里叶级数类似，离散周期信号的傅里叶级数(DFS)是把离散周期信号分解为离散三角信号或离散复指数信号的叠加.本章将从离散信号内积、离散信号正交分解的概念入手，介绍离散周期信号的傅里叶级数.

7.1　离散周期信号傅里叶级数的概念

7.1.1　离散信号的正交分解

设有两个离散函数 $\phi_{di}(n)$和 $\phi_{dj}(n)$(下标 d 表示离散信号)，如果在长度为 N 的离散时间区间 $n_0 \leqslant n \leqslant n_0+N-1$ 上用函数 $c\phi_{dj}(n)$近似地表示 $\phi_{di}(n)$：

$$\phi_{di}(n) \approx c\phi_{dj}(n), \tag{7.1}$$

其中 c 为常数，那么所产生的差函数为 $\phi_{di}(n)-c\phi_{dj}(n)$. 定义均方误差，也就是差函数的平均功率为

$$\varepsilon^2 = \frac{1}{N}\sum_{n=n_0}^{n_0+N-1}\left[\phi_{di}(n)-c\phi_{dj}(n)\right]^2, \tag{7.2}$$

选择常数 c，使得均方误差 ε^2 最小. 令

$$\frac{d\varepsilon^2}{dc} = 0, \tag{7.3}$$

求得

$$c = \frac{\sum\limits_{n=n_0}^{n_0+N-1}\phi_{di}(n)\phi_{dj}(n)}{\sum\limits_{n=n_0}^{n_0+N-1}\phi_{dj}^2(n)}, \tag{7.4}$$

在此 c 的取值下，称 $c\phi_{dj}(n)$为 $\phi_{di}(n)$在 $\phi_{dj}(n)$上的投影，或称 $c\phi_{dj}(n)$为 $\phi_{di}(n)$在 $\phi_{dj}(n)$方向上的分量.

定义离散信号的内积运算. 设有两个离散信号 $\phi_{di}(n)$和 $\phi_{dj}(n)$，定义它们在长度为 N 的离散区间 $n_0 \leqslant n \leqslant n_0+N-1$ 上的内积为

$$\langle \phi_{di}(n),\phi_{dj}(n)\rangle = \sum_{n=n_0}^{n_0+N-1} \phi_{di}(n)\phi_{dj}(n). \tag{7.5}$$

如果离散区间是从 $n=0$ 开始的 N 个点，则有

$$\langle \phi_{di}(n),\phi_{dj}(n)\rangle = \sum_{n=0}^{N-1} \phi_{di}(n)\phi_{dj}(n). \tag{7.6}$$

当 $\phi_{di}(n)$ 和 $\phi_{dj}(n)$ 为复序列时，根据复序列的信号能量和平均功率进行推导，得两复序列的内积定义为

$$\langle \phi_{di}(n),\phi_{dj}(n)\rangle = \sum_{n=n_0}^{n_0+N-1} \phi_{di}(n)\phi_{dj}^{*}(n), \tag{7.7}$$

$\phi_{dj}^{*}(n)$ 是 $\phi_{dj}(n)$ 的共轭. 借助于函数内积的表述，式(7.4)可表示为

$$c = \frac{\langle \phi_{di}(n),\phi_{dj}(n)\rangle}{\langle \phi_{dj}(n),\phi_{dj}(n)\rangle}. \tag{7.8}$$

当 $\langle \phi_{di}(n),\phi_{dj}(n)\rangle=0$ 时，则 $c=0$，此时称 $\phi_{di}(n)$ 在 $\phi_{dj}(n)$ 上的投影为零，或称 $\phi_{di}(n)$ 不包含在 $\phi_{dj}(n)$ 方向上的分量，或称 $\phi_{di}(n)$ 和 $\phi_{dj}(n)$ 正交. 离散函数的内积描述了两个函数在给定区间的相似性，当两个函数在给定区间正交时，它们的内积为零.

离散信号内积与正交的概念和连续信号具有相似性，两个连续信号的内积计算是此两信号的乘积在给定时间区间上的积分，两个离散信号的内积计算是此两信号的乘积在给定离散时间区间上的求和.

设有一组离散函数 $\phi_{d1}(n),\phi_{d2}(n),\cdots,\phi_{dK}(n)$，把这组函数看作一个函数空间的 K 个元素. 如果此组函数在给定区间 $n_0\leqslant n\leqslant n_0+N-1$ 满足：任意两个不同元素的内积为零；任一元素与自身的内积为一有限常数，即

$$\langle \phi_{di}(n),\phi_{dj}(n)\rangle = \begin{cases} 0, & i\neq j, \\ A_i, & i=j, \end{cases} \quad i,j=1,2,\cdots,K, \tag{7.9}$$

则称 $\phi_{d1}(n),\phi_{d2}(n),\cdots,\phi_{dK}(n)$ 为正交离散函数集.

如果在 $\phi_{d1}(n),\phi_{d2}(n),\cdots,\phi_{dK}(n)$ 之外不再有一个非零的离散函数 $\phi_{d(K+1)}(n)$，满足

$$\langle \phi_{di}(n),\phi_{d(N+1)}(n)\rangle = 0, \quad i=1,2,\cdots,K, \tag{7.10}$$

则称 $\phi_{d1}(n),\phi_{d2}(n),\cdots,\phi_{dK}(n)$ 为完备正交离散函数集.

如果有

$$\langle \phi_{di}(n),\phi_{di}(n)\rangle = A_i = 1, \quad i=1,2,\cdots,K, \tag{7.11}$$

则称 $\phi_{d1}(n),\phi_{d2}(n),\cdots,\phi_{dK}(n)$ 为规范化的完备正交离散函数集.

如果信号 $x_d(n)$ 在离散区间 $n_0\leqslant n\leqslant n_0+N-1$ 上绝对可和，则在该区间内可表示为以此区间构成的完备正交离散函数集的各分量的线性组合：

$$x_d(n)=c_1\phi_{d1}(n)+c_2\phi_{d2}(n)+\cdots+c_K\phi_{dK}(n)$$
$$=\sum_{k=1}^{K}c_k\phi_{dk}(n),\quad n_0\leqslant n\leqslant n_0+N-1,\tag{7.12}$$

其中

$$c_k=\frac{\langle x_d(n),\phi_{dk}(n)\rangle}{\langle \phi_{dk}(n),\phi_{dk}(n)\rangle},\quad k=1,2,\cdots,K.\tag{7.13}$$

在完备正交分解情况下,离散信号的能量满足关系

$$\sum_{n=n_0}^{n_0+N-1}x_d^2(n)=\sum_{k=1}^{K}\left[c_k^2\sum_{n=n_0}^{n_0+N-1}\phi_{dk}^2(n)\right].\tag{7.14}$$

当 $x_d(n)$ 为复函数时,有

$$\sum_{n=n_0}^{n_0+N-1}\mid x_d(n)\mid^2=\sum_{n=n_0}^{n_0+N-1}x_d(n)x_d^*(n)=\sum_{k=1}^{K}\left[c_k^2\sum_{n=n_0}^{n_0+N-1}\phi_{dk}(n)\phi_{dk}^*(n)\right].\tag{7.15}$$

7.1.2 正交离散复指数函数集

给定离散复指数函数集

$$e^{j\left(k\frac{2\pi}{N_1}\right)n}=e^{j(k\theta_1)n}=e^{j\theta_1kn}=\cos\theta_1kn+j\sin\theta_1kn,\quad k=0,\pm1,\pm2,\cdots,\tag{7.16}$$

其中 n 表示离散点的序号,k 表示函数集元素的序号,$\theta_1=\frac{2\pi}{N_1}$为基本角频率,$N_1$ 为基本周期.此函数集中的每个元素都是 n 的周期函数,第 k 个元素的离散角频率为 $k\theta_1=k\frac{2\pi}{N_1}$.

式(7.16)的离散复指数函数集有一个重要的特点,随着元素序数 k 的增加,函数集中的元素周期性地重复,重复周期也为 N_1,有

$$e^{j\frac{2\pi}{N_1}(k+N_1)n}=e^{j\frac{2\pi}{N_1}kn}e^{j2\pi n}=e^{j\frac{2\pi}{N_1}kn},\tag{7.17}$$

即

$$e^{j\theta_1(k+N_1)n}=e^{j\theta_1kn}.\tag{7.18}$$

此式说明,在式(7.16)的离散复指数函数集中,只有 N_1 个互不相同的元素.

离散复指数函数的实部为离散余弦函数,虚部为离散正弦函数.图7-1所示是对连续余弦信号进行数值抽样得到的离散余弦信号,下面以此为例,说明离散复指数信号随离散角频率增大而周期重复的现象.已知图7-1所示的一组连续余弦信号

$$f_{ak}(t)=\cos k\omega_1t,\quad k=0,1,2,\cdots,\tag{7.19}$$

$k=0$ 为直流,$k=1$ 为基波,$k>1$ 为 k 次谐波,基波周期 $T_1=\frac{2\pi}{\omega_1}$.现在以 $T_s=\frac{T_1}{8}$的抽样间隔对这组连续周期信号进行数值抽样,即一个基波周期抽样8点,$N_1=8$,得一组离散序列

$$f_{dk}(n)=\cos k\omega_1 nT_s=\cos n\theta_k,\tag{7.20}$$

$$\theta_k=k\omega_1 T_s=k\frac{\pi}{4}.\tag{7.21}$$

图 7-1 显示了 $k=0$ 至 $k=9$ 时的信号抽样前和信号抽样后的波形.由图可见,随着被抽样的连续余弦信号角频率 $k\omega_1$ 的增加,抽样所得的离散序列周期重复.图中 $f_{d8}(n)$重复了 $f_{d0}(n)$; $f_{d7}(n)$和 $f_{d9}(n)$重复了 $f_{d1}(n)$; $f_{d6}(n)$和 $f_{d10}(n)$重复了 $f_{d2}(n)$.从抽样定理的角度看,当连续余弦信号一个周期的抽样点数少于 2 时,抽样结果看上去为一个低频序列.

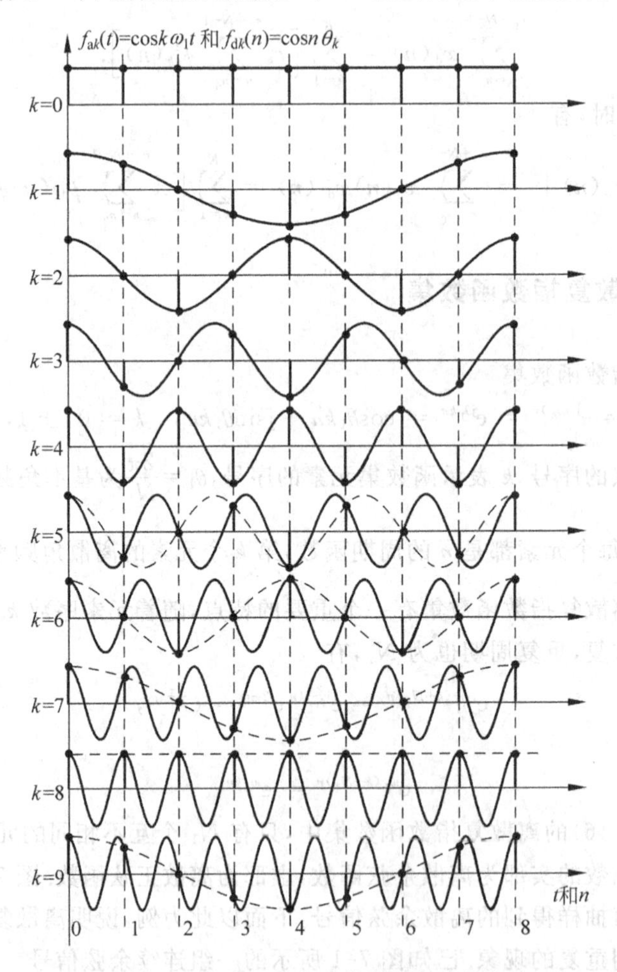

图 7-1　连续和离散余弦信号角频率的关系

可以得到离散余弦、离散正弦和离散复指数序列随离散角频率周期重复的一般规律.离散余弦序列的重复规律为 $\cos n(2m\pi\pm\theta)=\cos n\theta$, m 为整数,重复周期为 2π; 离散正弦

序列的重复规律为 $\sin n(2m\pi\pm\theta)=\pm\sin n\theta$，$m$ 为整数，重复周期为 2π；离散复指数序列的重复规律为 $e^{jn(2m\pi\pm\theta)}=e^{\pm jn\theta}$，$e^{jn\theta}=(e^{-jn\theta})^*$，$e^{jn(2m\pi+\theta)}=[e^{jn(2m\pi-\theta)}]^*$，$m$ 为整数，重复周期也为 2π. 由此可见，对于离散余弦、离散正弦或离散复指数序列，当离散角频率改变 $2m\pi$ 时，序列不变.

下面考察式(7.16)离散复指数函数集各元素在离散区间 $n_0\leqslant n\leqslant n_0+N_1-1$ 上的正交性. 函数集中任意两个元素的内积为

$$\langle e^{j\theta_1 k_1 n},e^{j\theta_1 k_2 n}\rangle=\sum_{n=n_0}^{n_0+N_1-1}e^{j\theta_1(k_1-k_2)n}=\begin{cases}N_1, & k_1-k_2=mN_1,\\ 0, & k_1-k_2\neq mN_1,\end{cases}\quad m=\text{整数}. \tag{7.22}$$

此式说明，此离散复指数函数集中有 N_1 个互不相同的元素，其他元素是这 N_1 个元素的重复，这 N_1 个互不相同的元素相互正交.

由此得到：在离散复指数函数集 $e^{j\theta_1 kn}\left(\theta_1=\dfrac{2\pi}{N_1},k=0,\pm1,\pm2,\cdots\right)$中，有 N_1 个互不相同的元素，它们在离散区间 $n_0\leqslant n\leqslant n_0+N_1-1$ 上构成完备正交离散函数集. 可以选择任意 N_1 个相互正交的元素构成此完备正交离散函数集，通常选取为 $e^{j\theta_1 kn}$，$k=0,1,2,\cdots,N_1-1$.

7.1.3 离散傅里叶级数

根据信号正交分解的原理，给定任意离散周期信号 $x_d(n)$，周期 N_1，如果 $x_d(n)$在其一个周期上绝对可和，则它可表示为完备正交离散复指数函数集各元素的线性组合，有

$$x_d(n)=\sum_{k=0}^{N_1-1}X_d(k)e^{j\theta_1 kn},\quad n=0,\pm1\pm2,\cdots, \tag{7.23}$$

其中

$$\theta_1=\frac{2\pi}{N_1}, \tag{7.24}$$

$$X_d(k)=\frac{\langle x_d(n),e^{j\theta_1 kn}\rangle}{\langle e^{j\theta_1 kn},e^{j\theta_1 kn}\rangle}=\frac{1}{N_1}\sum_{n=n_0}^{n_0+N_1-1}x_d(n)e^{-j\theta_1 kn}. \tag{7.25}$$

由此定义离散周期信号的傅里叶级数，其正变换和逆变换分别为

$$X_d(k)=\mathrm{DFS}[x_d(n)]=\sum_{n=n_0}^{n_0+N_1-1}x_d(n)e^{-j\theta_1 kn},\quad k=0,\pm1\pm2,\cdots, \tag{7.26}$$

$$x_d(n)=\mathrm{IDFS}[X_d(k)]=\frac{1}{N_1}\sum_{k=0}^{N_1-1}X_d(k)e^{j\theta_1 kn},\quad n=0,\pm1\pm2,\cdots. \tag{7.27}$$

由于习惯的原因，式(7.26)与式(7.25)相比，改变了系数$\dfrac{1}{N_1}$的位置，这对信号频谱函数 $X_d(k)$的特征没有影响.

例 7.1　求图 7-2 所示离散周期矩形信号的傅里叶级数.

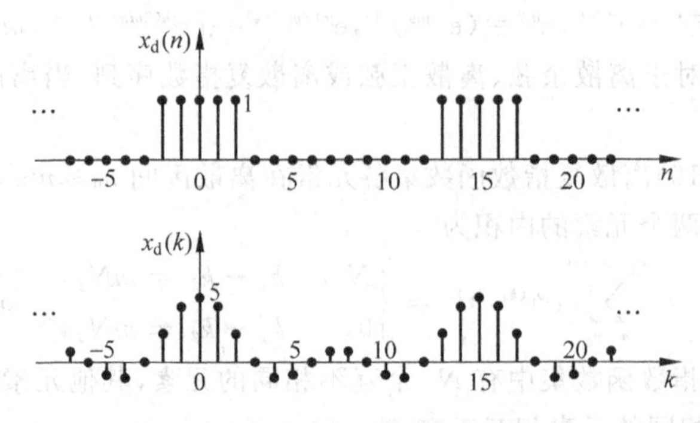

图 7-2　离散周期矩形信号及其 DFS

解　此离散周期矩形信号的周期为 $N_1=15$，其傅里叶级数的系数为

$$X_d(k)=\sum_{n=0}^{14}x_d(n)\mathrm{e}^{-\mathrm{j}\frac{2\pi}{15}kn},\quad k=0,\pm1\pm2,\cdots. \tag{7.28}$$

由此计算 $X_d(k)$ 的一个周期的值为

$$X_d(0)=5.00;\quad X_d(1)=4.17;\quad X_d(2)=2.13;$$
$$X_d(3)=0.00;\quad X_d(4)=-1.17;\quad X_d(5)=-1.00;$$
$$X_d(6)=0.00;\quad X_d(7)=0.87;\quad X_{dp}(8)=0.87;$$
$$X_d(9)=0.00;\quad X_d(10)=-1.00;\quad X_d(11)=-1.17;$$
$$X_d(12)=0.00;\quad X_d(13)=2.13;\quad X_d(14)=4.17.$$

因为 $x_d(n)$ 是偶序列，所以 $X_d(k)$ 是实序列，图 7-2 示出了 $X_d(k)$ 的波形，其波形包络的形状接近于抽样信号的周期延拓.

根据离散傅里叶级数逆变换，有

$$\begin{aligned}x_d(n)&=\mathrm{IDFS}[X_d(k)]\\&=\frac{1}{N_1}\sum_{k=0}^{N_1-1}X_d(k)\mathrm{e}^{\mathrm{j}\theta_1kn}\\&=\frac{1}{15}(5+4.17\mathrm{e}^{\mathrm{j}\frac{2\pi}{15}n}+2.13\mathrm{e}^{\mathrm{j}\frac{4\pi}{15}2n}-1.17\mathrm{e}^{\mathrm{j}\frac{8\pi}{15}n}-\mathrm{e}^{\mathrm{j}\frac{10\pi}{15}n}+0.87\mathrm{e}^{\mathrm{j}\frac{14\pi}{15}n}\\&\quad+0.87\mathrm{e}^{\mathrm{j}\frac{16\pi}{15}n}-\mathrm{e}^{\mathrm{j}\frac{20\pi}{15}n}-1.17\mathrm{e}^{\mathrm{j}\frac{22\pi}{15}n}+2.13\mathrm{e}^{\mathrm{j}\frac{26\pi}{15}n}+4.17\mathrm{e}^{\mathrm{j}\frac{28\pi}{15}n})\\&=\frac{2}{15}\left(2.5+4.17\cos\frac{2\pi}{15}n+2.13\cos\frac{4\pi}{15}n-1.17\cos\frac{8\pi}{15}n-\cos\frac{2\pi}{3}n+0.87\cos\frac{14\pi}{15}n\right).\end{aligned} \tag{7.29}$$

离散周期信号的傅里叶级数有以下的特点：

(1) 时域周期，频域离散. 离散周期信号的傅里叶级数 $X_d(k)$ 是离散的，这一特点与连续周期信号的傅里叶级数相同,其原因在于,离散周期信号各频率分量的周期之比也必须为有理数.

(2) 时域离散,频域周期.离散周期信号傅里叶级数的频谱函数 $X_d(k)$是 k 的周期函数,周期也为 N_1.如前所述,离散复指数序列 $e^{j\theta_1 kn}$随 k 周期变化,因此 $x_d(n)$在 $e^{j\theta_1 kn}$上的投影也随 k 周期变化.

(3) $X_d(k)$是周期的,有无穷个元素,$k=0,\pm1,\pm2,\cdots$,但其中只有 N_1 个元素满足正交性分解.因此,在离散傅里叶级数逆变换的求和式中,只能包含 N_1 个满足正交分解的元素,通常取 $k=0,1,2,\cdots,N_1-1$.

(4) 离散周期信号的傅里叶级数可表示为

$$X_d(k)=\sum_{n=0}^{N_1-1}x_d(n)e^{-j\theta_1 kn}=\sum_{n=0}^{N_1-1}x_d(n)\cos\theta_1 kn-j\sum_{n=0}^{N_1-1}x_d(n)\sin\theta_1 kn, \tag{7.30}$$

它包含了求 $x_d(n)$在余弦序列上的投影和在正弦序列上的投影,并分别作为 $X_d(k)$的实部和虚部.一般情况下,$X_d(k)$是一个复序列,可表示为 $X_d(k)=|X_d(k)|e^{j\phi_d(k)}$,$|X_d(k)|$表示第 k 个频率分量的幅值,$\phi_d(k)$表示第 k 个频率分量的初始相位.当 $x_d(n)$是一个偶序列时,$X_d(k)$是一个实序列;当 $x_d(n)$是一个奇序列时,$X_d(k)$是一个纯虚序列.

(5) 离散周期信号傅里叶级数得到的是信号的幅值谱,$|X_d(k)|$—k 关系为幅频特性,$\phi_d(k)$—k 关系为相频特性.

7.2 离散和连续周期信号傅里叶级数的关系

要分析一个连续周期信号的频谱特性,可先对它抽样,得到一个离散周期序列,然后通过离散周期信号傅里叶级数的计算,获得连续周期信号的频谱特性.那么,这个离散周期信号的傅里叶级数和这个被抽样的连续周期信号的傅里叶级数是什么关系呢?为区别起见,下文中以下标 a 表示连续信号,下标 d 表示离散信号,下标 g 表示傅里叶级数,下标 s 表示脉冲抽样信号.

7.2.1 离散周期信号傅里叶级数和连续周期信号傅里叶级数

设有连续周期信号 $x_a(t)$,波形如图 7-3(a)所示,其傅里叶级数为

$$X_{ag}(k\omega_1)=\frac{1}{T_1}\int_{T_1}x_a(t)e^{-jk\omega_1 t}dt,\quad k=0,\pm1,\pm2,\cdots, \tag{7.31}$$

其中 T_1 为基波周期，$\omega_1=\dfrac{2\pi}{T_1}$为基波角频率，$k$ 为频率元素的序号．设$|X_{ag}(k\omega_1)|$的波形如图 7-3(b)所示．设 $x_a(t)$频率有限，$X_{ag}(k\omega_1)$的最高频率分量为 $K\omega_1$，K 为最高次谐波的次数．

根据连续周期信号傅里叶变换和傅里叶级数的关系，$x_a(t)$的傅里叶变换为

$$X_a(\omega)=2\pi\sum_{k=-\infty}^{\infty}X_{ag}(k\omega_1)\delta(\omega-k\omega_1).\tag{7.32}$$

$|X_a(\omega)|$的波形如图 7-3(c)所示．

现在对 $x_a(t)$进行等间隔的数值抽样，一个 T_1 周期抽样整数 N_1 个点，则抽样间隔为 $T_s=\dfrac{T_1}{N_1}$．T_1 和 T_s 之比为整数时，称为完整周期抽样．抽样所得的离散序列为

$$x_d(n)=x_a(nT_s),\tag{7.33}$$

波形如图 7-3(d)所示．

$x_d(n)$的离散傅里叶级数为

$$X_{dg}(k)=\mathrm{DFS}[x_d(n)]=\sum_{n=0}^{N_1-1}x_d(n)\mathrm{e}^{-\mathrm{j}\theta_1 kn},\quad k=0,\pm1,\pm2,\cdots.\tag{7.34}$$

$|X_{dg}(k)|$的波形如图 7-3(e)所示．

现在的问题是，由 $x_d(n)$的离散傅里叶级数 $X_{dg}(k)$是否可以得到 $x_a(t)$的连续傅里叶级数 $X_{ag}(k\omega_1)$．为了推导 $X_{dg}(k)$和 $X_{ag}(k\omega_1)$的关系，需要借助对 $x_a(t)$的冲激抽样．构造一个冲激序列

$$\delta_{ap}(t)=\sum_{n=-\infty}^{\infty}\delta_a(t-nT_s),\tag{7.35}$$

其脉冲强度为 1，脉冲间隔为 T_s，波形如图 7-3(f)所示．$\delta_{ap}(t)$的傅里叶变换也是一个冲激序列，有

$$\Delta_{ap}(\omega)=\omega_s\sum_{m=-\infty}^{\infty}\delta_a(\omega-m\omega_s),\tag{7.36}$$

其脉冲强度为 ω_s，脉冲间隔也为 ω_s，波形如图 7-3(g)所示．

用冲激序列 $\delta_{ap}(t)$对 $x_a(t)$进行抽样，得到冲激脉冲抽样信号

$$\begin{aligned}x_{as}(t)&=x_a(t)\delta_{ap}(t)\\&=\sum_{n=-\infty}^{\infty}x_a(nT_s)\delta_a(t-nT_s)\\&=\sum_{n=-\infty}^{\infty}x_d(n)\delta_a(t-nT_s).\end{aligned}\tag{7.37}$$

$x_{as}(t)$是周期信号，波形如图 7-3(h)所示．根据连续周期信号傅里叶级数的定义，可求得 $x_{as}(t)$的傅里叶级数为

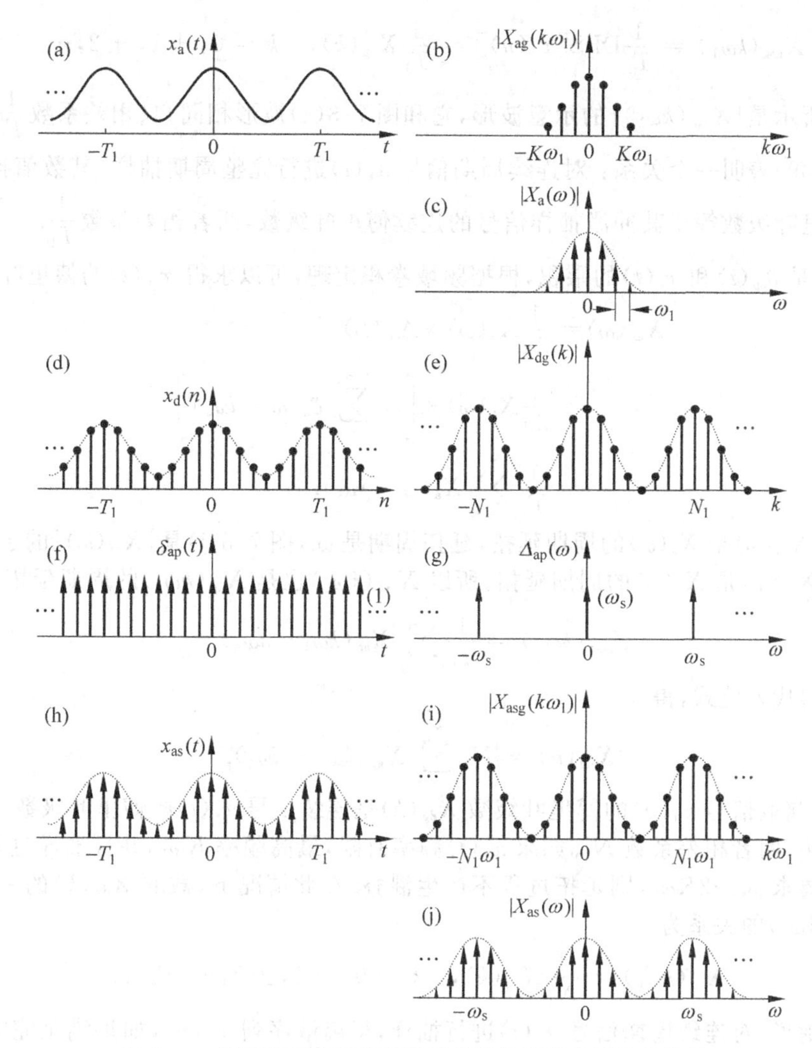

图 7-3　连续周期信号和离散周期信号傅里叶级数的关系

$$
\begin{aligned}
X_{asg}(k\omega_1) &= \frac{1}{T_1}\int_{T_1} x_{as}(t)e^{-jk\omega_1 t}dt \\
&= \frac{1}{T_1}\int_{T_1}\sum_{n=0}^{N_1-1} x_d(n)\delta_a(t-nT_s)e^{-jk\omega_1 t}dt \\
&= \frac{1}{T_1}\sum_{n=0}^{N_1-1} x_d(n)e^{-j\frac{2\pi}{N_1}kn}, \quad k=0,\pm 1,\pm 2,\cdots.
\end{aligned}
\tag{7.38}
$$

此等式右边即为离散傅里叶级数(只相差一个系数),有

$$X_{\mathrm{asg}}(k\omega_1)=\frac{1}{T_1}\mathrm{DFS}[x_{\mathrm{d}}(n)]=\frac{1}{T_1}X_{\mathrm{dg}}(k),\quad k=0,\pm1,\pm2,\cdots. \tag{7.39}$$

图 7-3(i)所示是$|X_{\mathrm{asg}}(k\omega_1)|$的示意波形，它和图 7-3(e)波形相同，只相差系数$\frac{1}{T_1}$.

式(7.39)表明一个关系：对连续周期信号 $x_{\mathrm{a}}(t)$进行完整周期抽样，其数值抽样信号的离散傅里叶级数等于其冲激抽样信号的连续傅里叶级数，两者相差系数$\frac{1}{T_1}$.

$x_{\mathrm{as}}(t)$是 $\delta_{\mathrm{ap}}(t)$和 $x_{\mathrm{a}}(t)$的乘积，根据频域卷积定理，可以求得 $x_{\mathrm{as}}(t)$的傅里叶变换，有

$$\begin{aligned}X_{\mathrm{as}}(\omega)&=\frac{1}{2\pi}X_{\mathrm{a}}(\omega)*\Delta_{\mathrm{ap}}(\omega)\\&=\frac{1}{2\pi}X_{\mathrm{a}}(\omega)*\left[\omega_{\mathrm{s}}\sum_{i=-\infty}^{\infty}\delta_{\mathrm{a}}(\omega-i\omega_{\mathrm{s}})\right]\\&=\frac{1}{T_{\mathrm{s}}}\sum_{i=-\infty}^{\infty}X_{\mathrm{a}}(\omega-i\omega_{\mathrm{s}}).\end{aligned} \tag{7.40}$$

此式表明，$X_{\mathrm{as}}(\omega)$是 $X_{\mathrm{a}}(\omega)$的周期延拓，延拓周期是 ω_{s}，图 7-3(j)是$|X_{\mathrm{as}}(\omega)|$的示意波形.

因为 $X_{\mathrm{as}}(\omega)$是 $X_{\mathrm{a}}(\omega)$的周期延拓，所以 $X_{\mathrm{asg}}(k\omega_1)$也是 $X_{\mathrm{ag}}(k\omega_1)$的周期延拓，有

$$X_{\mathrm{asg}}(k\omega_1)=\frac{1}{T_{\mathrm{s}}}\sum_{i=-\infty}^{\infty}X_{\mathrm{ag}}(k\omega_1-i\omega_{\mathrm{s}}). \tag{7.41}$$

将式(7.39)代入此式，得

$$X_{\mathrm{dg}}(k)=N_1\sum_{i=-\infty}^{\infty}X_{\mathrm{ag}}(k\omega_1-i\omega_{\mathrm{s}}). \tag{7.42}$$

此式显示，离散信号 $x_{\mathrm{d}}(n)$的傅里叶级数 $X_{\mathrm{dg}}(k)$是连续信号 $x_{\mathrm{a}}(t)$的傅里叶级数 $X_{\mathrm{ag}}(k\omega_1)$的周期延拓，两者相差系数 N_1. 如果 $x_{\mathrm{a}}(t)$频率有限，最高频率 $K\omega_1$，并且抽样过程满足抽样定理的要求 $\omega_{\mathrm{s}}>2K\omega_1$，则延拓过程不产生混叠. 在此情况下，截取 $X_{\mathrm{dg}}(k)$的一个周期，它和 $X_{\mathrm{ag}}(k\omega_1)$的关系为

$$X_{\mathrm{ag}}(k\omega_1)=\frac{1}{N_1}X_{\mathrm{dg}}(k),\quad k=0,\pm1,\pm2,\cdots,\pm K. \tag{7.43}$$

概括地说，对连续周期信号 $x_{\mathrm{a}}(t)$进行抽样，得离散序列 $x_{\mathrm{d}}(n)$，如果满足完整周期抽样，一个周期抽样整数 N_1 个点，并且满足抽样定理，则连续信号 $x_{\mathrm{a}}(t)$的傅里叶级数 $X_{\mathrm{ag}}(k\omega_1)$可由 $x_{\mathrm{d}}(n)$的离散傅里叶级数 $X_{\mathrm{dg}}(k)$准确表示. $X_{\mathrm{dg}}(k)$是一个周期序列，周期也为 N_1，截取 $X_{\mathrm{dg}}(k)$一个周期的 N_1 个值，它们与 $X_{\mathrm{ag}}(k\omega_1)$相差系数$\frac{1}{N_1}$.

7.2.2 误差分析

在以上的推导中，设定了两个条件：(1)对周期信号 $x_{\mathrm{a}}(t)$的抽样满足完整周期抽样，即$\frac{T_1}{T_{\mathrm{s}}}=N_1$ 为整数；(2)$x_{\mathrm{a}}(t)$频率有限，对 $x_{\mathrm{a}}(t)$的抽样满足抽样定理. 如果不满足这两个

条件,则用 $X_{dg}(k)$表示 $X_{ag}(k\omega_1)$会出现两种形式的误差,式(7.43)的结果将是近似的.

1. 泄漏误差

已知连续周期信号 $x_a(t)$,周期为 T_1,对 $x_a(t)$进行抽样,抽样间隔为 T_s,得离散序列 $x_d(n)$.现在首先假设抽样满足抽样定理,分析 T_s 和 T_1 的关系对傅里叶级数误差的影响.

如果在连续信号一个周期 T_1 时间内正好抽样整数 N_1 个点,即 $N_1T_s=T_1$,则是完整周期抽样.在完整周期抽样情况下,抽样结果 $x_d(n)$仍为周期序列,周期为 N_1.基于$x_d(n)$一个周期的 N_1 个点计算离散傅里叶级数 $X_{dg}(k)$,由 $X_{dg}(k)$可以准确得到 $x_a(t)$的傅里叶级数 $X_{ag}(k\omega_1)$.

如果在连续信号 M 个周期时间内抽样整数 N_1 个点,即 $N_1T_s=MT_1$,则也是完整周期抽样.在此情况下,抽样结果 $x_d(n)$仍为周期序列,周期为 N_1,但 $x_d(n)$的一个周期对应于 $x_a(t)$的 M 个周期.基于 $x_d(n)$一个周期的 N_1 个点计算离散傅里叶级数 $X_{dg}(k)$,由 $X_{dg}(k)$也可以准确得到 $x_a(t)$的傅里叶级数 $X_{ag}(k\omega_1)$,$X_{dg}(k)$的第 kM 个分量对应于 $X_{ag}(k\omega_1)$的第 k 个分量.

如果上面的两种情况都不满足,即没有 $N_1T_s=T_1$ 或 $N_1T_s=MT_1$,则为不完整周期抽样.在不完整周期抽样的情况下,$x_d(n)$不再是周期序列,也不存在傅里叶级数.如果取 $x_d(n)$近似周期的 N_1 个点计算傅里叶级数,则产生误差,由 $X_{dg}(k)$不再可以准确得到 $x_a(t)$的傅里叶级数 $X_{ag}(k\omega_1)$,此误差称为泄漏误差.

离散傅里叶级数的计算基于离散周期序列一个周期的 N_1 个样值点,将这 N_1 个样值点周期延拓,则回到这个周期序列.然而,如果有 N_1 个样值点,它们不是来自完整周期抽样,那么这 N_1 个样值点周期延拓所得的周期序列将不能准确表示原信号 $x_a(t)$.图 7-4 所示是对连续正弦信号进行非完整周期抽样的两种情况,分别是 $N_1T_s<T_1$ 和 $N_1T_s>T_1$.把 N_1 个样值点周期延拓,得到的不是准确的正弦序列.因此,基于这 N_1 个样值点进行离散傅里叶级数计算,得到的也不是准确的正弦信号的频谱.

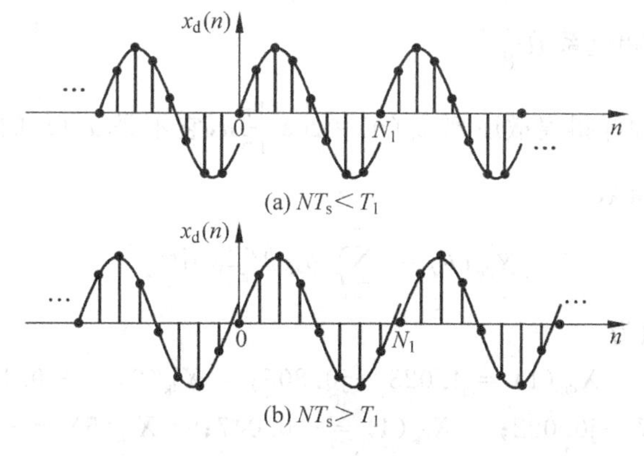

图 7-4 正弦信号非完整周期抽样序列的周期延拓

也可以从连续信号开窗的角度理解泄漏误差.取连续周期信号 $x_a(t)$ 的 N_1 个样值点,相当于给 $x_a(t)$ 乘以一个宽度为 N_1T_s 的窗函数.如果 $N_1T_s=T_1$,则正好截取 $x_a(t)$ 的一个完整周期,把此截取信号周期延拓,能够准确还原原来的周期信号 $x_a(t)$.相反,如果 $N_1T_s\neq T_1$,则截取的不是 $x_a(t)$ 的一个完整周期,把此截取信号周期延拓,则不能准确还原原来的周期信号 $x_a(t)$.

例 7.2 已知连续余弦信号 $x_a(t)=\cos 2\pi t$,周期 $T_1=1$.分别以抽样间隔 $T_s=\dfrac{T_1}{8}$ 和 $T_s=\dfrac{T_1}{7.5}$ 对其抽样,取 $N_1=8$,计算离散傅里叶级数,比较计算结果和原来连续信号频谱的差别.

解 已知 $x_a(t)$ 的傅里叶级数

$$X_{ag}(k\omega_1)=\begin{cases}0.5, & k=\pm 1\\ 0, & k\neq\pm 1,\end{cases}\quad k=\text{整数}. \tag{7.44}$$

当 $T_s=\dfrac{T_1}{8}$ 时,抽样得离散序列 $x_d(n)=\cos\dfrac{\pi}{4}n$,此时为完整周期抽样.计算离散傅里叶级数

$$X_{dg}(k)=\sum_{n=0}^{7}\cos\frac{\pi n}{4}\mathrm{e}^{-\mathrm{j}\frac{\pi}{4}kn}, \tag{7.45}$$

其一个周期的函数值为

$X_{dg}(0)=0$; $X_{dg}(1)=4$; $X_{dg}(2)=0$; $X_{dg}(3)=0$;

$X_{dg}(4)=0$; $X_{dg}(5)=0$; $X_{dg}(6)=0$; $X_{dg}(7)=4$.

图 7-5(a)所示是 $|X_{dg}(k)|$ 的波形.$X_{dg}(k)$ 是周期序列,其中相互正交的 8 个元素表示了连续信号 $x_a(t)$ 的频谱 $X_{ag}(k\omega_1)$.这 8 个元素可选择为 $k=-3,-2,-1,0,1,2,3,4$,也可以选择为 $k=0,1,2,3,4,5,6,7$.计算结果显示,$X_{dg}(k)$ 有基波分量,其余分量都为零,这和 $X_{ag}(k\omega_1)$ 一致$\left(\text{只相差系数}\dfrac{1}{8}\right)$.

当 $T_s=\dfrac{T_1}{7.5}$ 时,抽样得离散序列 $x_d(n)=\cos\dfrac{4\pi}{15}n$,它不是 $x_a(t)$ 的一个周期的完整抽样.计算离散傅里叶级数

$$X_{dg}(k)=\sum_{n=0}^{7}\cos\frac{4\pi n}{15}\mathrm{e}^{-\mathrm{j}\frac{\pi}{4}kn}, \tag{7.46}$$

其一个周期的函数值为

$X_{dg}(0)=0.500$; $X_{dg}(1)=4.023+\mathrm{j}0.805$; $X_{dg}(2)=-0.183-\mathrm{j}0.065$;

$X_{dg}(3)=-0.067-\mathrm{j}0.022$; $X_{dg}(4)=-0.047$; $X_{dg}(5)=-0.067+\mathrm{j}0.022$;

$X_{dg}(6)=-0.183+\mathrm{j}0.065$; $X_{dg}(7)=4.023-\mathrm{j}0.805$.

图 7-5(b)所示是$|X_{dg}(k)|$的波形.计算结果显示,$X_{dg}(k)$不再和$X_{ag}(k\omega_1)$准确一致.从频谱图上看,像是一个频率分量的频谱泄漏到了其他频率分量上,因此称为泄漏误差.

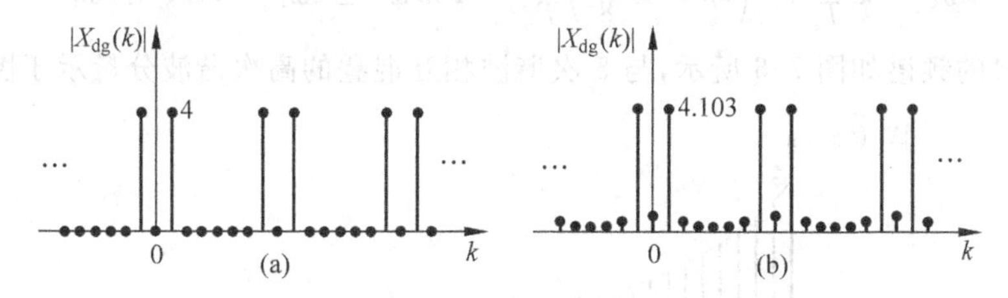

图 7-5　余弦信号完整和非完整周期抽样后的离散傅里叶级数

2. 混叠误差

在图 7-3 中,如果$x_a(t)$频率无限,则无论如何提高抽样频率,都不能避免频谱混叠;如果$x_a(t)$频率有限,但抽样频率不满足抽样定理,则也出现频谱混叠.在存在频谱混叠的情况下,抽样信号的离散傅里叶级数不再能准确表示原来连续信号的傅里叶级数,由此产生的误差称为混叠误差.在信号频率无限的情况下,混叠误差不可避免,但通过提高抽样频率可以减小误差.在信号频率有限的情况下,只要满足抽样定理,混叠误差可以完全避免.

混叠误差的本质在于,如果对信号中高频分量的抽样不满足抽样定理,其抽样结果将表现为一低频序列,它和信号中原有低频分量的抽样结果混为一起,造成低频分量频谱的误差.换句话说,在存在混叠的情况下,连续信号中的不同频率分量会混为离散信号的同一个频率分量,离散信号的一个频率分量可能代表了连续信号的不同频率分量.

在信号抽样时,需要首先确定连续信号中的最高频率分量,由此确定信号抽样频率,通常取为最高频率的 5 倍以上.为了避免连续信号中无用的高频分量所造成的混叠误差,在信号抽样前通常先进行低通滤波,滤除无用的高频分量.

例 7.3　对周期为T_1的频率无限的连续周期信号$x_a(t)$进行抽样,有$T_s=\frac{T_1}{16}$,$N_1=16$.计算抽样序列的离散傅里叶级数,得到$X_{dg}(k)$.试问计算结果中$x_a(t)$的 5 次谐波会和它的哪些更高次谐波相混叠.

解　$X_{dg}(5)$和$X_{dg}(-5)$表示$x_a(t)$的 5 次谐波分量.与它们产生混叠的所有频率分量包括

$$k=16m\pm 5,\quad m\text{ 为整数}. \tag{7.47}$$

对应的离散角频率为

$$k\theta_1=(16m\pm 5)\frac{2\pi}{16}=2m\pi\pm\frac{5\pi}{8}, \tag{7.48}$$

对应的连续角频率为

$$k\omega_1 = k\frac{\theta_1}{T_s} = \left(2m\pi \pm \frac{5\pi}{8}\right)\frac{16}{T_1} = 16m\omega_1 \pm 5\omega_1 = m\omega_s \pm 5\omega_1. \tag{7.49}$$

设 $x_a(t)$ 的频谱如图 7-6 所示，与 5 次谐波相互混叠的高次谐波分量示于图上.

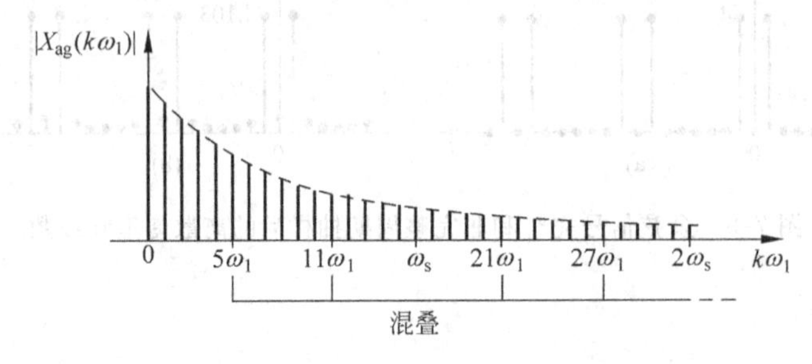

图 7-6　在 $T_s = T_1/16$ 情况下 5 次谐波混叠情况

习题

7.1　对连续周期信号抽样获得离散周期信号，说明连续信号周期 T_1、连续信号角频率 ω_1、离散信号周期 N_1、离散信号角频率 θ_1、抽样间隔 T_s、抽样角频率 ω_s 等参数之间的关系，说明离散周期信号频谱和连续周期信号频谱的关系.

7.2　已知一连续周期信号，最高频率为 20kHz，欲通过抽样和离散傅里叶级数计算此信号频谱. 现在所关心的信号的最高频率分量是 16kHz，为了使得对此频率分量的频谱计算不存在混叠误差，试问抽样频率 f_s 最小必须选择多少.

7.3　以 $T_s = 0.1$s 的抽样间隔对连续周期信号 $f_a(t)$ 进行抽样，得到离散序列 $f_d(n) = A\cos(0.25\pi n)$，试问 $f_a(t)$ 可能包含哪些频率的分量.

7.4　已知连续周期信号 $f_a(t) = \cos\frac{2\pi}{T_1}t$，以 $T_s = \frac{2T_1}{21}$ 的抽样间隔对 $f_a(t)$ 进行抽样，取 $N_1 = 21$，请画出抽样序列离散傅里叶级数的频谱波形.

第8章　离散非周期信号的离散时间傅里叶变换

离散非周期信号的离散时间傅里叶变换(DTFT)是把一个离散非周期信号分解为离散三角信号或离散复指数信号的叠加.离散非周期信号的离散时间傅里叶变换和连续非周期信号的傅里叶变换具有对应关系,得到信号的频谱密度函数.

8.1　离散时间傅里叶变换

8.1.1　离散时间傅里叶变换的概念

在连续信号分析中,通过无穷时间区间上的信号正交分解,得到连续非周期信号的傅里叶变换,它是连续信号的密度频谱.类似地,在离散信号分析中,通过无穷离散时间区间上的信号正交分解,可以得到离散非周期信号的离散时间傅里叶变换,它也是信号的密度频谱.

根据离散信号正交分解的概念,如果离散信号 $x_{\mathrm{d}}(n)$ 在离散区间 $n_0 \leqslant n \leqslant n_0 + N_1 - 1$ 上绝对可和,则在此区间上可表示为正交离散复指数函数集各元素的线性组合,即

$$x_{\mathrm{d}}(n) = \sum_{k=0}^{N_1-1} X_{\mathrm{d}}(k) \mathrm{e}^{\mathrm{j}\frac{2\pi}{N_1}kn} = \sum_{k=0}^{N_1-1} X_{\mathrm{d}}(k) \mathrm{e}^{\mathrm{j}\theta_1 kn}, \quad n_0 \leqslant n \leqslant n_0 + N_1 - 1, \tag{8.1}$$

其中

$$\theta_1 = \frac{2\pi}{N_1}, \tag{8.2}$$

$$X_{\mathrm{d}}(k) = \frac{\langle x_{\mathrm{d}}(n), \mathrm{e}^{\mathrm{j}\theta_1 kn} \rangle}{\langle \mathrm{e}^{\mathrm{j}\theta_1 kn}, \mathrm{e}^{\mathrm{j}\theta_1 kn} \rangle} = \frac{1}{N_1} \sum_{n=n_0}^{n_0+N_1-1} x_{\mathrm{d}}(n) \mathrm{e}^{-\mathrm{j}\theta_1 kn}. \tag{8.3}$$

如果 $x_{\mathrm{d}}(n)$ 在无穷离散区间 $-\infty < n < \infty$ 有定义,且绝对可和,则可在无穷区间上进行正交分解.在式(8.3)中,取 $n_0 \to -\infty$, $n_0 + N_1 - 1 \to \infty$,则有

$$N_1 \to \infty, \quad \theta_1 \to 0. \tag{8.4}$$

因为 $x_{\mathrm{d}}(n)$ 在无穷离散区间 $-\infty < n < \infty$ 绝对可和,所以式(8.3)中的求和项收敛,有

$$\lim_{\substack{n_0 \to -\infty \\ n_0+N_1-1 \to \infty}} \sum_{n=n_0}^{n_0+N_1-1} x_{\mathrm{d}}(n) \mathrm{e}^{-\mathrm{j}\theta_1 kn} = \text{有限值}. \tag{8.5}$$

此时有

$$X_{\mathrm{d}}(k)\to 0.\tag{8.6}$$

这一结果显示，在无穷区间上对在此区间绝对可和的信号 $x_{\mathrm{d}}(n)$进行正交分解，每个分量的幅值$|X_{\mathrm{d}}(k)|$都是无穷小，相邻两个频率分量的频率间隔 θ_1 也是无穷小，即信号频谱趋于一条连续的、和零线重合的曲线. 为了描述离散非周期信号的频谱，同样引入频谱密度的概念. 离散非周期信号的频谱密度定义为每一频率分量与其所占频带宽度的比：

$$\frac{2\pi X_{\mathrm{d}}(k)}{\theta_1}=\sum_{n=n_0}^{n_0+N_1-1}x_{\mathrm{d}}(n)\mathrm{e}^{-\mathrm{j}\theta_1 kn}.\tag{8.7}$$

当 $n_0\to-\infty, n_0+N_1-1\to\infty$时，有 $k\theta_1\to\theta,\theta_1\to\mathrm{d}\theta$，定义离散非周期信号的频谱密度函数为

$$X_{\mathrm{d}}(\mathrm{e}^{\mathrm{j}\theta})=\lim_{n_0\to-\infty,n_0+N_1-1\to\infty}\frac{2\pi X_{\mathrm{d}}(k)}{\theta_1}=\sum_{n=-\infty}^{\infty}x_{\mathrm{d}}(n)\mathrm{e}^{-\mathrm{j}\theta n}.\tag{8.8}$$

同样，对式(8.1)取极限，有

$$\begin{aligned}x_{\mathrm{d}}(n)&=\lim_{N_1\to\infty}\sum_{k=0}^{N_1-1}X_{\mathrm{d}}(k)\mathrm{e}^{\mathrm{j}\theta_1 kn}\\&=\lim_{N_1\to\infty}\frac{1}{2\pi}\sum_{k=0}^{N_1-1}\frac{2\pi X_{\mathrm{d}}(k)}{\theta_1}\mathrm{e}^{\mathrm{j}\theta_1 kn}\theta_1.\end{aligned}\tag{8.9}$$

因为 $\theta=k\theta_1=\frac{2\pi k}{N_1}$，当 $k=0$ 时，$\theta=0$；当 $k=N_1-1\to\infty$时，$\theta\to 2\pi$，因此有

$$x_{\mathrm{d}}(n)=\frac{1}{2\pi}\int_0^{2\pi}X_{\mathrm{d}}(\mathrm{e}^{\mathrm{j}\theta})\mathrm{e}^{\mathrm{j}\theta n}\mathrm{d}\theta.\tag{8.10}$$

上式中的被积函数是以 2π 为周期的周期函数，因此积分区间可以是任意 2π 长度的区间.

由此定义离散非周期信号 $x_{\mathrm{d}}(n)$的离散时间傅里叶变换，其正变换为

$$X_{\mathrm{d}}(\mathrm{e}^{\mathrm{j}\theta})=\mathrm{DTFT}[x_{\mathrm{d}}(n)]=\sum_{n=-\infty}^{\infty}x_{\mathrm{d}}(n)\mathrm{e}^{-\mathrm{j}\theta n},\tag{8.11}$$

其逆变换为

$$x_{\mathrm{d}}(n)=\mathrm{IDTFT}[X_{\mathrm{d}}(\mathrm{e}^{\mathrm{j}\theta})]=\frac{1}{2\pi}\int_{2\pi}X_{\mathrm{d}}(\mathrm{e}^{\mathrm{j}\theta})\mathrm{e}^{\mathrm{j}\theta n}\mathrm{d}\theta.\tag{8.12}$$

例 8.1 求图 8-1 所示离散非周期矩形信号的离散时间傅里叶变换.

解 $$X_{\mathrm{d}}(\mathrm{e}^{\mathrm{j}\theta})=\sum_{n=-\infty}^{\infty}x_{\mathrm{d}}(n)\mathrm{e}^{-\mathrm{j}\theta n}=\sum_{n=-2}^{2}\mathrm{e}^{-\mathrm{j}\theta n}=1+2\cos\theta+2\cos 2\theta,\tag{8.13}$$

此结果的波形也示于图 8-1.

对离散时间傅里叶变换的特点可讨论如下：

(1) 离散时间傅里叶变换具有连续的频谱密度函数. 离散非周期信号 $x_{\mathrm{d}}(n)$可分解为无穷多个离散复指数信号的叠加，各频率分量的角频率 θ 在 2π 长度区间连续分布，各频

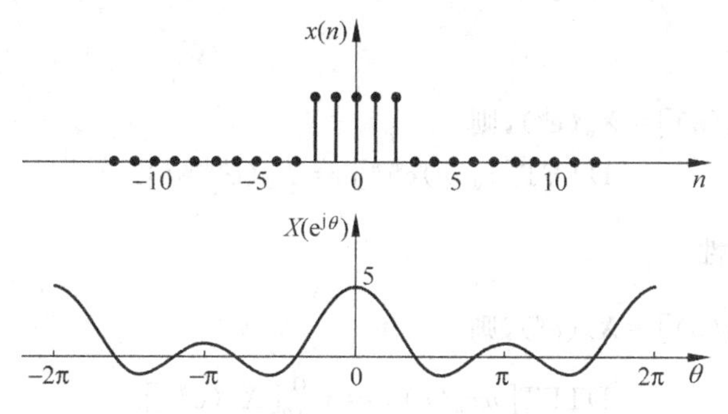

图 8-1 离散非周期矩形信号及其 DTFT

率分量的幅值为无穷小、密度幅值为有限值.

(2) 时域离散,频域重复.离散复指数信号 $e^{j\theta n}$ 以 2π 为周期重复,即 $e^{j(\theta+2m\pi)n}=e^{j\theta n}$,因此 $x_d(n)$在 $e^{j\theta n}$ 上的投影也以 2π 为周期重复,因此离散时间傅里叶变换 $X_d(e^{j\theta})$是周期为 2π 的周期函数.

(3) 虽然 $X_d(e^{j\theta})$是周期的,在无穷区间$(-\infty,\infty)$上有定义,但只有 2π 长度区间内的频率分量是相互正交的.在离散时间傅里叶变换的逆变换中,只取 2π 长度的频率区间进行积分.

(4) 一般情况下,离散时间傅里叶变换是复函数,可表示为 $X_d(e^{j\theta})=|X_d(e^{j\theta})|e^{j\phi_d(\theta)}$,其中$|X_d(e^{j\theta})|$表示 θ 频率分量的密度幅值,$\phi_d(\theta)$表示 θ 频率分量的初始相位.$|X_d(e^{j\theta})|$—θ 关系表示幅频特性,$\phi_d(\theta)$—θ 关系表示相频特性.

(5) 离散非周期信号存在离散时间傅里叶变换的充分条件是它在无穷区间绝对可和,即式 $\sum\limits_{n=-\infty}^{\infty} x_d(n)e^{-j\theta n}$ 收敛.离散周期信号的傅里叶变换不存在.

8.1.2 离散时间傅里叶变换的性质

1. 线性特性

如果 $\text{DTFT}[x_{d1}(n)]=X_{d1}(e^{j\theta})$,$\text{DTFT}[x_{d2}(n)]=X_{d2}(e^{j\theta})$,则

$$\text{DTFT}[ax_{d1}(n)+bx_{d2}(n)]=aX_{d1}(e^{j\theta})+bX_{d2}(e^{j\theta}),\tag{8.14}$$

其中 a,b 为任意常数.

2. 时移特性

如果 $\text{DTFT}[x_d(n)]=X_d(e^{j\theta})$,则

$$\text{DTFT}[x_d(n-n_0)]=X_d(e^{j\theta})e^{-j\theta n_0},\tag{8.15}$$

3. 频移特性

如果 $\text{DTFT}[x_d(n)]=X_d(e^{j\theta})$，则

$$\text{DTFT}[x_d(n)e^{j\theta_0 n}] = X_d(e^{j(\theta-\theta_0)}). \tag{8.16}$$

4. 线性加权特性

如果 $\text{DTFT}[x_d(n)]=X_d(e^{j\theta})$，则

$$\text{DTFT}[nx_d(n)] = j\frac{d}{d\theta}[X_d(e^{j\theta})]. \tag{8.17}$$

5. 反褶特性

如果 $\text{DTFT}[x_d(n)]=X_d(e^{j\theta})$，则

$$\text{DTFT}[x_d(-n)] = X_d(e^{-j\theta}). \tag{8.18}$$

6. 奇偶虚实特性

已知

$$\begin{aligned}\text{DTFT}[x_d(n)] &= X_d(e^{j\theta})\\ &= \sum_{n=-\infty}^{+\infty} x_d(n)\cos\theta n - j\sum_{n=-\infty}^{+\infty} x_d(n)\sin\theta n\\ &= \text{Re}[X_d(e^{j\theta})] + j\text{Im}[X_d(e^{j\theta})]\\ &= |X_d(e^{j\theta})|\, e^{j\phi(\theta)},\end{aligned}$$

如果 $x_d(n)$ 为实序列，则有

$$\text{Re}[X_d(e^{j\theta})] = \text{Re}[X_d(e^{-j\theta})], \tag{8.19}$$

$$\text{Im}[X_d(e^{j\theta})] = -\text{Im}[X_d(e^{-j\theta})], \tag{8.20}$$

$$|X_d(e^{j\theta})| = |X_d(e^{-j\theta})|, \tag{8.21}$$

$$\phi_d(\theta) = -\phi_d(-\theta), \tag{8.22}$$

$$X_d(e^{j\theta}) = X_d^*(e^{-j\theta}). \tag{8.23}$$

即：$|X_d(e^{j\theta})|$ 是偶函数，$\phi_d(\theta)$ 是奇函数；$\text{Re}[X_d(e^{j\theta})]$ 是偶函数，$\text{Im}[X_d(e^{j\theta})]$ 是奇函数.

当 $x_d(n)$ 是实偶序列时，有 $\text{Im}[X_d(e^{j\theta})]=0$，$X_d(e^{j\theta})$ 是一个实函数；当 $x_d(n)$ 是一个实奇序列时，$\text{Re}[X_d(e^{j\theta})]=0$，$X_d(e^{j\theta})$ 是一个纯虚函数.

7. 时域卷积特性

如果 $\text{DTFT}[x_d(n)]=X_d(e^{j\theta})$，$\text{DTFT}[h_d(n)]=H_d(e^{j\theta})$，则

$$\text{DTFT}[x_d(n) * h_d(n)] = X_d(e^{j\theta})H_d(e^{j\theta}). \tag{8.24}$$

8. 频域卷积特性

如果 $\mathrm{DTFT}[x_d(n)]=X_d(\mathrm{e}^{\mathrm{j}\theta})$，$\mathrm{DTFT}[h_d(n)]=H_d(\mathrm{e}^{\mathrm{j}\theta})$，则

$$\mathrm{DTFT}[x_d(n)h_d(n)]=\frac{1}{2\pi}[X_d(\mathrm{e}^{\mathrm{j}\theta})*H_d(\mathrm{e}^{\mathrm{j}\theta})]. \tag{8.25}$$

9. 帕塞瓦尔定理

如果 $\mathrm{DTFT}[x_d(n)]=X_d(\mathrm{e}^{\mathrm{j}\theta})$，则

$$\sum_{n=-\infty}^{\infty}|x_d(n)|^2=\frac{1}{2\pi}\int_{-\pi}^{\pi}|X_d(\mathrm{e}^{\mathrm{j}\theta})|^2\mathrm{d}\theta. \tag{8.26}$$

8.2　离散时间傅里叶变换和其他变换的关系

8.2.1　离散时间傅里叶变换和连续非周期信号傅里叶变换的关系

设有连续非周期信号 $x_a(t)$，波形如图 8-2(a)所示. $x_a(t)$的傅里叶变换为 $X_a(\omega)$，波形如图 8-2(b)所示. 如果 $x_a(t)$频率有限，则 $X_a(\omega)$在$|\omega|<\omega_m$ 频率区间取值，ω_m 为最高频率分量的角频率.

对 $x_a(t)$进行等间隔抽样，抽样间隔 T_s，得离散序列 $x_d(n)$，波形如图 8-2(c)所示. $x_d(n)$的离散时间傅里叶变换为 $X_d(\mathrm{e}^{\mathrm{j}\theta})=\mathrm{DTFT}[x_d(n)]$，设其波形如图 8-2(d)所示.

现在的问题是，$x_d(n)$的离散时间傅里叶变换 $X_d(\mathrm{e}^{\mathrm{j}\theta})$和原来连续信号 $x_a(t)$的连续傅里叶变换 $X_a(\omega)$是什么关系？是否可以通过抽样信号的离散时间傅里叶变换得到原来连续信号的傅里叶变换？为了分析 $X_d(\mathrm{e}^{\mathrm{j}\theta})$和 $X_a(\omega)$的关系，需要借助对 $x_a(t)$的冲激抽样. 构造一个冲激序列

$$\delta_{ap}(t)=\sum_{n=-\infty}^{\infty}\delta_a(t-nT_s), \tag{8.27}$$

其脉冲强度为 1，脉冲间隔为 T_s，时域波形如图 8-2(e)所示. $\delta_{ap}(t)$的傅里叶变换为

$$\Delta_{ap}(\omega)=\omega_s\sum_{m=-\infty}^{\infty}\delta_a(\omega-m\omega_s), \tag{8.28}$$

其脉冲强度为 ω_s，脉冲间隔也为 ω_s，频域波形如图 8-2(f)所示.

用冲激序列 $\delta_{ap}(t)$对 $x_a(t)$进行抽样，得到抽样信号

$$\begin{aligned}x_{as}(t)=x_a(t)\delta_{ap}(t)&=\sum_{n=-\infty}^{\infty}x_a(nT_s)\delta_a(t-nT_s)\\&=\sum_{n=-\infty}^{\infty}x_d(n)\delta_a(t-nT_s),\end{aligned} \tag{8.29}$$

其波形如图 8-2(g)所示. 根据连续非周期信号傅里叶变换的定义，$x_{as}(t)$的傅里叶变换为

$$
\begin{aligned}
X_{as}(\omega) &= \int_{-\infty}^{\infty} x_{as}(t)\mathrm{e}^{-\mathrm{j}\omega t}\,\mathrm{d}t \\
&= \int_{-\infty}^{\infty} \sum_{n=-\infty}^{\infty} x_d(n)\delta_a(t-nT_s)\mathrm{e}^{-\mathrm{j}\omega t}\,\mathrm{d}t \\
&= \sum_{n=-\infty}^{\infty} x_d(n)\mathrm{e}^{-\mathrm{j}\omega T_s n}.
\end{aligned} \tag{8.30}
$$

因为 $\omega T_s=\theta$,所以有

$$
\begin{aligned}
X_{as}(\omega) &= \sum_{n=-\infty}^{\infty} x_d(n)\mathrm{e}^{-\mathrm{j}\theta n} \\
&= \mathrm{DTFT}[x_d(n)] \\
&= X_d(\mathrm{e}^{\mathrm{j}\theta}),
\end{aligned} \tag{8.31}
$$

其波形如图 8-2(h)所示.

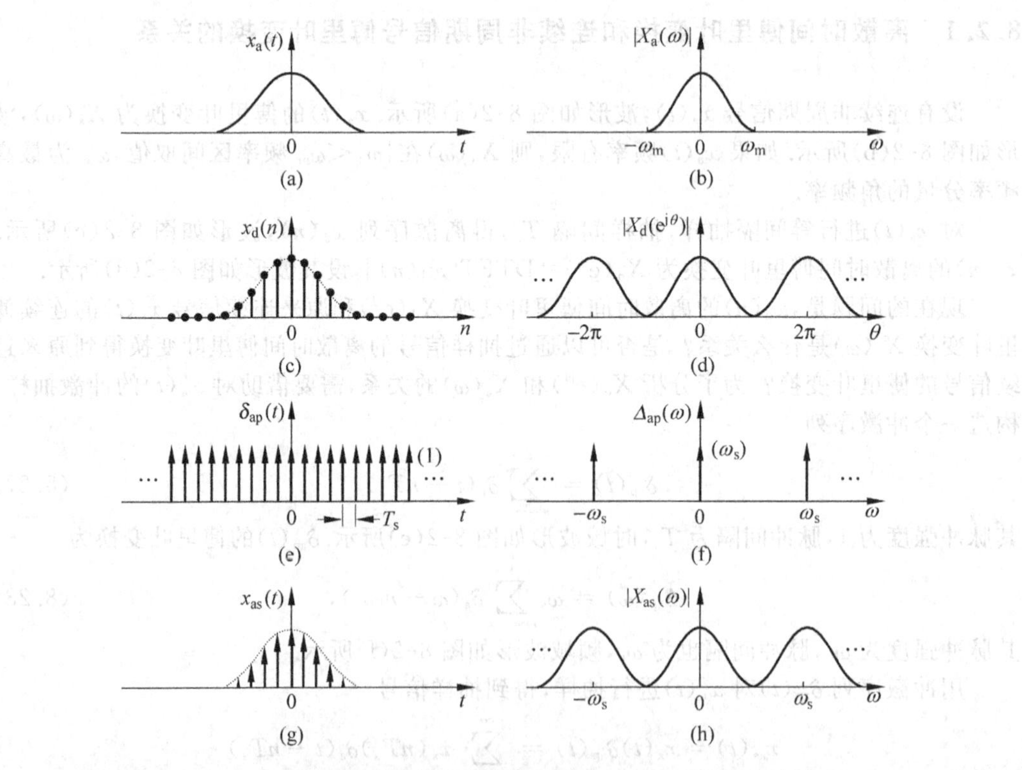

图 8-2　连续非周期信号和离散非周期信号傅里叶变换的关系

式(8.31)表明一个关系：对非周期信号 $x_a(t)$进行抽样，其数值抽样信号的离散时间傅里叶变换等于其冲激抽样信号的连续傅里叶变换.

$x_{as}(t)$是 $x_a(t)$和 $\delta_{ap}(t)$的乘积，根据频域卷积定理，同样可以求得 $x_{as}(t)$的傅里叶变换，有

$$\begin{aligned} X_{as}(\omega) &= \frac{1}{2\pi}X_a(\omega) * \Delta_{ap}(\omega) \\ &= \frac{1}{2\pi}X_a(\omega) * \left[\omega_s \sum_{m=-\infty}^{\infty} \delta_a(\omega - m\omega_s)\right] \\ &= \frac{1}{T_s}\sum_{m=-\infty}^{\infty} X_a(\omega - m\omega_s). \end{aligned} \tag{8.32}$$

此式表明，$X_{as}(\omega)$是 $X_a(\omega)$的周期延拓，延拓周期是 ω_s. 如果 $x_a(t)$频率有限，且抽样过程满足抽样定理，即 $\omega_s \geqslant 2\omega_m$，则延拓过程不产生混叠，$X_{as}(\omega)$中有完整的 $X_a(\omega)$的波形. 在此情况下，截取 $X_{as}(\omega)$的一个周期，它和 $X_a(\omega)$的关系为

$$X_{as}(\omega) = \frac{1}{T_s}X_a(\omega), \quad -\frac{\omega_s}{2} < \omega < \frac{\omega_s}{2}. \tag{8.33}$$

将式(8.31)代入式(8.33)，得

$$X_a(\omega) = T_s X_d(e^{j\theta}), \quad -\frac{\omega_s}{2} < \omega < \frac{\omega_s}{2}. \tag{8.34}$$

此结果即为离散非周期信号离散时间傅里叶变换和连续非周期信号傅里叶变换的关系，它表明，在满足抽样定理的条件下，连续非周期信号 $x_a(t)$的傅里叶变换 $X_a(\omega)$可由$x_d(n)$的离散时间傅里叶变换 $X_d(e^{j\theta})$准确表示. $X_d(e^{j\theta})$是一个周期序列，周期为 2π，截取 $X_d(e^{j\theta})$一个周期，它们与 $X_a(\omega)$相差系数 T_s.

8.2.2　离散时间傅里叶变换和离散傅里叶级数的关系

设离散非周期序列 $x_d(n)$，把 $x_d(n)$周期延拓，延拓周期为 N_1，得延拓周期序列

$$x_{dp}(n) = \sum_{i=-\infty}^{\infty} x_d(n - iN_1). \tag{8.35}$$

对 $x_d(n)$和 $x_{dp}(n)$分别做离散时间傅里叶变换和离散傅里叶级数，有

$$\mathrm{DTFT}[x_d(n)] = \sum_{n=-\infty}^{\infty} x_d(n)e^{-j\theta n}, \tag{8.36}$$

$$\mathrm{DFS}[x_{dp}(n)] = \sum_{n=n_0}^{n_0+N_1-1} x_{dp}(n)e^{-j\theta_1 kn}, \tag{8.37}$$

$$\theta_1 = \frac{2\pi}{N_1}. \tag{8.38}$$

有

$$\mathrm{DFS}[x_{dp}(n)] = \mathrm{DTFT}[x_d(n)]_{\theta=k\theta_1}. \tag{8.39}$$

即,对离散非周期信号进行周期延拓,则延拓周期信号的傅里叶级数 $\mathrm{DFS}[x_{dp}(n)]$ 和原非周期信号的离散时间傅里叶变换 $\mathrm{DTFT}[x_d(n)]$ 之间是抽样关系,抽样间隔为 θ_1.

8.2.3 误差分析

对一个连续非周期信号 $x_a(t)$ 进行抽样,得到离散非周期序列 $x_d(n)$,由离散时间傅里叶变换 $X_d(e^{j\theta})=\mathrm{DTFT}[x_d(n)]$ 求 $x_a(t)$ 的连续傅里叶变换 $X_a(\omega)$,可能存在两种形式的误差,也称为泄漏误差和混叠误差.

1. 泄漏误差

在对 $x_a(t)$ 抽样时,如果存在信号截断,则产生泄漏误差.信号截断有两种情况:其一,$x_a(t)$ 时间无限,但对 $x_a(t)$ 只进行了有限时间区间的抽样;其二,$x_a(t)$ 时间有限,但抽样区间没有完全覆盖 $x_a(t)$ 的非零区间.

信号截断相当于给信号 $x_a(t)$ 加了一个矩形时间窗 $w_a(t)$,所得信号为

$$x_{aw}(t) = x_a(t)w_a(t), \tag{8.40}$$

其傅里叶变换为

$$X_{aw}(\omega) = X_a(\omega) * W_a(\omega). \tag{8.41}$$

显然,如果存在信号截断,实际分析的是 $x_{aw}(t)$ 信号,得到的是 $X_{aw}(\omega)$,而不是 $X_a(\omega)$. $X_{aw}(\omega)$ 是 $X_a(\omega)$ 和 $W_a(\omega)$ 的卷积,卷积的结果是 $X_a(\omega)$ 的频谱向两侧泄漏,所以称为泄漏误差.

2. 混叠误差

对 $x_a(t)$ 抽样时,如果不满足抽样定理,则产生混叠误差.产生混叠误差也有两种情况:其一,$x_a(t)$ 频率无限,无论如何提高抽样频率 ω_s,都不能避免频谱混叠;其二,$x_a(t)$ 频率有限,但抽样频率 ω_s 的选择不满足抽样定理.在存在频谱混叠的情况下,式(8.33)和式(8.34)的关系不能准确成立,由此产生的误差称为混叠误差.

习题

8.1　对连续非周期信号进行抽样获得离散非周期信号，说明离散非周期信号频谱和连续非周期信号频谱的关系.

8.2　已知 $x_{d}(n)=a^{n}u_{d}(n)(|a|<1)$，求 $x_{d}(n)$的离散时间傅里叶变换.

8.3　已知非周期矩形方波信号 $g_{a}(t)=u_{a}\left(t+\frac{T_1}{2}\right)-u_{a}\left(t-\frac{T_1}{2}\right)$，以 $T_{s}=\frac{T_1}{m}$的抽样间隔对 $g_{a}(t)$进行抽样得 $g_{d}(n)$，计算 $G_{d}(e^{j\theta})=\mathrm{DTFT}[g_{d}(n)]$，定性画出 $m=3$，$m=5$ 和 $m=7$ 时 $G_{d}(e^{j\theta})$的波形，并和 $g_{a}(t)$的傅里叶变换波形进行比较.

第9章 Z 变 换

本章学习离散信号的Z变换. Z变换在离散系统分析中的作用相当于拉普拉斯变换在连续系统分析中的作用,在变换原理和应用上两者都很相似.

9.1 Z变换的概念

在离散时间傅里叶变换DTFT中,要求$x_d(n)$在无穷离散区间$-\infty<n<\infty$绝对可和,以保证变换式中的求和收敛. 然而,一些常用的离散序列,如阶跃序列和三角序列等,不满足绝对可和的条件,这些序列的DTFT不存在. 为了克服DTFT在系统分析中存在的限制,引出了Z变换.

9.1.1 Z变换及其收敛域

考察指数函数r^{-n}(n为整数),当$r>1$时,随着$n\to\infty$,其函数值趋于零,因此r^{-n}称为离散信号的衰减因子. 对于一个非绝对可和的信号$x_d(n)$,给它乘以一个衰减因子r^{-n},若能使$x_d(n)r^{-n}$绝对可和,则存在离散时间傅里叶变换

$$X_{db}(e^{j\theta}) = \text{DTFT}[x_d(n)r^{-n}] = \sum_{n=-\infty}^{\infty} x_d(n)r^{-n}e^{-j\theta n}. \tag{9.1}$$

令$re^{j\theta}=z$,有

$$X_d(z) = X_{db}(e^{j\theta}) = \sum_{n=-\infty}^{\infty} x_d(n)z^{-n}. \tag{9.2}$$

同样,根据离散时间傅里叶变换逆变换的定义,有

$$x_d(n)r^{-n} = \text{IDTFT}[X_{db}(e^{j\theta})] = \frac{1}{2\pi}\int_{2\pi} X_{db}(e^{j\theta})e^{j\theta n}d\theta, \tag{9.3}$$

$$x_d(n) = \frac{1}{2\pi}\int_{2\pi} X_{db}(e^{j\theta})r^n e^{j\theta n}d\theta. \tag{9.4}$$

令$re^{j\theta}=z$,则$jre^{j\theta}d\theta=dz$,即$jzd\theta=dz$,此时有

$$x_d(n) = \frac{1}{j2\pi}\oint_C X_d(z)z^{n-1}dz. \tag{9.5}$$

C 是 z 平面上 $X_d(z)$ 收敛域内包含坐标原点的逆时针方向的闭合积分路线. Z 变换的收敛域将在后面介绍.

由此定义离散信号 $x_d(n)$ 的 Z 变换,正变换和逆变换分别为

$$X_d(z) = \mathscr{Z}[x_d(n)] = \sum_{n=-\infty}^{\infty} x_d(n) z^{-n}, \tag{9.6}$$

$$x_d(n) = \mathscr{Z}^{-1}[X_d(z)] = \frac{1}{j2\pi}\oint_C X_d(z) z^{n-1} dz. \tag{9.7}$$

称 $x_d(n)$ 为原函数,称 $X_d(z)$ 为像函数.

在离散信号和系统的分析中,Z 变换定义为双边变换,单边变换是双边变换的特例,这和连续信号的拉普拉斯变换定义为单边变换的情况有所不同. 如果 $x_d(n)$ 是单边(右边)序列,即 $x_d(n)=x_d(n)u_d(n)$,则有单边变换

$$X_d(z) = \mathscr{Z}[x_d(n)] = \sum_{n=0}^{\infty} x_d(n) z^{-n}, \tag{9.8}$$

$$x_d(n) = \mathscr{Z}^{-1}[X_d(z)] = \frac{1}{j2\pi}\oint_C X_d(z) z^{n-1} dz. \tag{9.9}$$

Z 变换把时域离散信号变换到 z 域,$z=re^{j\theta}$ 为复数,r 是模,θ 是辐角,z 的所有取值构成 z 平面. 在 z 平面上,$r=c$(c 为常数)是圆心在原点、半径为 c 的圆; $\theta=c$ 是起点在原点、与实轴夹角为 c 的辐射线. $X_d(z)$ 为复函数,在 z 平面上取值.

显然,衰减因子 r^{-n} 并不总是起衰减作用,当 $r>1$ 时,它在 $n\geqslant 0$ 区间起衰减作用,而在 $n<0$ 区间起发散作用; 当 $0<r<1$ 时,它在 $n<0$ 区间起衰减作用,而在 $n\geqslant 0$ 区间起发散作用. 因此,Z 变换存在收敛域问题,只有当 z 的取值能够使式(9.6)的求和收敛时,$x_d(n)$ 的 Z 变换才存在.

9.1.2　序列形式及其 Z 变换的收敛域

分析 Z 变换的收敛域,可把 $x_d(n)$ 分成两个区间讨论,即

$$x_d(n) = \begin{cases} x_{d1}(n), & n \geqslant 0, \\ x_{d2}(n), & n < 0. \end{cases} \tag{9.10}$$

$x_d(n)$ 的 Z 变换可表示为

$$X_d(z) = \sum_{n=-\infty}^{-1} x_{d2}(n) z^{-n} + \sum_{n=0}^{\infty} x_{d1}(n) z^{-n}, \tag{9.11}$$

此处称前项为 $x_d(n)$ 的左边 Z 变换,称后项为 $x_d(n)$ 的右边 Z 变换.

在区间 $n\geqslant 0$，只要 $n\to\infty$ 时 $x_{d1}(n)$ 不是以高于幂函数的速度发散，则一定存在一个实数 r_1，使得 $r>r_1$ 时序列 $x_{d1}(n)r^{-n}$ 在 $n\geqslant 0$ 区间绝对可和，和式 $\sum\limits_{n=0}^{\infty}x_{d1}(n)z^{-n}$ 收敛，即 $x_d(n)$ 的右边 Z 变换存在. 称 $|z|=r>r_1$ 是 $x_d(n)$ 右边 Z 变换的收敛域. 在 z 平面上，收敛边界 $|z|=r_1$ 是一个半径为 r_1 的圆，收敛域是收敛边界以外的区域，不包含收敛边界，如图 9-1(a)所示. 如果 $n\to\infty$ 时 $x_{d1}(n)$ 以高于幂函数的速度发散，则不存在这样的 r_1，满足 $|z|>r_1$ 时 $\sum\limits_{n=0}^{\infty}x_{d1}(n)z^{-n}$ 收敛，此时 $x_d(n)$ 的右边 Z 变换不存在.

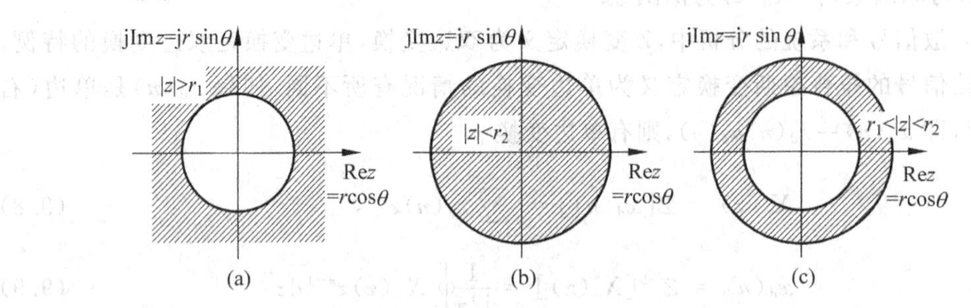

图 9-1 右边、左边和双边序列 Z 变换的收敛域

类似地，在 $n<0$ 区间，只要 $n\to-\infty$ 时 $x_{d2}(n)$ 不是以高于幂函数的速度发散，则一定存在一个实数 r_2，使得 $r<r_2$ 时序列 $x_{d2}(n)r^{-n}$ 在 $n<0$ 区间绝对可和，和式 $\sum\limits_{n=-\infty}^{-1}x_{d2}(n)z^{-n}$ 收敛，即 $x_d(n)$ 的左边 Z 变换存在. 称 $|z|=r<r_2$ 是 $x_d(n)$ 左边 Z 变换的收敛域. 在 z 平面上，收敛边界 $|z|=r_2$ 是一个半径为 r_2 的圆，收敛域是收敛边界以内的区域，不包含收敛边界，如图 9-1(b)所示. 同样，如果 $n\to-\infty$ 时 $x_{d2}(n)$ 以高于幂函数的速度发散，则不存在这样的 r_2，满足 $|z|<r_2$ 时 $\sum\limits_{n=-\infty}^{-1}x_{d2}(n)z^{-n}$ 收敛，此时 $x_d(n)$ 的左边 Z 变换不存在.

要使得 $x_d(n)$ 的 Z 变换存在，必须左边和右边 Z 变换同时存在，并且它们的收敛域有公共区域. 如果 $r_2>r_1$，则收敛域存在公共区域，$x_d(n)$ 的 Z 变换存在，其收敛域为 $r_1<|z|<r_2$，在 z 平面上如图 9-1(c)所示. 如果 $r_2\leqslant r_1$，则收敛域不存在公共区域，$x_d(n)$ 的 Z 变换不存在.

不同形式的序列具有不同形式的收敛域，序列形式和收敛域形式具有一一对应的关系，给定收敛域，可以唯一确定序列的形式. 图 9-2 所示是不同形式的序列所对应的 Z 变换的收敛域情况.

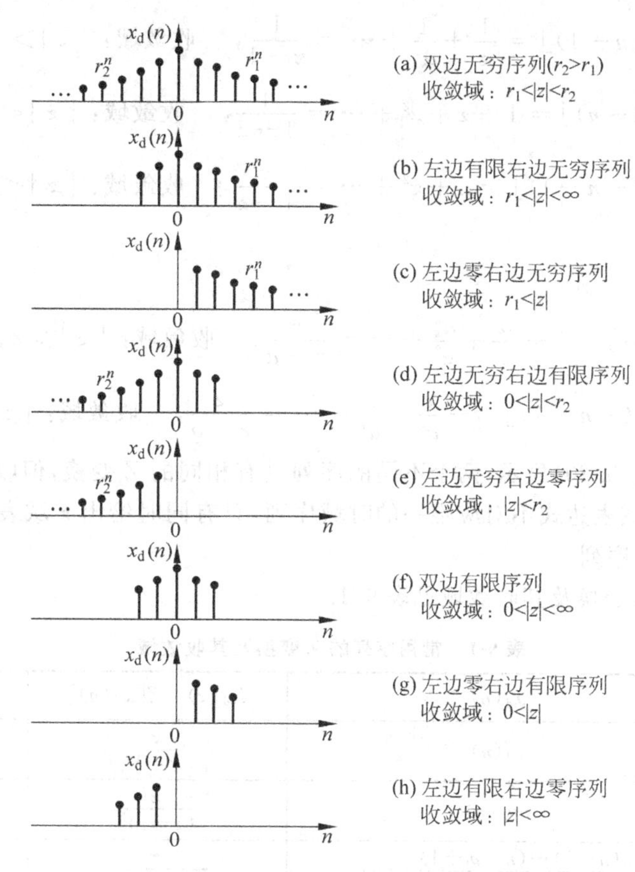

图 9-2 序列形式和 Z 变换收敛域形式的对应关系

9.1.3 常见信号的 Z 变换

1. 单位样值信号

$$\mathcal{Z}[\delta_d(n)] = 1, \quad \text{收敛域：} 0 < |z| < \infty; \tag{9.12}$$

$$\mathcal{Z}[\delta_d(n-m)] = z^{-m}, \quad \text{收敛域：} 0 < |z|; \tag{9.13}$$

$$\mathcal{Z}[\delta_d(n+m)] = z^{m}, \quad \text{收敛域：} |z| < \infty. \tag{9.14}$$

2. 单位阶跃序列

$$\mathcal{Z}[u_d(n)] = 1 + \frac{1}{z} + \frac{1}{z^2} + \cdots = \frac{z}{z-1}, \quad \text{收敛域：} |z| > 1; \tag{9.15}$$

$$\mathcal{Z}[u_d(n-1)]=\frac{1}{z}+\frac{1}{z^2}+\cdots=\frac{1}{z-1},\quad 收敛域:|z|>1; \tag{9.16}$$

$$\mathcal{Z}[u_d(-n)]=1+z+z^2+\cdots=\frac{1}{1-z},\quad 收敛域:|z|<1; \tag{9.17}$$

$$\mathcal{Z}[u_d(-n-1)]=z+z^2+\cdots=\frac{z}{1-z},\quad 收敛域:|z|<1. \tag{9.18}$$

3. 指数序列

$$\mathcal{Z}[a^n u_d(n)]=1+\frac{a}{z}+\frac{a^2}{z^2}+\cdots=\frac{z}{z-a},\quad 收敛域:|z|>a; \tag{9.19}$$

$$\mathcal{Z}[-a^n u_d(-n-1)]=-\frac{z}{a}-\frac{z^2}{a^2}-\cdots=\frac{z}{z-a},\quad 收敛域:|z|<a. \tag{9.20}$$

式(9.19)和式(9.20)显示，两个不同的序列具有相同的Z变换，但收敛域不同. 在Z变换中，单独的 z 域表达式不对应唯一的时域序列，只有同时给出 z 域表达式和收敛域，才能唯一确定一个序列.

常用序列的Z变换及其收敛域见表9-1.

表 9-1 常用序列的 Z 变换及其收敛域

序列形式	$x_d(n)$	$X_d(z)=Z[x_d(n)]$	收敛域
右边序列	$u_d(n)$	$\frac{z}{z-1}$	$\|z\|>1$
	$nu_d(n)$	$\frac{z}{(z-1)^2}$	$\|z\|>1$
	$\frac{n(n-1)\cdots(n-m+1)}{m!}u_d(n)$	$\frac{z}{(z-1)^{m+1}}$	$\|z\|>1$
	$a^n u_d(n)$	$\frac{z}{z-a}$	$\|z\|>\|a\|$
	$na^n u_d(n)$	$\frac{az}{(z-a)^2}$	$\|z\|>\|a\|$
	$(n+1)a^n u_d(n)$	$\frac{z^2}{(z-a)^2}$	$\|z\|>\|a\|$
	$\frac{(n+1)(n+2)\cdots(n+m)}{m!}a^n u_d(n)$	$\frac{z^{m+1}}{(z-a)^{m+1}}$	$\|z\|>\|a\|$
	$\frac{n(n-1)\cdots(n-m+1)}{m!}a^{n-m}u_d(n)$	$\frac{z}{(z-a)^{m+1}}$	$\|z\|>\|a\|$
左边序列	$-u_d(-n-1)$	$\frac{z}{z-1}$	$\|z\|<1$
	$-a^n u_d(-n-1)$	$\frac{z}{z-a}$	$\|z\|<\|a\|$
	$-\frac{(n+1)(n+2)\cdots(n+m)}{m!}a^n u_d(-n-1)$	$\frac{z^{m+1}}{(z-a)^{m+1}}$	$\|z\|<\|a\|$

9.1.4　Z 变换的零、极点

一般情况下，一个信号的 Z 变换可以表示为两个 z 的有理多项式之比，即

$$X_d(z)=\frac{N_d(z)}{D_d(z)}=K\frac{z^m+b_{m-1}z^{m-1}+\cdots+b_1z+b_0}{z^n+a_{n-1}z^{n-1}+\cdots+a_1z+a_0}=K\frac{\prod_{j=1}^{m}(z-z_j)}{\prod_{i=1}^{n}(z-p_i)},\tag{9.21}$$

其中 K,a_i 和 b_i 都为实数，m 和 n 为正整数.

当 $z=z_j$ 时，$N_d(z)=0,X_d(z)=0$，称 z_j 为 $X_d(z)$的零点. 如果 z_j 是 $N_d(z)=0$ 的 k 阶重根，则称 z_j 为 $X_d(z)$的 k 阶零点.

当 $z\to p_i$ 时，$D_d(z)\to 0,X_d(z)\to\infty$，称 p_i 为 $X_d(z)$的极点. 如果 p_i 是 $D_d(z)=0$ 的 k 阶重根，则称 p_i 为 $X_d(z)$的 k 阶极点.

Z 变换的收敛域是 z 平面上以原点为圆心的环形区域. 环形收敛域内侧的极点全部对应于右边序列，环形收敛域内边界经过这些极点中离圆心最远的极点；环形收敛域外侧的极点全部对应于左边序列，环形收敛域外边界经过这些极点中离圆心最近的极点；收敛域中不包含任何极点.

9.2　Z 变换的性质

1. 线性特性

如果$\mathcal{Z}[x_d(n)]=X_d(z)$，收敛域 $R_{x1}<|z|<R_{x2}$；$\mathcal{Z}[y_d(n)]=Y_d(z)$，收敛域 $R_{y1}<|z|<R_{y2}$，则有

$$\mathcal{Z}[Ax_d(n)+By_d(n)]=AX_d(z)+BY_d(z),$$
$$\text{收敛域：}\max(R_{x1},R_{y1})<|z|<\min(R_{x2},R_{y2}).\tag{9.22}$$

注意，如果两个序列线性组合的结果使得某些零点和极点相抵消，则收敛域可能扩大. 例如

$$\mathcal{Z}[u_d(n)]=\frac{z}{z-1},\quad\text{收敛域：}|z|>1,\tag{9.23}$$

$$\mathcal{Z}[u_d(n-1)]=\frac{1}{z-1},\quad\text{收敛域：}|z|>1,\tag{9.24}$$

当两序列相减时，收敛域扩大，有

$$\mathcal{Z}[u_d(n)-u_d(n-1)]=\frac{z}{z-1}-\frac{1}{z-1}=1,\quad\text{收敛域：}0<|z|<\infty.\tag{9.25}$$

2. 时移特性

(1) 双边 Z 变换的时移特性

如果 $x_{\mathrm{d}}(n)$的双边 Z 变换为$\mathcal{Z}[x_{\mathrm{d}}(n)]=X_{\mathrm{d}}(z)$,则其时移后的双边 Z 变换为

$$\mathcal{Z}[x_{\mathrm{d}}(n\pm m)]=z^{\pm m}X_{\mathrm{d}}(z),\quad m\text{ 为任意正整数}.\tag{9.26}$$

证明

$$\mathcal{Z}[x_{\mathrm{d}}(n\pm m)]=\sum_{n=-\infty}^{\infty}x_{\mathrm{d}}(n\pm m)z^{-n}=\sum_{k=-\infty}^{\infty}x_{\mathrm{d}}(k)z^{-k\pm m}=z^{\pm m}X_{\mathrm{d}}(z).\tag{9.27}$$

(2) 双边序列单边 Z 变换的时移特性

如果 $x_{\mathrm{d}}(n)$为双边序列,其单边 Z 变换为$\mathcal{Z}[x_{\mathrm{d}}(n)u_{\mathrm{d}}(n)]=X_{\mathrm{d}}(z)$,则其时移后的单边 Z 变换为

$$\mathcal{Z}[x_{\mathrm{d}}(n+m)u_{\mathrm{d}}(n)]=z^{m}\left[X_{\mathrm{d}}(z)-\sum_{k=0}^{m-1}x_{\mathrm{d}}(k)z^{-k}\right],\quad m\text{ 为任意正整数};\tag{9.28}$$

$$\mathcal{Z}[x_{\mathrm{d}}(n-m)u_{\mathrm{d}}(n)]=z^{-m}\left[X_{\mathrm{d}}(z)+\sum_{k=-m}^{-1}x_{\mathrm{d}}(k)z^{-k}\right],\quad m\text{ 为任意正整数}.\tag{9.29}$$

(3) 右边序列单边 Z 变换的时移特性

如果 $x_{\mathrm{d}}(n)$为右边序列,其单边 Z 变换为$\mathcal{Z}[x_{\mathrm{d}}(n)]=X_{\mathrm{d}}(z)$,则其时移后的单边 Z 变换为

$$\mathcal{Z}[x_{\mathrm{d}}(n+m)]=z^{m}\left[X_{\mathrm{d}}(z)-\sum_{k=0}^{m-1}x_{\mathrm{d}}(k)z^{-k}\right],\quad m\text{ 为任意正整数};\tag{9.30}$$

$$\mathcal{Z}[x_{\mathrm{d}}(n-m)]=z^{-m}X_{\mathrm{d}}(z),\quad m\text{ 为任意正整数}.\tag{9.31}$$

3. 序列线性加权特性

如果$\mathcal{Z}[x_{\mathrm{d}}(n)]=X_{\mathrm{d}}(z)$,收敛域为 $R_{x1}<|z|<R_{x2}$,则有

$$\mathcal{Z}[nx_{\mathrm{d}}(n)]=-z\frac{\mathrm{d}}{\mathrm{d}z}X_{\mathrm{d}}(z),\quad\text{收敛域: }R_{x1}<|z|<R_{x2}.\tag{9.32}$$

证明

$$X_{\mathrm{d}}(z)=\sum_{n=-\infty}^{\infty}x_{\mathrm{d}}(n)z^{-n},\tag{9.33}$$

两边对 z 求导,得

$$\frac{\mathrm{d}X_{\mathrm{d}}(z)}{\mathrm{d}z}=\frac{\mathrm{d}}{\mathrm{d}z}\sum_{n=-\infty}^{\infty}x_{\mathrm{d}}(n)z^{-n}=-z^{-1}\sum_{n=-\infty}^{\infty}nx_{\mathrm{d}}(n)z^{-n}=-z^{-1}\mathcal{Z}[nx_{\mathrm{d}}(n)],\tag{9.34}$$

由此证得

$$\mathcal{Z}[nx_{\mathrm{d}}(n)]=-z\frac{\mathrm{d}}{\mathrm{d}z}X_{\mathrm{d}}(z).\tag{9.35}$$

4. 序列指数加权特性

如果$\mathcal{Z}[x_d(n)]=X_d(z)$，收敛域为$R_{x1}<|z|<R_{x2}$，则有

$$\mathcal{Z}[a^n x_d(n)] = X_d\left(\frac{z}{a}\right),\quad \text{收敛域：} R_{x1} < \left|\frac{z}{a}\right| < R_{x2}, \tag{9.36}$$

a 为非零的常数.

证明

$$\mathcal{Z}[a^n x_d(n)] = \sum_{n=-\infty}^{\infty} a^n x_d(n) z^{-n} = \sum_{n=-\infty}^{\infty} x_d(n)\left(\frac{z}{a}\right)^{-n} = X_d\left(\frac{z}{a}\right). \tag{9.37}$$

5. 时域卷积特性

如果$\mathcal{Z}[x_d(n)]=X_d(z)$，收敛域为$R_{x1}<|z|<R_{x2}$；$\mathcal{Z}[h_d(n)]=H_d(z)$，收敛域为$R_{h1}<|z|<R_{h2}$，则有

$$\mathcal{Z}[x_d(n) * h_d(n)] = X_d(z) H_d(z), \tag{9.38}$$

收敛域为$\max(R_{x1},R_{h1})<|z|<\min(R_{x2},R_{h2})$.

证明

$$\begin{aligned}
\mathcal{Z}[x_d(n) * h_d(n)] &= \sum_{n=-\infty}^{\infty} [x_d(n) * h_d(n)] z^{-n} \\
&= \sum_{n=-\infty}^{\infty} \sum_{m=-\infty}^{\infty} x_d(m) h_d(n-m) z^{-n} \\
&= \sum_{m=-\infty}^{\infty} x_d(m) \sum_{n=-\infty}^{\infty} h_d(n-m) z^{-n} \\
&= \sum_{m=-\infty}^{\infty} x_d(m) H_d(z) z^{-m} \\
&= X_d(z) H_d(z).
\end{aligned} \tag{9.39}$$

6. 初值定理

如果 $x_d(n)$为因果序列，$\mathcal{Z}[x_d(n)]=X_d(z)$，则有

$$x_d(0) = \lim_{z\to\infty} X_d(z). \tag{9.40}$$

证明

$$X_d(z) = \sum_{n=-\infty}^{\infty} x_d(n) z^{-n} = x_d(0) + x_d(1) z^{-1} + x_d(2) z^{-2} + \cdots, \tag{9.41}$$

当 $z\to\infty$时，上式中除第一项 $x_d(0)$外，其他各项都趋于零，所以有

$$\lim_{z\to\infty} X_d(z) = x_d(0). \tag{9.42}$$

7. 终值定理

如果 $x_d(n)$ 为因果序列，$\mathcal{Z}[x_d(n)]=X_d(z)=\sum_{n=0}^{\infty}x_d(n)z^{-n}$，且 $\lim_{n\to\infty}x_d(n)$ 存在，即 $n\to\infty$ 时 $x_d(n)$ 不发散或振荡，则有

$$\lim_{n\to\infty}x_d(n)=\lim_{z\to1}[(z-1)X_d(z)]. \tag{9.43}$$

证明

$$\begin{aligned}\lim_{z\to1}[(z-1)X_d(z)]&=\lim_{z\to1}\left[\sum_{n=0}^{\infty}x_d(n)z^{-n+1}-\sum_{n=0}^{\infty}x_d(n)z^{-n}\right]\\&=\lim_{z\to1}x_d(0)z+\lim_{z\to1}\sum_{n=0}^{\infty}[x_d(n+1)-x_d(n)]z^{-n}.\end{aligned} \tag{9.44}$$

因为 $\lim_{n\to\infty}x_d(n)$ 存在，所以 $\lim_{n\to\infty}[x_d(n+1)-x_d(n)]=0$，序列 $[x_d(n+1)-x_d(n)]$ 的 Z 变换存在，且收敛域包含单位圆 $|z|=1$，$z=1$ 不是 $(z-1)X_d(z)$ 的极点，因此有

$$\begin{aligned}\lim_{z\to1}[(z-1)X_d(z)]&=[(z-1)X_d(z)]|_{z=1}\\&=x_d(0)+[x_d(1)-x_d(0)]+[x_d(2)-x_d(1)]+\cdots\\&=x_d(\infty),\end{aligned} \tag{9.45}$$

即

$$\lim_{z\to1}[(z-1)X_d(z)]=\lim_{n\to\infty}x_d(n). \tag{9.46}$$

9.3 逆 Z 变换

由 Z 变换的像函数 $X_d(z)$ 和给定的收敛域求原函数 $x_d(n)$ 的过程称为逆 Z 变换. 逆 Z 变换需要先根据收敛域的形式确定原函数或称原序列的形式，然后由 Z 变换表达式和序列形式唯一确定原序列. 可以根据逆 Z 变换的定义进行积分，但积分运算通常比较复杂. 常用的逆 Z 变换方法有幂级数展开法、部分分式分解法和留数法，在此介绍幂级数展开法和部分分式分解法.

9.3.1 幂级数展开法

首先根据 Z 变换收敛域的形式确定原序列是左边序列还是右边序列，然后把 Z 变换展开成相应的 z 幂级数和的形式. 如果是右边序列，按照降幂级数的形式展开；如果是左边序列，按照升幂级数的形式展开. 展开级数中 z^{-n} 项的系数即为所求序列的第 n 个元素.

例 9.1　已知 $X_d(z)=\dfrac{10z}{z^2-3z+2}$，收敛域分别为 $|z|>2$，$|z|<1$ 和 $1<|z|<2$，求其逆 Z 变换.

解　(1) 当收敛域为 $|z|>2$ 时，可判断原序列是右边序列，因此把 $X_d(z)$ 按照降幂级数展开，有

$$\begin{array}{rl}
 & 10z^{-1}+30z^{-2}+70z^{-3}+\cdots \\ \cline{2-2}
z^2-3z+2 \big) & 10z \\
 & \underline{10z-30+20z^{-1}} \\
 & 30-20z^{-1} \\
 & \underline{30-90z^{-1}+60z^{-2}} \\
 & 70z^{-1}-60z^{-2}
\end{array}$$

由此得：$x_d(n)|_{n\leqslant 0}=0$；$x_d(1)=10$；$x_d(2)=30$；$x_d(3)=70$；….

(2) 当收敛域为 $|z|<1$ 时，可判断原序列是左边序列，因此把 $X_d(z)$ 按照升幂级数展开，有

$$\begin{array}{rl}
 & 5z+\dfrac{15}{2}z^2+\dfrac{35}{4}z^3+\cdots \\ \cline{2-2}
2-3z+z^2 \big) & 10z \\
 & \underline{10z-15z^2+5z^3} \\
 & 15z^2-5z^3 \\
 & \underline{15z^2-\dfrac{45}{2}z^3+\dfrac{15}{2}z^4} \\
 & \dfrac{35}{2}z^3-\dfrac{15}{2}z^4
\end{array}$$

由此得：$x_d(n)|_{n\geqslant 0}=0$；$x_d(-1)=5$；$x_d(-2)=\dfrac{15}{2}$；$x_d(-3)=\dfrac{35}{4}$；….

(3) 当收敛域为 $1<|z|<2$ 时，可判断原序列是双边序列，将 $X_d(z)$ 拆为对应左边序列和右边序列的两部分：

$$X_d(z)=\frac{10z}{z^2-3z+2}=\frac{20}{z-2}-\frac{10}{z-1}. \tag{9.47}$$

其中 $X_{d1}(z)=\dfrac{20}{z-2}$ 对应左边序列，按照升幂级数展开，得

$$x_{d1}(0)=-10;\quad x_{d1}(-1)=-5;\quad x_{d1}(-2)=-\frac{5}{2};\quad x_{d1}(-3)=-\frac{5}{4};\quad \cdots.$$

其中 $X_{d2}(z)=-\dfrac{10}{z-1}$ 对应右边序列，按照降幂级数展开，得

$$x_{d2}(1)=-10;\quad x_{d2}(2)=-10;\quad x_{d2}(3)=-10;\quad \cdots.$$

所求双边序列是以上两个序列的和.

例 9.2 已知 Z 变换 $X_d(z)=\log\left(\frac{1}{1-az^{-1}}\right)$，收敛域为 $|z|>|a|$，求其逆变换.

解 由收敛域可知原序列是右边序列. 已知级数

$$\log(1-r)=-\sum_{n=1}^{\infty}\frac{1}{n}r^n,\quad |r|<1, \tag{9.48}$$

故有

$$X_d(z)=\log\left(\frac{1}{1-az^{-1}}\right)=-\log(1-az^{-1})=\sum_{n=1}^{\infty}\frac{1}{n}a^n z^{-n},\quad |az^{-1}|<1, \tag{9.49}$$

由此求得

$$x_d(n)=\frac{1}{n}a^n u_d(n-1). \tag{9.50}$$

以上两例表明，只要能够按照收敛域所要求的序列形式，把 $X_d(z)$ 展开为幂级数，则幂级数各项的系数按幂次排列所构成的序列即为逆 Z 变换所要求的原序列.

9.3.2 部分分式展开法

此方法的原理类似于拉普拉斯逆变换的部分分式展开法，它是把 $X_d(z)$ 展开成易于进行逆变换的部分分式，分别求各分式的逆变换，再叠加得 $X_d(z)$ 的逆变换.

一个信号的 Z 变换通常可表示为两个 z 的有理多项式之比

$$X_d(z)=\frac{N_d(z)}{D_d(z)}=K\frac{z^m+b_{m-1}z^{m-1}+\cdots+b_1z+b_0}{z^n+a_{n-1}z^{n-1}+\cdots+a_1z+a_0}, \tag{9.51}$$

当 $m>n$ 时，可以通过长除法，将 $X_d(z)$ 化为一个 z 的多项式和一个 z 的有理分式之和，即

$$X_d(z)=c_{m-n}z^{m-n}+c_{m-n-1}z^{m-n-1}+\cdots+c_1z+c_0+\frac{N_{d1}(z)}{D_d(z)}. \tag{9.52}$$

此有理分式的分母多项式的次数高于或等于分子多项式的次数. 式(9.52)中各项 z 的幂函数对应于时域的样值函数的移位，剩下的问题是求 z 的有理分式的逆 Z 变换.

由于 Z 变换的基本形式为 $\frac{z}{z-p_i}$，所以通常先将 $\frac{X_d(z)}{z}$ 进行部分分式展开. 设 $X_d(z)$ 的分母多项式的次数高于或等于分子多项式的次数，即 $n\geqslant m$. 根据 $X_d(z)$ 极点的不同，可展开为不同形式的部分分式.

1. 极点为单根

如果 $X_d(z)$ 只含一阶极点，则展开的部分分式为

$$\frac{X_{\mathrm{d}}(z)}{z}=\frac{A_1}{z-p_1}+\frac{A_2}{z-p_2}+\cdots+\frac{A_{\mathrm{p}}}{z-p_k},\tag{9.53}$$

$$X_{\mathrm{d}}(z)=\frac{A_1 z}{z-p_1}+\frac{A_2 z}{z-p_2}+\cdots+\frac{A_{\mathrm{p}} z}{z-p_k},\tag{9.54}$$

其中

$$A_i=\left[(z-p_i)\frac{X_{\mathrm{d}}(z)}{z}\right]_{z=p_i}.\tag{9.55}$$

式(9.54)中的每一项均是 Z 变换的基本形式，根据给定的收敛域，可以直接得到时域序列.

例 9.3 已知 Z 变换 $X_{\mathrm{d}}(z)=\frac{1}{(z-1)(z-2)}$，收敛域分别为 $|z|>2$，$|z|<1$，$1<|z|<2$，用部分分式展开法求它们的逆 Z 变换.

解

$$\frac{X_{\mathrm{d}}(z)}{z}=\frac{1}{z(z-1)(z-2)}=\frac{1}{2z}-\frac{1}{z-1}+\frac{1}{2(z-2)},\tag{9.56}$$

$$X_{\mathrm{d}}(z)=\frac{1}{2}-\frac{z}{z-1}+\frac{z}{2(z-2)}.\tag{9.57}$$

当收敛域为 $|z|>2$ 时，为右边序列，查表 9-1 求得

$$x_{\mathrm{d}}(n)=\frac{1}{2}\delta_{\mathrm{d}}(n)-u_{\mathrm{d}}(n)+2^{n-1}u_{\mathrm{d}}(n).\tag{9.58}$$

当收敛域为 $|z|<1$ 时，为左边序列，查表 9-1 求得

$$x_{\mathrm{d}}(n)=\frac{1}{2}\delta_{\mathrm{d}}(n)+u_{\mathrm{d}}(-n-1)-2^{n-1}u_{\mathrm{d}}(-n-1).\tag{9.59}$$

当收敛域为 $1<|z|<2$ 时，为双边序列，$\frac{z}{z-1}$对应右边序列，$\frac{z}{z-2}$对应左边序列，求得

$$x_{\mathrm{d}}(n)=\frac{1}{2}\delta_{\mathrm{d}}(n)-u_{\mathrm{d}}(n)-2^{n-1}u_{\mathrm{d}}(-n-1).\tag{9.60}$$

2. 极点为重根

如果 $X_{\mathrm{d}}(z)$含有一个 k 阶重复的实数极点，即 $p_1=p_2=\cdots=p_k$，则可分解为如下形式的部分分式：

$$X_{\mathrm{d}}(z)=\frac{A_1 z}{(z-p_1)^k}+\frac{A_2 z}{(z-p_1)^{k-1}}+\cdots+\frac{A_k z}{z-p_1},\tag{9.61}$$

各部分分式的系数为

$$A_1=(z-p_1)^k\frac{X_{\mathrm{d}}(z)}{z}\bigg|_{z=p_1},\tag{9.62}$$

$$A_2 = \left[\frac{\mathrm{d}}{\mathrm{d}z}\left[(z-p_1)^k \frac{X_\mathrm{d}(z)}{z}\right]\right]_{z=p_1}, \tag{9.63}$$

$$A_3 = \left[\frac{1}{2!}\frac{\mathrm{d}^2}{\mathrm{d}z^2}\left[(z-p_1)^k \frac{X_\mathrm{d}(z)}{z}\right]\right]_{z=p_1}, \tag{9.64}$$

依次类推,有

$$A_k = \left[\frac{1}{(k-1)!}\frac{\mathrm{d}^{k-1}}{\mathrm{d}z^{k-1}}\left[(z-p_1)^k \frac{X_\mathrm{d}(z)}{z}\right]\right]_{z=p_1}. \tag{9.65}$$

式(9.61)各项对应的时域序列可查表求得.

还有 $X_\mathrm{d}(z)$含有 k 阶重复的共轭复数极点的情况,此处不再介绍.

9.4 Z 变换和其他变换的关系

9.4.1 Z 变换与离散时间傅里叶变换的关系

根据 Z 变换的定义,Z 变换和离散时间傅里叶变换 DTFT 的关系如图 9-3 所示.序列 $x_\mathrm{d}(n)$乘以衰减因子 r^{-n}后的离散时间傅里叶变换为信号的 Z 变换;如果序列 $x_\mathrm{d}(n)$的 Z 变换存在,且收敛域包含单位圆 $r=1$,则在 Z 变换中取 $r=1$,即 $z=\mathrm{e}^{\mathrm{j}\theta}$,则得序列的离散时间傅里叶变换,即:序列 Z 变换在 z 平面单位圆 $r=1$ 上的取值为序列的离散时间傅里叶变换.

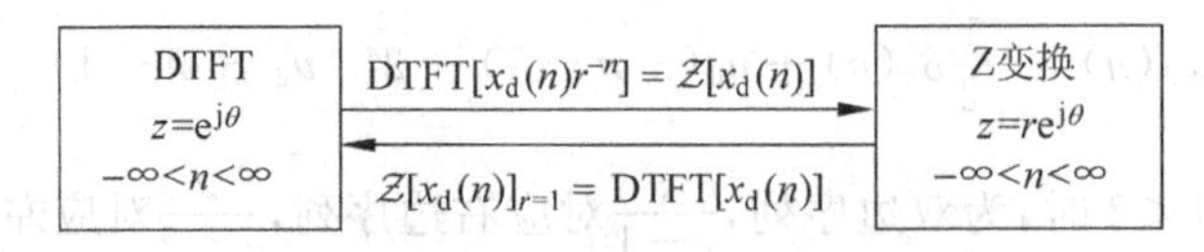

图 9-3 Z 变换和 DTFT 的关系框图

下面以信号 $x_\mathrm{d}(n)=a^n u_\mathrm{d}(n)(0<a<1)$为例来观察序列 Z 变换和其离散时间傅里叶变换 DTFT 的关系.根据 Z 变换的定义,$x_\mathrm{d}(n)=a^n u_\mathrm{d}(n)$的 Z 变换为

$$X_\mathrm{d}(z) = \mathcal{Z}[x_\mathrm{d}(n)] = \mathrm{DTFT}[x_\mathrm{d}(n)r^{-n}]_{r\mathrm{e}^{\mathrm{j}\theta}=z} = \mathrm{DTFT}\left[\left(\frac{a}{r}\right)^n u_\mathrm{d}(n)\right]_{r\mathrm{e}^{\mathrm{j}\theta}=z}$$

$$= \frac{r\mathrm{e}^{\mathrm{j}\theta}}{r\mathrm{e}^{\mathrm{j}\theta}-a}\Big|_{r\mathrm{e}^{\mathrm{j}\theta}=z} = \frac{z}{z-a}, \quad 收敛域为 r>a 或 |z|>a. \tag{9.66}$$

收敛边界是 z 平面上的圆周 $r=a$,收敛域是圆周以外的区域.取不同的衰减系数 $r=r_i$,得不同衰减速度的序列$(a/r_i)^n u_\mathrm{d}(n)$,所有这些序列的 DTFT 的集合构成 Z 变换.

序列$(a/r_i)^n u_\mathrm{d}(n)$的衰减速度和 r_i 的关系为:当 $r_i>1$ 时,$(a/r_i)^n u_\mathrm{d}(n)$比 $a^n u_\mathrm{d}(n)$衰减更快,它绝对可和,DTFT 存在;当 $r_i=1$ 时,$(a/r_i)^n u_\mathrm{d}(n)$即为 $a^n u_\mathrm{d}(n)$,它也绝对可

和,DTFT 存在；当 $a<r_i<1$ 时,$(a/r_i)^n u_d(n)$ 比 $a^n u_d(n)$ 衰减速度慢,但仍然是衰减的和绝对可和的,DTFT 存在；当 $0<r_i\leqslant a$ 时,$(a/r_i)^n u_d(n)$ 是发散的,不再绝对可和,DTFT 不存在.

图 9-4 显示了 z 平面上 $a^n u_d(n)$ 的 Z 变换和 $(a/r_i)^n u_d(n)$ 的 DTFT 的关系.图中的纵坐标表示的是 Z 变换的模 $|X_d(z)|$.在 z 平面上,$r=r_i$ 是圆心在原点、半径为 r_i 的圆.$|X_d(z)|$ 在圆周 $r=r_i$ 上的取值是 $|\text{DTFT}[(a/r_i)^n u_d(n)]|$,绕此圆周一周,$\theta$ 变化 2π,$|\text{DTFT}[(a/r_i)^n u_d(n)]|$ 变化一个周期.

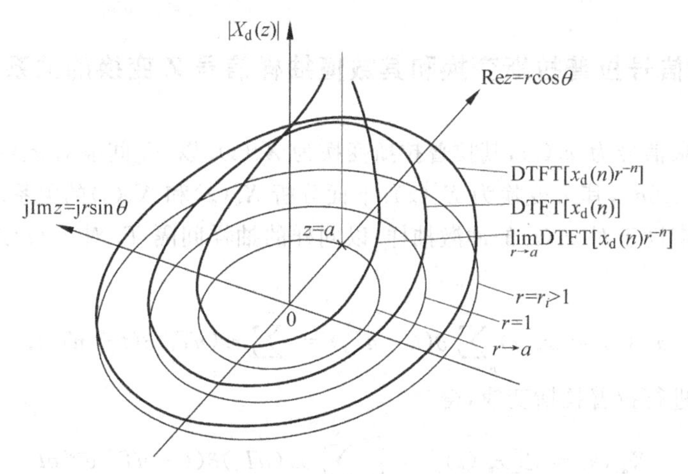

图 9-4　离散时间傅里叶变换和 Z 变换关系的三维图

在 z 平面上,$r=r_i=1$ 是单位圆,$X_d(z)$ 在单位圆上的取值是 $a^n u_d(n)$ 的离散傅里叶变换.将 $|X_d(z)|$ 在单位圆上的波形周期地展开在直角坐标系中,得图 9-5 所示的波形,它就是 $|\text{DTFT}[a^n u_d(n)]|$.

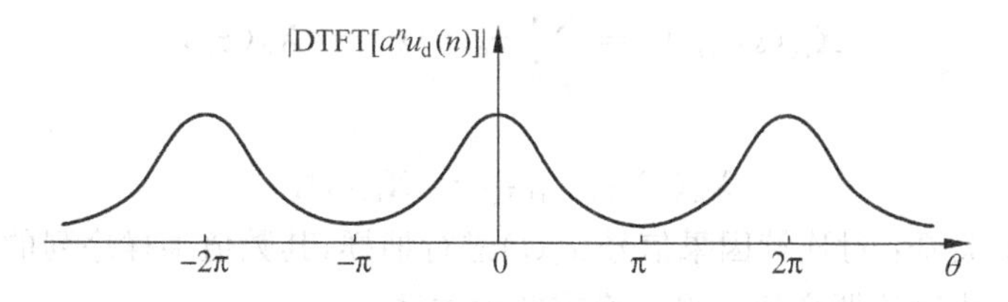

图 9-5　$\text{DTFT}[a^n u_d(n)]$ 的幅频特性

观察收敛边界上的情况.收敛域不包含收敛边界,但当 $r\to a(r>a)$ 时,有

$$\left(\frac{a}{r}\right)^n u_d(n) \to u_d(n), \tag{9.67}$$

$$\text{DTFT}\left[\left(\frac{a}{r}\right)^n u_d(n)\right] \to \frac{e^{j\theta}}{e^{j\theta}-1}. \tag{9.68}$$

在图 9-4 中，当收敛域内 $z\to a$ 时，即 $r\to a$ 和 $\theta\to 0$ 时，$|X_d(z)|\to\infty$，$z=a$ 是 $X_d(z)$ 的一个极点，极点坐标表示的正是序列 $x_d(n)=a^n u_d(n)$ 的特征参数.

基于 DTFT 变换和 Z 变换的关系，信号的 DTFT 变换可以直接从它的 Z 变换转换而来. 已知信号 $x_d(n)$ 的 Z 变换为 $X_d(z)$，如果 $X_d(z)$ 的收敛域包含单位圆 $|z|=1$，则 DTFT$[x_d(n)]$ 存在，并可由变量替换求得

$$X_d(e^{j\theta}) = X_d(z)\big|_{z=e^{j\theta}}. \tag{9.69}$$

如果 $X_d(z)$ 的收敛域不包含单位圆，则 DTFT$[x_d(n)]$ 不存在.

9.4.2 连续信号拉普拉斯变换和其数值抽样信号 Z 变换的关系

设连续因果信号为 $x_a(t)$，其拉普拉斯变换为 $X_a(s)$. 以 T_s 间隔对 $x_a(t)$ 数值抽样，得离散因果序列 $x_d(n)$，其 Z 变换为 $X_d(z)$. 下面分析 $X_d(z)$ 和 $X_a(s)$ 的关系.

在此依然借助于对 $x_a(t)$ 的冲激抽样. 以同样的抽样间隔 T_s 对 $x_a(t)$ 进行冲激抽样，得冲激序列

$$x_{as}(t) = x_a(t)\sum_{n=-\infty}^{\infty}\delta(t-nT_s) = \sum_{n=0}^{\infty}x_a(nT_s)\delta(t-nT_s). \tag{9.70}$$

对该冲激序列进行拉普拉斯变换，得

$$\begin{aligned} X_{as}(s) &= \mathcal{L}[x_{as}(t)] = \int_0^{\infty}\sum_{n=0}^{\infty}x_a(nT_s)\delta(t-nT_s)e^{-st}\,dt \\ &= \sum_{n=0}^{\infty}x_d(n)e^{-snT_s}. \end{aligned} \tag{9.71}$$

令 $e^{sT_s}=z$ 或 $s=\frac{1}{T_s}\ln z$，即 $e^{(\sigma+j\omega)T_s}=re^{j\theta}$，$r=e^{\sigma T_s}$，$\theta=\omega T_s$，则有

$$X_{as}(s)\big|_{s=\frac{\ln z}{T_s}} = \sum_{n=0}^{\infty}x_d(n)z^{-n} = X_d(z), \tag{9.72}$$

或者

$$X_d(z)\big|_{z=\exp(sT_s)} = X_{as}(s). \tag{9.73}$$

此两式表明一个关系：对连续因果信号 $x_a(t)$ 进行抽样，其数值抽样序列的 Z 变换等于其冲激抽样序列的拉普拉斯变换. s 和 z 存在映射关系

$$e^{sT_s}=z,\quad s=\frac{\ln z}{T_s},\quad r=e^{\sigma T_s},\quad \theta=\omega T_s. \tag{9.74}$$

根据式(9.73)，有

$$X_d(z) = \mathcal{L}\Big[x_a(t)\sum_{n=-\infty}^{\infty}\delta(t-nT_s)\Big]_{s=(\ln z)/T_s}. \tag{9.75}$$

式中的冲激序列是连续周期函数，将其展开为傅里叶级数，有

$$\sum_{n=-\infty}^{\infty}\delta(t-nT_s)=\frac{1}{T_s}\sum_{k=-\infty}^{\infty}e^{jk\frac{2\pi}{T_s}t}=\frac{1}{T_s}\sum_{k=-\infty}^{\infty}e^{jk\omega_s t}. \tag{9.76}$$

代入式(9.75)，得

$$X_d(z)=\frac{1}{T_s}\mathcal{L}\left[x_a(t)\sum_{k=-\infty}^{\infty}e^{jk\omega_s t}\right]_{s=(\ln z)/T_s}. \tag{9.77}$$

根据拉普拉斯变换的频移特性，有

$$X_d(z)=\frac{1}{T_s}\left[\sum_{k=-\infty}^{\infty}X_a(s+jk\omega_s)\right]_{s=(\ln z)/T_s}. \tag{9.78}$$

此式即为连续信号拉普拉斯变换和其数值抽样信号 Z 变换之间的关系. 将 s 平面上的 $X_a(s)$ 沿虚轴周期延拓，延拓周期为 ω_s；然后将 s 平面映射到 z 平面，则得到 $X_d(z)$（相差系数 T_s）. s 平面上的点 $s=\sigma+j\omega$ 映射为 z 平面上的点 $z=re^{j\theta}$，其中 $r=e^{\sigma T_s}$，$\theta=\omega T_s$. 表 9-2 所示是 s 平面和 z 平面上典型线段的映射关系.

表 9-2　s 平面和 z 平面的映射关系

s 平面：$s=\sigma+j\omega$ 映射关系：$s=(\ln z)/T_s$，$\sigma=(\ln r)/T_s$，$\omega=\theta/T_s$	z 平面：$z=re^{j\theta}(r>0)$ 映射关系：$z=e^{sT_s}$，$r=e^{\sigma T_s}$，$\theta=\omega T_s$
虚轴，$\sigma=0$，$s=j\omega$	单位圆，$r=1$，$z=e^{j\theta}$
左半平面，$\sigma<0$	单位圆内，$r<1$
右半平面，$\sigma>0$	单位圆外，$r>1$
平行于虚轴的直线，$\sigma=\sigma_0$	圆，$r=r_0$
实轴，$\omega=0$，$s=\sigma$	正实轴，$\theta=0$，$z=r$
平行于实轴的直线，$\omega=\omega_0$	从原点出发的直线，$\theta=\theta_0$. 此为非单值映射，s 平面上的不同直线 $\omega=\omega_0\pm 2m\pi/T_s$ 均映射为 z 平面上的同一直线 $\theta=\theta_0\pm 2m\pi=\theta_0$

如果 $x_a(t)$ 绝对可积，存在傅里叶变换 $X_a(\omega)$，则由式(9.78)也可以得到离散时间傅里叶变换 $X_d(e^{j\theta})$ 和连续傅里叶变换 $X_a(\omega)$ 的关系. 已知 s 平面虚轴上的拉普拉斯变换是傅里叶变换，z 平面单位圆上的 Z 变换是离散时间傅里叶变换，在式(9.78)中取 $\sigma=0$，$s=j\omega$，则 $r=1$，$z=e^{j\theta}$，由此得

$$X_d(e^{j\theta})=\frac{1}{T_s}\left[\sum_{k=-\infty}^{\infty}X_a(j\omega+jk\omega_s)\right]_{\omega=\theta/T_s}. \tag{9.79}$$

这就是第 8 章已经得到的结果：数值抽样信号的离散时间傅里叶变换 $X_d(e^{j\theta})$ 是原连续信号傅里叶变换 $X_a(\omega)$ 的周期延拓，如果满足抽样定理，延拓过程不混叠.

已知连续信号的拉普拉斯变换，由式(9.78)求其数值抽样序列的 Z 变换，计算很复杂. 对于典型形式的连续信号，可采用变量替换的方法.

设有连续因果信号 $x_a(t)$，它包含 M 个指数分量，

$$x_a(t) = \sum_{i=1}^{M} A_i e^{p_i t} u_a(t), \tag{9.80}$$

其中 A_i 为系数，p_i 为特征参数. $x_a(t)$ 的拉普拉斯变换包含 M 个部分分式

$$X_a(s) = \mathcal{L}[x_a(t)] = \sum_{i=1}^{M} \frac{A_i}{s - p_i}. \tag{9.81}$$

以 T_s 间隔对 $x_a(t)$ 抽样(注意：$t=0$ 时刻的抽样值取 $x_a(0_+)$)，得离散序列

$$x_d(n) = x_a(nT_s) = \sum_{i=1}^{M} A_i e^{p_i n T_s} u_a(nT_s) = \sum_{i=1}^{M} A_i (e^{p_i T_s})^n u_d(n). \tag{9.82}$$

$x_d(n)$ 的 Z 变换为

$$X_d(z) = \mathcal{Z}[x_d(n)] = \sum_{i=1}^{M} \frac{A_i z}{z - e^{p_i T_s}}. \tag{9.83}$$

以上关系式表明，以 T_s 间隔对连续因果信号 $x_a(t)$ 抽样，得离散因果序列 $x_d(n)$，如果 $x_a(t)$ 的拉普拉斯变换能够表示为式(9.81)的形式，则 $x_d(n)$ 的 Z 变换可以按照式(9.83)求得.

同样，如果 $x_a(t)$ 的傅里叶变换存在，并可以表示为

$$X_a(\omega) = \sum_{i=1}^{M} \frac{A_i}{j\omega - p_i}, \tag{9.84}$$

则其抽样序列 $x_d(n)$ 的 DTFT 也存在，并可以表示为

$$X_d(e^{j\theta}) = \sum_{i=1}^{M} \frac{A_i e^{j\theta}}{e^{j\theta} - e^{p_i T_s}}. \tag{9.85}$$

9.5 用 Z 变换求解常系数线性差分方程

用 Z 变换可以分析线性时不变离散时间系统，求解线性常系数差分方程. 如前所述，一个输入为 $e_d(n)$、输出为 $r_d(n)$ 的线性时不变离散时间系统可以用一个线性常系数差分方程来描述：

$$\begin{aligned} &A_0 r_d(n) + A_1 r_d(n-1) + A_2 r_d(n-2) + \cdots + A_N r_d(n-N) \\ &= B_0 e_d(n) + B_1 e_d(n-1) + B_2 e_d(n-2) + \cdots + B_M e_d(n-M). \end{aligned} \tag{9.86}$$

求解此 N 阶差分方程，需要 N 个初始条件：$r_d(-1), r_d(-2), r_d(-3), \cdots, r_d(-N)$.

对方程两边取单边 Z 变换，并利用 Z 变换的位移特性，得

$$
\begin{aligned}
& A_0 R_d(z) \\
& + A_1[z^{-1}R_d(z) + r_d(-1)] \\
& + A_2[z^{-2}R_d(z) + z^{-1}r_d(-1) + r_d(-2)] \\
& + \cdots \\
& + A_N[z^{-N}R_d(z) + z^{-N+1}r_d(-1) + z^{-N+2}r_d(-2) + \cdots + r_d(-N)] \\
= & B_0 E_d(z) \\
& + B_1[z^{-1}E_d(z) + e_d(-1)] \\
& + B_2[z^{-2}E_d(z) + z^{-1}e_d(-1) + e_d(-2)] \\
& + \cdots \\
& + B_M[z^{-M}E_d(z) + z^{-M+1}e_d(-1) + z^{-M+2}e_d(-2) + \cdots + e_d(-M)],
\end{aligned} \tag{9.87}
$$

式中 $R_d(z)=\mathcal{Z}[r_d(n)]$,$E_d(z)=\mathcal{Z}[e_d(n)]$,整理后可得关于 $R_d(z)$ 和 $E_d(z)$ 的代数方程

$$D_d(z)R_d(z) + B_d(z) = N_d(z)E_d(z) + G_d(z), \tag{9.88}$$

或

$$R_d(z) = \frac{N_d(z)}{D_d(z)}E_d(z) - \frac{B_d(z)}{D_d(z)} + \frac{G_d(z)}{D_d(z)}. \tag{9.89}$$

如果激励是因果信号,即 $e_d(n)=e_d(n)u_d(n)$,则 $G_d(z)=0$,有

$$R_d(z) = \frac{N_d(z)}{D_d(z)}E_d(z) - \frac{B_d(z)}{D_d(z)}. \tag{9.90}$$

令

$$H_d(z) = \frac{N_d(z)}{D_d(z)} = \frac{B_M z^{-M} + B_{M-1}z^{-M+1} + \cdots + B_1 z^{-1} + B_0}{A_N z^{-N} + A_{N-1}z^{-N+1} + \cdots + A_1 z^{-1} + A_0}, \tag{9.91}$$

则有

$$R_d(z) = H_d(z)E_d(z) - \frac{B_d(z)}{D_d(z)}, \tag{9.92}$$

式中右边第一项是系统的零状态响应,第二项是系统的零输入响应,分别有

$$R_{dzs}(z) = H_d(z)E_d(z), \tag{9.93}$$

$$R_{dzi}(z) = -\frac{B_d(z)}{D_d(z)}, \tag{9.94}$$

$$R_d(z) = R_{dzs}(z) + R_{dzi}(z), \tag{9.95}$$

进行逆 Z 变换,即可求得系统的零状态响应、零输入响应和全响应.

例 9.4 用单边 Z 变换求解差分方程

$$r_d(n) - 0.5r_d(n-1) = u_d(n), \tag{9.96}$$

初始条件为 $r_d(-1)=1$.

解 方程两边取单边 Z 变换,得

$$R_d(z) - 0.5[z^{-1}R_d(z) + r_d(-1)] = \frac{z}{z-1}, \tag{9.97}$$

代入 $r_d(-1)=1$,整理得

$$R_d(z)=\frac{z(3z-1)}{(2z-1)(z-1)}=\frac{2z}{z-1}-\frac{0.5z}{z-0.5}. \tag{9.98}$$

由逆 Z 变换求得

$$r_d(n)=(2-0.5^{n+1})u_d(n). \tag{9.99}$$

例 9.5 用单边 Z 变换求解差分方程

$$r_d(n+2)+r_d(n+1)+r_d(n)=u_d(n), \tag{9.100}$$

初始条件为 $r_d(0)=1, r_d(1)=2$.

解 方程两边取单边 Z 变换,得

$$[z^2R_d(z)-z^2r_d(0)-zr_d(1)]+[zR_d(z)-zr_d(0)]+R_d(z)=\frac{z}{z-1}, \tag{9.101}$$

于是

$$R_d(z)=\frac{z^3+2z^2-2z}{(z^2+z+1)(z-1)}. \tag{9.102}$$

由逆 Z 变换求得

$$r_d(n)=\mathcal{Z}^{-1}[R_d(z)]=\left(\frac{1}{3}+\frac{2}{3}\cos\frac{2\pi}{3}n+\frac{4\sqrt{3}}{3}\sin\frac{2\pi}{3}n\right)u_d(n). \tag{9.103}$$

9.6 系统函数和系统频率响应特性

9.6.1 系统函数

单输入单输出线性时不变离散时间系统可以用该系统的单位样值响应 $h_d(n)$来描述,系统在激励 $e_d(n)$作用下的零状态响应 $r_d(n)$可以表示为以下的卷积和:

$$r_d(n)=e_d(n)*h_d(n). \tag{9.104}$$

对此式做 Z 变换,根据 Z 变换的时域卷积特性,有

$$R_d(z)=E_d(z)H_d(z), \tag{9.105}$$

$$H_d(z)=\mathcal{Z}[h_d(n)], \tag{9.106}$$

称为离散时间系统的系统函数.系统函数描述了在 z 域系统零状态响应和系统激励的关系.

如果已知系统激励 $E_d(z)$和此激励作用下的零状态响应 $R_d(z)$,可求得系统函数

$$H_d(z)=\frac{R_d(z)}{E_d(z)}. \tag{9.107}$$

如果已知系统差分方程

$$\sum_{i=0}^{N} A_i r_{\mathrm{d}}(n-i) = \sum_{j=0}^{M} B_j e_{\mathrm{d}}(n-j), \tag{9.108}$$

也可求得系统函数

$$H_{\mathrm{d}}(z) = \frac{B_M z^{-M} + B_{M-1} z^{-M+1} + \cdots + B_1 z^{-1} + B_0}{A_N z^{-N} + A_{N-1} z^{-N+1} + \cdots + A_1 z^{-1} + A_0}. \tag{9.109}$$

9.6.2 系统频率响应特性

如果一个线性时不变离散时间系统的单位样值响应 $h_{\mathrm{d}}(n)$绝对可和,则其离散时间傅里叶变换存在

$$H_{\mathrm{d}}(\mathrm{e}^{\mathrm{j}\theta}) = \mathrm{DTFT}[h_{\mathrm{d}}(n)]. \tag{9.110}$$

称 $H_{\mathrm{d}}(\mathrm{e}^{\mathrm{j}\theta})$为系统的频率响应特性.

系统激励、系统零状态响应和系统频率响应特性满足关系:

$$R_{\mathrm{d}}(\mathrm{e}^{\mathrm{j}\theta}) = E_{\mathrm{d}}(\mathrm{e}^{\mathrm{j}\theta}) H_{\mathrm{d}}(\mathrm{e}^{\mathrm{j}\theta}). \tag{9.111}$$

如果已知系统激励和此激励作用下的系统零状态响应,且它们的 DTFT 存在,则可求得系统频率响应特性

$$H_{\mathrm{d}}(\mathrm{e}^{\mathrm{j}\theta}) = \frac{R_{\mathrm{d}}(\mathrm{e}^{\mathrm{j}\theta})}{E_{\mathrm{d}}(\mathrm{e}^{\mathrm{j}\theta})}. \tag{9.112}$$

离散时间系统的频率响应特性描述了系统输出信号各频率分量和输入信号相应频率分量的幅值和相位关系

$$\begin{aligned} |R_{\mathrm{d}}(\mathrm{e}^{\mathrm{j}\theta})| \mathrm{e}^{\mathrm{j}\phi_{\mathrm{dr}}(\theta)} &= |E_{\mathrm{d}}(\mathrm{e}^{\mathrm{j}\theta})| \mathrm{e}^{\mathrm{j}\phi_{\mathrm{de}}(\theta)} |H_{\mathrm{d}}(\mathrm{e}^{\mathrm{j}\theta})| \mathrm{e}^{\mathrm{j}\phi_{\mathrm{dh}}(\theta)} \\ &= |E_{\mathrm{d}}(\mathrm{e}^{\mathrm{j}\theta})| |H_{\mathrm{d}}(\mathrm{e}^{\mathrm{j}\theta})| \mathrm{e}^{\mathrm{j}[\phi_{\mathrm{de}}(\theta)+\phi_{\mathrm{dh}}(\theta)]}, \end{aligned} \tag{9.113}$$

于是

$$|R_{\mathrm{d}}(\mathrm{e}^{\mathrm{j}\theta})| = |E_{\mathrm{d}}(\mathrm{e}^{\mathrm{j}\theta})| |H_{\mathrm{d}}(\mathrm{e}^{\mathrm{j}\theta})|, \tag{9.114}$$

$$\phi_{\mathrm{dr}}(\theta) = \phi_{\mathrm{de}}(\theta) + \phi_{\mathrm{dh}}(\theta). \tag{9.115}$$

此式显示,激励信号输入到一个系统,系统对信号进行加工产生输出,这个加工包括:(1)对各频率分量的幅值进行加权,$|R_{\mathrm{d}}(\mathrm{e}^{\mathrm{j}\theta})| = |E_{\mathrm{d}}(\mathrm{e}^{\mathrm{j}\theta})||H_{\mathrm{d}}(\mathrm{e}^{\mathrm{j}\theta})|$,$|H_{\mathrm{d}}(\mathrm{e}^{\mathrm{j}\theta})|$称为幅频特性;(2)对各频率分量相位进行平移,$\phi_{\mathrm{dr}}(\theta) = \phi_{\mathrm{de}}(\theta) + \phi_{\mathrm{dh}}(\theta)$,$\phi_{\mathrm{dh}}(\theta)$称为相频特性.

稳定的系统才有频率响应特性.当系统稳定时,系统函数 $H_{\mathrm{d}}(z)$的收敛域包含 z 平面的单位圆,系统频率响应特性就是 $H_{\mathrm{d}}(z)$在单位圆上的取值,有

$$H_{\mathrm{d}}(\mathrm{e}^{\mathrm{j}\theta}) = H_{\mathrm{d}}(z)\big|_{z=\mathrm{e}^{\mathrm{j}\theta}}. \tag{9.116}$$

有关离散时间系统的频率响应特性,将在第 11 章进一步介绍.

9.6.3　离散系统和连续系统的关系——冲激响应不变

设有一个连续时间系统，系统单位冲激响应、系统激励和系统响应分别为 $h_a(t)$，$e_a(t)$ 和 $r_a(t)$，它们满足关系 $r_a(t)=e_a(t)*h_a(t)$. 在 s 域，有 $R_a(s)=E_a(s)H_a(s)$.

构建一个离散时间系统，设系统激励 $e_d(n)$ 是对 $e_a(t)$ 的抽样，有 $e_d(n)=e_a(nT_s)$，现在要求系统响应 $r_d(n)$ 也是对 $r_a(t)$ 的抽样，即 $r_d(n)=r_a(nT_s)$，那么该离散时间系统的单位样值响应 $h_d(n)$ 应是什么？

离散系统的系统函数满足关系

$$H_d(z)=\frac{R_d(z)}{E_d(z)}. \tag{9.117}$$

根据式(9.78)的Z变换和拉普拉斯变换的关系，有

$$H_d(z)=\left.\frac{\frac{1}{T_s}\sum_{k=-\infty}^{\infty}R_a(s+jk\omega_s)}{\frac{1}{T_s}\sum_{k=-\infty}^{\infty}E_a(s+jk\omega_s)}\right|_{s=(\ln z)/T_s}. \tag{9.118}$$

已知$\frac{R_a(s)}{E_a(s)}=H_a(s)$，如果对 $e_a(t)$ 和 $r_a(t)$ 的抽样满足抽样定理，不产生混叠，则

$$\frac{\sum_{k=-\infty}^{\infty}R_a(s+jk\omega_s)}{\sum_{k=-\infty}^{\infty}E_a(s+jk\omega_s)}=\sum_{k=-\infty}^{\infty}H_a(s+jk\omega_s), \tag{9.119}$$

代入式(9.118)，有

$$H_d(z)=\sum_{k=-\infty}^{\infty}H_a(s+jk\omega_s)\big|_{s=(\ln z)/T_s}. \tag{9.120}$$

再利用式(9.78)的关系，得

$$H_d(z)=\mathcal{Z}[T_s h_a(nT_s)], \tag{9.121}$$

$$h_d(n)=T_s h_a(nT_s). \tag{9.122}$$

此式表明，如果有一个连续时间系统和一个离散时间系统，离散时间系统的激励 $e_d(n)$ 是对连续时间系统激励 $e_a(t)$ 的抽样，离散时间系统的响应 $r_d(n)$ 也是对连续时间系统响应 $r_a(t)$ 的抽样，且抽样过程满足抽样定理，则离散时间系统的单位样值响应 $h_d(n)$ 应该是对连续时间系统单位冲激响应 $h_a(t)$ 抽样，再乘系数 T_s. 此关系称为冲激响应不变，图 9-6 所示是冲激响应不变的信号关系. 当需要由已知的

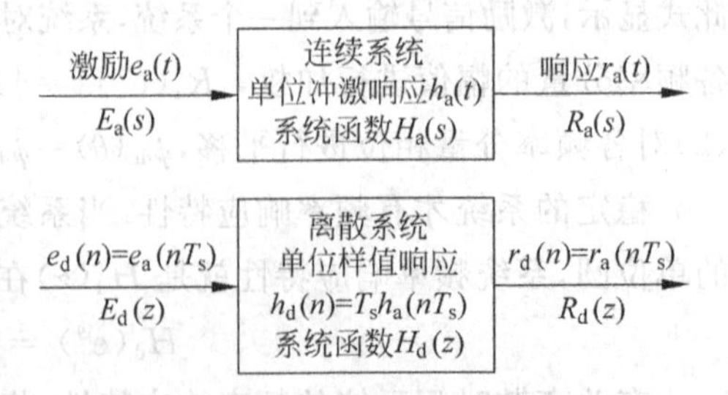

图 9-6　离散系统和连续系统的关系

连续时间系统构建离散时间系统时，可采用冲激响应不变的方法，此内容在第 11 章将进一步介绍.

9.6.4　由系统函数的极点分布分析系统响应的特征

根据系统函数的极点分布可以定性地分析系统响应的基本特性. 系统函数可以表示为

$$H_{\mathrm{d}}(z)=K\frac{\prod_{j=1}^{M}(z-z_j)}{\prod_{i=1}^{N}(z-p_i)},\tag{9.123}$$

其中 z_j 是 $H_{\mathrm{d}}(z)$ 第 j 个零点，p_i 是 $H_{\mathrm{d}}(z)$ 第 i 个极点. $H_{\mathrm{d}}(z)$ 的极点是系统差分方程的特征根，决定系统单位样值响应 $h_{\mathrm{d}}(n)$ 所包含的所有特征分量，极点坐标对应于各特征分量的频率和衰减. 系统函数的零点影响 $h_{\mathrm{d}}(n)$ 各特征分量的幅值和初始相位. 图 9-7 所示是 z 平面上单阶极点所对应的系统单位样值响应的特征示意图.

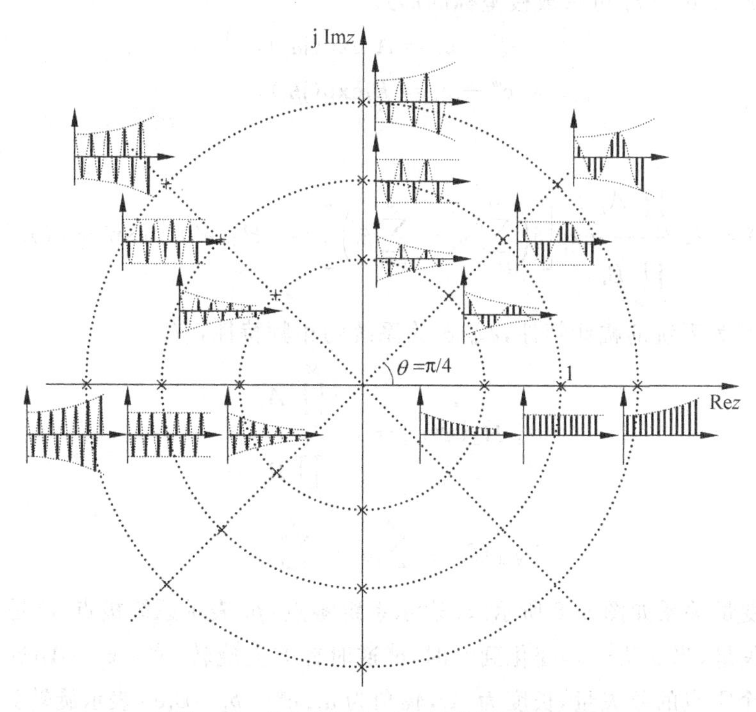

图 9-7　单阶极点与对应的单位样值响应

离散时间系统的系统函数也可能出现零点和极点相消的情况，相消极点所对应的特征分量将不出现在系统单位冲激响应中，也不出现在系统的零状态响应中，但能够出现在系统的零输入响应中. 系统函数从系统激励和系统响应的外在表现上描述系统的特性.

9.6.5 由系统函数的零、极点分析系统频率响应特性

和连续系统类似，根据系统函数 $H_{\mathrm{d}}(z)$ 的零、极点分布，也可以用几何的方法确定离散系统的频率响应特性 $H_{\mathrm{d}}(\mathrm{e}^{\mathrm{j}\theta})$. 已知稳定系统的系统函数，做变量替换可得系统频率响应特性，

$$H_{\mathrm{d}}(\mathrm{e}^{\mathrm{j}\theta}) = H_{\mathrm{d}}(z)\big|_{z=\mathrm{e}^{\mathrm{j}\theta}} = K\frac{\prod\limits_{j=1}^{M}(\mathrm{e}^{\mathrm{j}\theta}-z_j)}{\prod\limits_{i=1}^{N}(\mathrm{e}^{\mathrm{j}\theta}-p_i)}. \tag{9.124}$$

复变量 $\mathrm{e}^{\mathrm{j}\theta}-z_j$ 和 $\mathrm{e}^{\mathrm{j}\theta}-p_i$ 可写成极坐标的形式

$$\mathrm{e}^{\mathrm{j}\theta}-z_j = A_j\exp(\mathrm{j}\alpha_j), \tag{9.125}$$

$$\mathrm{e}^{\mathrm{j}\theta}-p_i = B_i\exp(\mathrm{j}\beta_i), \tag{9.126}$$

则

$$H_{\mathrm{d}}(\mathrm{e}^{\mathrm{j}\theta}) = K\frac{\prod\limits_{j=1}^{M}A_j}{\prod\limits_{i=1}^{N}B_i}\exp\left[\mathrm{j}\left(\sum_{j=1}^{M}\alpha_j-\sum_{i=1}^{N}\beta_i\right)\right] = |H_{\mathrm{d}}(\mathrm{e}^{\mathrm{j}\theta})|\exp[\mathrm{j}\phi_{\mathrm{dh}}(\theta)], \tag{9.127}$$

其中 $|H_{\mathrm{d}}(\mathrm{e}^{\mathrm{j}\theta})|$ 为系统的幅频特性，$\phi_{\mathrm{dh}}(\theta)$ 为系统的相频特性，有

$$|H_{\mathrm{d}}(\mathrm{e}^{\mathrm{j}\theta})| = K\frac{\prod\limits_{j=1}^{M}A_j}{\prod\limits_{i=1}^{N}B_i}, \tag{9.128}$$

$$\phi_{\mathrm{dh}}(\theta) = \sum_{j=1}^{M}\alpha_j - \sum_{i=1}^{N}\beta_i. \tag{9.129}$$

以上的变量关系如图 9-8 所示. z_j 表示系统零点，p_i 表示系统极点. $\mathrm{e}^{\mathrm{j}\theta}$ 是一个起点在原点的单位矢量，当 θ 从 $-\infty$ 变化到 ∞ 时，$\mathrm{e}^{\mathrm{j}\theta}$ 逆时针方向旋转. $\mathrm{e}^{\mathrm{j}\theta}-z_j=A_j\mathrm{e}^{\mathrm{j}\alpha_j}$ 表示旋转矢量 $\mathrm{e}^{\mathrm{j}\theta}$ 和第 j 个零点的差矢量，长度为 A_j，辐角为 α_j. $\mathrm{e}^{\mathrm{j}\theta}-p_i=B_i\mathrm{e}^{\mathrm{j}\beta_i}$ 表示旋转矢量 $\mathrm{e}^{\mathrm{j}\theta}$ 和第 i 个极点的差矢量，长度为 B_i，辐角为 β_i. 当 θ 变化时，随着 $\mathrm{e}^{\mathrm{j}\theta}$ 的旋转，所有差矢量的长度和辐角都在变化，此时按照式(9.128)计算得到 $|H_{\mathrm{d}}(\mathrm{e}^{\mathrm{j}\theta})|-\theta$ 关系，即为系统频率响应特性

的幅频特性；按照式(9.129)计算得到 $\phi_{dh}(\theta)$—θ 关系，即为系统频率响应特性的相频特性.

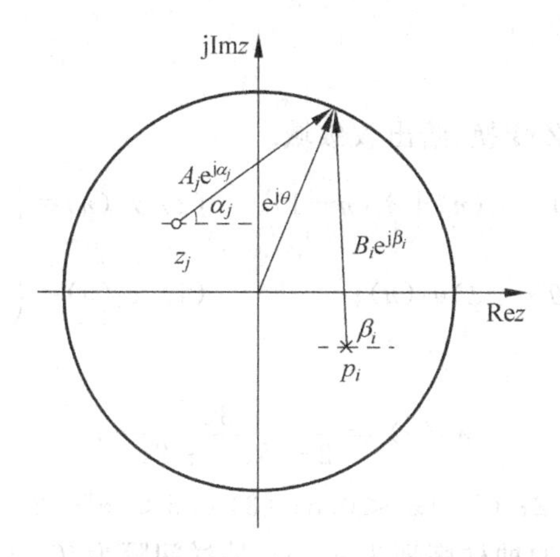

图 9-8　由零极点分布确定系统频率响应特性

如果系统有一个靠近单位圆的零点 $z_j = r_j e^{j\theta_j}$，则频率变化到 $\theta = \theta_j$ 附近时，A_j 的值比较小，幅频特性将有一个波谷. 如果系统有一个靠近单位圆的极点 $p_i = r_i e^{j\theta_i}$，则频率变化到 $\theta = \theta_i$ 附近时，B_i 的值比较小，幅频特性将有一个波峰.

当 θ 从 $-\infty$ 变化到 ∞ 时，$e^{j\theta}$ 逆时针方向周期旋转，因此离散系统的频率响应特性是周期重复的，这和前面介绍的 DTFT 的特点是一致的.

9.6.6　由系统函数的极点分布分析系统的稳定性

一个离散时间系统对于任意有界输入 $|e_d(n)| \leqslant M_e$ 只产生有界输出 $|r_d(n)| \leqslant M_r$，则称该系统是稳定系统. 判断离散时间系统稳定的充分必要条件是 $H_d(z)$ 的收敛域包含单位圆. 如果是因果系统，系统的所有极点都在单位圆内.

系统稳定的另一个充分必要条件是系统的单位样值响应绝对可和，即

$$\sum_{n=-\infty}^{\infty} |h_d(n)| \leqslant M. \tag{9.130}$$

对于因果系统，有

$$\sum_{n=0}^{\infty} |h_d(n)| \leqslant M. \tag{9.131}$$

系统稳定的一个必要条件是

$$\lim_{n \to \infty} h_d(n) = 0. \tag{9.132}$$

习题

9.1　求以下序列的Z变换，给出收敛域.

(1) $x_d(n)=\delta_d(n+1)+\delta_d(n)+\delta_d(n-1)$；　(2) $x_d(n)=\left(\frac{1}{2}\right)^{|n|}$；

(3) $x_d(n)=Ar^n\cos(\theta_0 n+\phi)u_d(n)$；　(4) $x_d(n)=\left(-\frac{1}{4}\right)^n u_d(n)$.

9.2　求逆Z变换：

$$X_d(z)=\frac{-3z^{-1}}{2-5z^{-1}+2z^{-2}},$$

收敛域分别为：(1) $|z|>2$；(2) $|z|<0.5$；(3) $0.5<|z|<2$.

9.3　因果信号 $e_a(t)$ 的抽样序列为 $e_d(n)$，抽样间隔为 T_s，$e_a(t)$ 的拉普拉斯变换为

$$E_a(s)=\frac{1-e^{-sT_s}}{s(s+1)},$$

求 $\mathcal{Z}[e_d(n)]$.

提示：利用拉普拉斯变换和Z变换的关系、拉普拉斯变换的时移特性、Z变换的时移特性.

9.4　用单边Z变换解下列差分方程：

(1) $y_d(n+2)+y_d(n+1)+y_d(n)=u_d(n)$，$y_d(0)=1$，$y_d(1)=2$；

(2) $y_d(n)+0.1y_d(n-1)-0.02y_d(n-2)=10u_d(n)$，$y_d(-1)=4$，$y_d(-2)=6$.

9.5　离散系统对输入 $x_d(n)=u_d(n)$ 的零状态响应为 $y_d(n)=2(1-0.5n)u_d(n)$，若 $x_d(n)=0.5^n u_d(n)$，求它的响应 $y_d(n)$.

9.6　已知离散系统差分方程表示式

$$y_d(n)-\frac{3}{4}y_d(n-1)+\frac{1}{8}y_d(n-2)=x_d(n)+\frac{1}{3}x_d(n-1).$$

(1) 求系统函数和系统单位样值响应；

(2) 画出系统函数的零点、极点分布图；

(3) 粗略画出系统幅频特性曲线.

9.7　定性画出下列类型的模拟和数字滤波器的幅频特性图，即 $|H_a(j\omega)|$ 和 $|H_d(e^{j\theta})|$ 的函数曲线.

(1) 低通；(2) 高通；(3) 带通；(4) 带阻；(5) 全通.

9.8　已知序列 $\frac{(n+1)(n+2)\cdots(n+m)}{m!}a^n u_d(n)$，其Z变换为 $\frac{z^{m+1}}{(z-a)^{m+1}}$，收敛域为 $|z|>|a|$. 利用时移特性求下列Z变换的逆变换：$\frac{z}{(z-a)^{m+1}}$，收敛域为 $|z|>|a|$.

第 10 章　离散傅里叶变换和快速傅里叶变换

已经学习了连续信号和离散信号的傅里叶级数和傅里叶变换，把这些信号变换的方法应用于计算机中的信号分析，还需要解决计算机中信号表示和节省计算机资源（计算时间和内存占用）的问题. 本章介绍离散傅里叶变换(DFT)和快速傅里叶变换(FFT)，它们是针对计算机应用所建立的信号傅里叶变换的计算方法.

10.1　四种形式信号傅里叶分析的比较

信号傅里叶分析有四种形式，分别是连续非周期信号傅里叶变换、连续周期信号傅里叶级数、离散时间傅里叶变换和离散周期信号傅里叶级数，图 10-1 给出了它们时域和频域的波形示意图. 信号的频域通常是复函数，为了方便起见，图 10-1 中设定信号的时域是偶函数，因此频域是实函数. 基于图 10-1 的波形，四种类型信号变换的特点和相互关系可以说明如下：

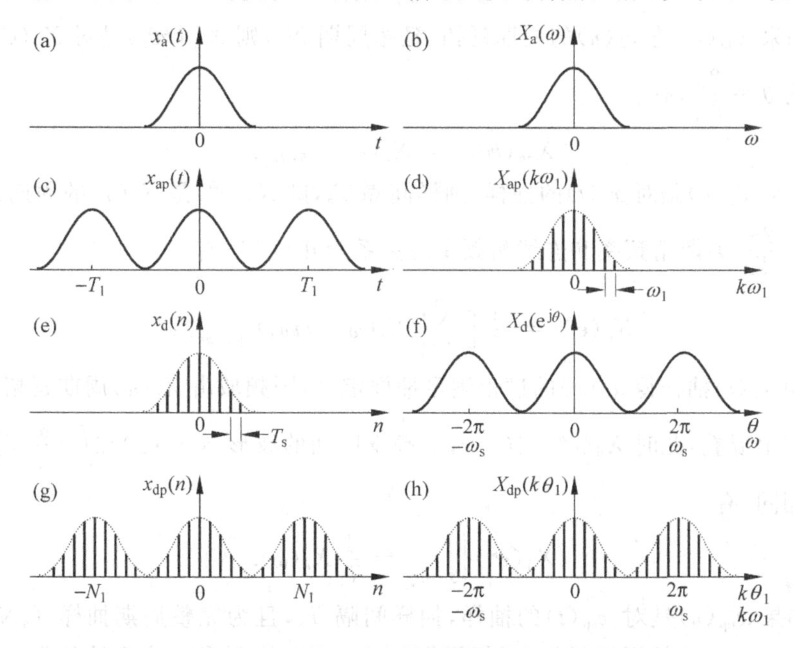

图 10-1　傅里叶变换各种形式的比较

设有连续非周期信号 $x_a(t)$，其傅里叶变换为 $X_a(\omega)$，波形如图 10-1(a)和(b)所示，下标 a 表示连续信号. $X_a(\omega)$描述信号各频率分量的幅值密度和相位随频率变化的关系，它是连续的和非周期的.

设有连续周期信号 $x_{ap}(t)$(周期为 T_1)，其傅里叶级数为 $X_{ap}(k\omega_1)$，波形如图 10-1(c)和(d)所示，下标 p 表示周期信号. $X_{ap}(k\omega_1)$描述信号各频率分量的幅值和相位随频率变化的关系. $X_{ap}(k\omega_1)$是离散的和非周期的，离散间隔为 $\omega_1=2\pi/T_1$.

设有离散非周期信号 $x_d(n)$，其离散时间傅里叶变换为 $X_d(e^{j\theta})$，波形见图 10-1(e)和(f)所示，下标 d 表示离散信号. $X_d(e^{j\theta})$描述信号各频率分量的幅值密度和相位随频率变化的关系. 它是连续的和周期的，周期为 2π.

设有离散周期信号 $x_{dp}(n)$(周期为 N_1)，其离散傅里叶级数为 $X_{dp}(k\theta_1)$，波形如图 10-1(g)和(h)所示. $X_{dp}(k\theta_1)$描述信号各频率分量的幅值和相位随频率变化的关系. $X_{dp}(k\theta_1)$是离散的和周期的，离散间隔为 $\theta_1=\dfrac{2\pi}{N_1}$，周期为 $N_1\theta_1=2\pi$.

当信号之间在时域存在一定的关系时，在频域也存在一定的关系.

(1) 如果 $x_{ap}(t)$是 $x_a(t)$的周期延拓，延拓周期 T_1，则 $X_{ap}(k\omega_1)$是对 $X_a(\omega)$的抽样，抽样间隔为 $\omega_1=\dfrac{2\pi}{T_1}$，有

$$X_{ap}(k\omega_1)=\frac{1}{T_1}X_a(\omega)\mid_{\omega=k\omega_1}. \tag{10.1}$$

(2) 如果 $x_{dp}(n)$是 $x_d(n)$的周期延拓，延拓周期 N_1，则 $X_{dp}(k\theta_1)$是对 $X_d(e^{j\theta})$的抽样，抽样间隔为 $\theta_1=\dfrac{2\pi}{N_1}$，有

$$X_{dp}(k\theta_1)=X_d(e^{j\theta})\mid_{\theta=k\theta_1}. \tag{10.2}$$

(3) 如果 $x_d(n)$是对 $x_a(t)$的抽样，抽样间隔 T_s，则 $X_d(e^{j\theta})$是 $X_a(\omega)$的周期延拓，延拓周期为 $\omega_s=\dfrac{2\pi}{T_s}$，离散角频率和连续角频率的关系为 $\theta=\omega T_s$，有

$$X_d(e^{j\theta})=\frac{1}{T_s}\Big[\sum_{m=-\infty}^{\infty}X_a(\omega+m\omega_s)\Big]_{\omega=\theta/T_s}. \tag{10.3}$$

如果上述由 $x_a(t)$抽样得 $x_d(n)$的过程满足抽样定理，则频域由 $X_a(\omega)$周期延拓得 $X_d(e^{j\theta})$的过程不产生混叠，此时 $X_d(e^{j\theta})$在$(-\pi,\pi)$频率区间的波形与 $X_a(\omega)$在$\left(-\dfrac{\omega_s}{2},\dfrac{\omega_s}{2}\right)$频率区间的波形相同，有

$$X_d(e^{j\theta})\Big|_{\theta=\omega T_s}=\frac{1}{T_s}X_a(\omega). \tag{10.4}$$

(4) 如果 $x_{dp}(n)$是对 $x_{ap}(t)$的抽样，抽样间隔 T_s，且为完整周期抽样 $T_sN_1=T_1$，则 $X_{dp}(k\theta_1)$是 $X_{ap}(k\omega_1)$的周期延拓，延拓周期 $\omega_s=\omega_1N_1$，离散角频率和连续角频率的关系

为 $k\theta_1 = k\omega_1 T_s$，有

$$X_{dp}(k\theta_1) = N_1\Big[\sum_{m=-\infty}^{\infty} X_{ap}(k\omega_1 + m\omega_s)\Big]_{k\omega_1 = k\theta_1/T_s}. \tag{10.5}$$

如果上述由 $x_{ap}(t)$ 抽样得 $x_{dp}(n)$ 的过程满足抽样定理，则频域由 $X_{ap}(k\omega_1)$ 周期延拓得 $X_{dp}(k\theta_1)$ 的过程不产生混叠，此时 $X_{dp}(k\theta_1)$ 在 $(-\pi,\pi)$ 频率区间的波形与 $X_{ap}(k\omega_1)$ 在 $\left(-\frac{\omega_s}{2},\frac{\omega_s}{2}\right)$ 频率区间的波形相同，有

$$X_{dp}(k\theta_1) = N_1 X_{ap}(k\omega_1)\Big|_{k\omega_1 = k\theta_1/T_s}. \tag{10.6}$$

由此可见，信号的周期性和离散性在时域和频域表现出了巧妙的对称性：时域周期（无论连续或离散）导致频域离散；时域离散（无论周期或非周期）导致频域周期；时域周期和离散，导致频域离散和周期.

在以上讨论中，为描述信号之间的关系，有时假设信号时间有限，有时假设信号频率有限. 请注意，一个信号不可能同时时间有限和频率有限，因此一些假设条件不能同时存在.

10.2　离散傅里叶变换

10.2.1　离散傅里叶变换的概念

在计算机上进行信号的傅里叶分析，需要解决信号在计算机中表示的问题. 在计算机中表示信号有两个基本要求：(1)无论在时域或频域，信号都必须是离散的，原本连续的信号需要进行抽样；(2)无论在时域或频域，信号都应是有限长的，计算机中无法存储无限长序列，原本无限长或很长的信号需要进行截取.

首先考察离散周期信号的傅里叶级数 DFS

$$X_{dp}(k\theta_1) = \sum_{n=0}^{N_1-1} x_{dp}(nT_s)e^{-j\theta_1 kn},\quad -\infty < k < \infty, \tag{10.7}$$

$$x_{dp}(n) = \frac{1}{N_1}\sum_{k=0}^{N_1-1} X_{dp}(k\theta_1)e^{j\theta_1 kn},\quad -\infty < n < \infty, \tag{10.8}$$

它在时域和频域都是离散的，满足计算机中信号表示的第一个要求. 另外，DFS 在时域和频域都是周期的，正变换和逆变换的计算都是基于信号一个周期的数值，只需要存储一个或若干个周期的数据，是有限长的，满足计算机中信号表示的第二个要求. 因此，离散周期信号傅里叶级数正变换和逆变换的计算可以直接在计算机中实现.

再考察离散时间傅里叶变换 DTFT. 首先，离散非周期信号可能是时间有限的，也可能是时间无限的；当信号时间无限或信号很长时，需要对信号进行截取，存储有限长数

据. 其次,DTFT 的频域信号是连续的和周期的,要在计算机上表示,还需要进行频域抽样. 在图 10-1 中,如果对 $X_d(e^{j\theta})$ 进行完整周期抽样,每个周期抽样 N_1 个点,抽样间隔为 $\theta_1=\frac{2\pi}{N_1}$,则得到频域的周期离散序列,它和离散周期信号的傅里叶级数 $X_{dp}(k\theta_1)$ 具有完全相同的形式. 事实上,频域对 $X_d(e^{j\theta})$ 以 θ_1 间隔进行抽样,相当于时域对 $x_d(n)$ 以 N_1 为周期进行周期延拓,其结果就是离散周期信号的傅里叶级数.

因此,当需要计算长度为 N_1 的离散非周期信号 $x_d(n)$ 的离散时间傅里叶变换 DTFT 时,可以把此非周期信号延拓为周期信号,求取延拓周期信号的离散傅里叶级数 DFS, DFS 的结果就是所要求取的 DTFT 的抽样值.

把 DFS 的算法应用到周期的或非周期的离散信号傅里叶分析,由此得到离散傅里叶变换 DFT. 已知长度为 N 的离散序列 $x_d(n)$, $0\leqslant n\leqslant N-1$,定义离散傅里叶变换和逆变换分别为

$$X_d(k)=\text{DFT}[x_d(n)]=\sum_{n=0}^{N-1}x_d(n)e^{-j\frac{2\pi}{N}kn},\quad k=0,1,2,\cdots,N-1,\tag{10.9}$$

$$x_d(n)=\text{IDFT}[X_d(k)]=\frac{1}{N}\sum_{k=0}^{N-1}X_d(k)e^{j\frac{2\pi}{N}kn},\quad n=0,1,2,\cdots,N-1.\tag{10.10}$$

引入符号 $W_N=e^{-j\frac{2\pi}{N}}$,则有

$$X_d(k)=\text{DFT}[x_d(n)]=\sum_{n=0}^{N-1}x_d(n)W_N^{kn},\quad k=0,1,2,\cdots,N-1,\tag{10.11}$$

$$x_d(n)=\text{IDFT}[X_d(k)]=\frac{1}{N}\sum_{k=0}^{N-1}X_d(k)W_N^{-kn},\quad n=0,1,2,\cdots,N-1.\tag{10.12}$$

离散傅里叶变换 DFT 的本质是 DFS. 当离散序列 $x_d(n)$ $(0\leqslant n\leqslant N-1)$ 来自于对一个周期信号的抽样时,DFT 的计算结果表示的就是此离散周期信号的傅里叶级数 DFS,即

$$\text{DFT}[x_d(n)]=\text{DFS}[x_{dp}(n)]_{0\leqslant k\leqslant N-1}.\tag{10.13}$$

当离散序列 $x_d(n)$ $(0\leqslant n\leqslant N-1)$ 来自于对一个非周期信号的抽样时,DFT 的计算结果表示的则是此离散非周期信号的离散时间傅里叶变换 DTFT,它是 DTFT 的抽样值,有

$$\text{DFT}[x_d(n)]=\text{DTFT}[x_d(n)]_{\theta=k\frac{2\pi}{N},0\leqslant k\leqslant N-1}.\tag{10.14}$$

在定义上,DFS 的时域和频域都是周期序列,而 DFT 的时域序列和频域序列都定义 N 个值, $n=0,1,2,\cdots,N-1$, $k=0,1,2,\cdots,N-1$.

10.2.2 离散傅里叶变换的误差分析

离散傅里叶变换 DFT 可进行周期信号的傅里叶级数分析,也可进行非周期信号的傅里叶变换分析,其误差形式和 DFS 或 DTFT 相同.

1. 周期信号 DFT 分析的误差

已知连续周期信号 $x_{ap}(t)$，其傅里叶级数为 $X_{ap}(k\omega_1)$. 对 $x_{ap}(t)$ 进行抽样，得到长度为 N 的离散序列 $x_d(n)$，通过离散傅里叶变换 DFT 计算，得到 $X_d(k)=\text{DFT}[x_d(n)]$. 显然，$X_d(k)$ 的结果就是离散傅里叶级数 DFS，用 $X_d(k)$ 表示 $X_{ap}(k\omega_1)$，误差情况也和 DFS 相同，有泄漏误差和混叠误差.

如果对 $x_{ap}(t)$ 抽样时不满足完整周期抽样，即 $NT_s\neq MT_1$（M 为正整数，表示对连续信号多个周期的抽样），则产生泄漏误差.

如果对 $x_{ap}(t)$ 抽样时，抽样频率不满足抽样定理，则出现频谱混叠，产生混叠误差. 频谱混叠有两种情况：其一，$x_{ap}(t)$ 频率有限，但抽样频率选择较低，不满足抽样定理；其二，$x_{ap}(t)$ 频率无限，无论如何选择抽样频率都避免不了混叠误差，但选择足够高的抽样频率可使混叠误差减小到足够小的水平.

2. 非周期信号 DFT 分析的误差

已知连续非周期信号 $x_a(t)$，其傅里叶变换为 $X_a(\omega)$. 对 $x_a(t)$ 进行抽样，得到长度为 N 的离散序列 $x_d(n)$，通过离散傅里叶变换 DFT 计算，得到 $X_d(k)=\text{DFT}[x_d(n)]$. 此时 $X_d(k)$ 表示的是离散时间傅里叶变换 DTFT 的抽样值，用 $X_d(k)$ 表示 $X_a(\omega)$，误差情况和 DTFT 相同，也有泄漏误差和混叠误差.

如果对 $x_a(t)$ 抽样时出现信号截断，则产生泄漏误差. 信号截断有两种情况：其一，$x_a(t)$ 时间有限，但抽样长度选择较短，没有覆盖 $x_a(t)$ 的全部非零区间；其二，$x_{ap}(t)$ 时间无限，无论如何选择抽样长度都避免不了信号截断，但选择足够长的抽样长度可使泄漏误差减小到足够小的水平.

如果对 $x_a(t)$ 抽样时，抽样频率不满足抽样定理，则出现频谱混叠，产生混叠误差. 无论 $x_a(t)$ 原来是时间有限还是时间无限，在进行 DFT 计算时，只取有限长序列. 信号时间有限则频率无限，因此频谱混叠不可避免. 对于非周期信号，时间有限时频率无限，频率有限时时间无限，DFT 分析的误差不可避免.

在 DFT 的应用中，提高计算精度、提高计算速度和节省存储空间是经常面临的三个基本要求，它们相互矛盾和制约. 为了提高计算精度，需要提高抽样率和抽样长度，由此将牺牲计算速度和存储空间. 在实际选择抽样频率和抽样长度时，需要综合考虑具体的情况和要求.

10.3　离散傅里叶变换的性质

1. 线性特性

如果 $x_{d1}(n)$ 和 $x_{d2}(n)$ 是长度相同的两个序列，且 $\text{DFT}[x_{d1}(n)]=X_{d1}(k)$，

$\mathrm{DFT}[x_{d2}(n)]=X_{d2}(k)$,则有

$$\mathrm{DFT}[ax_{d1}(n)+bx_{d2}(n)]=aX_{d1}(k)+bX_{d2}(k), \tag{10.15}$$

其中 a,b 为任意常数. 如果 $x_{d1}(n)$和 $x_{d2}(n)$的序列长度不相同,则应该对序列补零,使两个序列长度相同,这样才能进行线性运算.

2. 圆周时移特性

对于一个长度为 N 的序列 $x_d(n)(n=0,1,2,\cdots,N-1)$,所谓圆周时移,即序列头尾相连进行移位. 当右移一位时,序列尾端的一个元素移至序列首端,当左移一位时,序列首端的一个元素移至序列尾端,移位过程中序列长度始终为 N,始终占据区间 $0\leqslant n\leqslant N-1$. 为了和圆周时移相区别,以前所介绍的时移称为线时移.

$x_d(n)$的圆周时移可分解为以下三个运算步骤:

(1) 周期延拓: 把 $x_d(n)$以 N 为周期延拓为周期序列,表示为 $x_d((n))_N(-\infty<n<\infty)$,此处$((n))_N$为求余运算,表示 n 被 N 整除后的余数,例如: $((5))_4=(1)$,$((10))_4=(2)$.

(2) 线时移: 对 $x_d((n))_N$ 进行线时移,左移或右移 m 位时,表示为 $x_d((n\pm m))_N$.

(3) 取主值: 对线时移后的周期序列,截取 $0\leqslant n\leqslant N-1$ 区间的一段,表示为 $x_d((n\pm m))_N G_{dN}(n)$,其中 $G_{dN}(n)$为离散窗函数,有

$$G_{dN}(n)=\begin{cases}1, & 0\leqslant n\leqslant N-1,\\ 0, & \text{其他}.\end{cases} \tag{10.16}$$

圆周时移特性: 已知序列 $x_d(n)$, 圆周时移得 $x_d((n\pm m))_N G_{dN}(n)$, 如果 $\mathrm{DFT}[x_d(n)]=X_d(k)$,则

$$\mathrm{DFT}[x_d((n-m))_N G_{dN}(n)]=W_N^{mk}X_d(k). \tag{10.17}$$

证明

$$\mathrm{DFT}[x_d((n-m))_N G_{dN}(n)]=\sum_{n=0}^{N-1}x_d((n-m))_N W_N^{nk}. \tag{10.18}$$

令 $n-m=i$,得

$$\begin{aligned}\mathrm{DFT}[x_d((n-m))_N G_{dN}(n)]&=\sum_{i=-m}^{N-m-1}x_d((i))_N W_N^{(m+i)k}\\ &=W_N^{mk}\sum_{i=-m}^{N-m-1}x_d((i))_N W_N^{ik}.\end{aligned} \tag{10.19}$$

因为 $x((i))_N W_N^{ik}$ 是 i 的以 N 为周期的周期函数,所以有

$$\begin{aligned}\mathrm{DFT}[x_d((n-m))_N G_{dN}(n)]&=W_N^{mk}\sum_{i=0}^{N-1}x_d(i)W_N^{ik}\\ &=W_N^{mk}X_d(k).\end{aligned} \tag{10.20}$$

3. 圆周频移特性

如果 $\mathrm{DFT}[x_{\mathrm{d}}(n)]=X_{\mathrm{d}}(k)$，则

$$\mathrm{IDFT}[X_{\mathrm{d}}((k-m))_N G_{\mathrm{d}N}(k)]=W_N^{-mn}x_{\mathrm{d}}(n). \tag{10.21}$$

4. 时域圆周卷积特性

设有两个等长序列 $x_{\mathrm{d}}(n)$ 和 $h_{\mathrm{d}}(n)$，长度为 N，圆周卷积的定义为

$$\begin{aligned} x_{\mathrm{d}}(n)\circledast h_{\mathrm{d}}(n) &= \sum_{m=0}^{N-1} x_{\mathrm{d}}(m)h_{\mathrm{d}}((n-m))_N G_{\mathrm{d}N}(n) \\ &= \sum_{m=0}^{N-1} h_{\mathrm{d}}(m)x_{\mathrm{d}}((n-m))_N G_{\mathrm{d}N}(n). \end{aligned} \tag{10.22}$$

圆周卷积的计算过程：

(1) 其中一个序列反褶，由 $x_{\mathrm{d}}(m)$ 得 $x_{\mathrm{d}}(-m)$，或由 $h_{\mathrm{d}}(m)$ 得 $h_{\mathrm{d}}(-m)$；

(2) 把反褶后的序列周期延拓；

(3) 把反褶和延拓后的序列平移 n；

(4) 把反褶、延拓和平移后的序列与另一序列在 $0\leqslant m\leqslant N-1$ 区间相乘、求和；

(5) 取不同移位值 $0\leqslant n\leqslant N-1$，分别进行上述相乘求和运算，得圆周卷积的结果，它仍然是长度为 N 的序列.

例 10.1　求下列两序列 $x_{\mathrm{d}}(n)=\{1,2,3,4\}$ 和 $h_{\mathrm{d}}(n)=\{1,2,2,4\}$ 的圆周卷积.

解　方法一：按照以上所列步骤进行计算.

m,n	…	−4	−3	−2	−1	0	1	2	3	4	5	6	7	…
$x(m)$						1	2	3	4					
$h(m)$						1	2	2	4					
反褶得 $h(-m)$			4	2	2	1								
延拓得 $h((-m))_4$	…	1	4	2	2	1	4	2	2	1	4	2	2	…
平移得 $h((1-m))_4$	…	2	1	4	2	2	1	4	2	2	1	4	2	…
平移得 $h((2-m))_4$	…	2	2	1	4	2	2	1	4	2	2	1	4	…
平移得 $h((3-m))_4$	…	4	2	2	1	4	2	2	1	4	2	2	1	…
$\sum_{m=0}^{3}x(m)h((n-m))_N$						23	24	25	18					

求得 $x(n)\circledast h(n)=\{23,24,25,18\}$.

方法二：按照样值响应的概念进行计算，但是把延时的样值响应按圆周位移方式排列.

$x(n)$	$x(0)=1$	$x(1)=2$	$x(2)=3$	$x(3)=4$
$h(n)$	$h(0)=1$	$h(1)=2$	$h(2)=2$	$h(3)=4$
$x(0)=1$ 产生的响应	$x(0)h(0)=1$	$x(0)h(1)=2$	$x(0)h(2)=2$	$x(0)h(3)=4$
$x(1)=2$ 产生的响应	$x(1)h(3)=8$	$x(1)h(0)=2$	$x(1)h(1)=4$	$x(1)h(2)=4$
$x(2)=3$ 产生的响应	$x(2)h(2)=6$	$x(2)h(3)=12$	$x(2)h(0)=3$	$x(2)h(1)=6$
$x(3)=4$ 产生的响应	$x(3)h(1)=8$	$x(3)h(2)=8$	$x(3)h(3)=16$	$x(3)h(0)=4$
求和得全部响应	23	24	25	18

求得 $x(n)\circledast h(n)=\{23,24,25,18\}$.

为了和圆周卷积相区别,以前所介绍的卷积称为线卷积.两个序列的线卷积不要求两个序列等长,如果 $x_d(n)$的长度为 N,$h_d(n)$的长度为 M,则线卷积 $x_d(n)*h_d(n)$的长度为 $N+M-1$.然而,圆周卷积要求两个序列等长,如果不等长则需要补零.两个长度为 N 的序列进行圆周卷积,所得序列的长度仍然是 N.

在一定条件下,圆周卷积等于线卷积.设 $x_d(n)$的长度为 N,$h_d(n)$的长度为 M,把 $x_d(n)$和 $h_d(n)$补零,使它们的长度都为 $N+M-1$,则补零后的两序列的圆周卷积等于它们的线卷积,长度也为 $N+M-1$.

圆周卷积特性:设有两个等长序列 $x_d(n)$和 $h_d(n)$,长度为 N,有

$$\mathrm{DFT}[x_d(n)\circledast h_d(n)]=\mathrm{DFT}[x_d(n)]\mathrm{DFT}[h_d(n)]. \tag{10.23}$$

圆周卷积特性表明,两个序列的圆周卷积可以通过离散傅里叶变换 DFT 来计算,有

$$x_d(n)\circledast h_d(n)=\mathrm{IDFT}\{\mathrm{DFT}[x_d(n)]\mathrm{DFT}[h_d(n)]\}. \tag{10.24}$$

实际中经常需要计算两个序列的线卷积,可以先把这两个序列补零至长度为 $N+M-1$,然后利用 DFT 和 IDFT 计算它们的圆周卷积,所得结果就是要求的线卷积.在序列很长的情况下,借助于后面将要介绍的快速傅里叶变换,可以有效提高线卷积的计算速度.

5. DFT 的奇偶性

函数的奇偶性通常指函数相对于坐标原点和纵轴的对称关系,但在 DFT 的定义中,时域序列和频域序列的横坐标均取值于 $0\leqslant n\leqslant N-1$ 的范围,因此它们相对于坐标原点和纵轴没有对称性.在 DFT 的奇偶性的讨论中,所谓奇函数,指函数关于横坐标点$\frac{N}{2}$旋转对称;所谓偶函数,指函数关于横坐标点$\frac{N}{2}$水平折叠对称.其实,DFT 的坐标取值只是定义的问题,把 DFT 的时域波形或频域波形进行周期延拓,如果相对于点 $N/2$ 的奇偶性存在,则相对于坐标原点的奇偶性也存在.

当 N 为偶数时,$\frac{N}{2}$为整数,当 N 为奇数时,$\frac{N}{2}$为小数,所以 DFT 奇偶性的对称点可

能有两种情况.图 10-2 是两种偶对称情况的例子,一种情况 $N=8$,对称点为 $k=4$;另一种情况 $N=7$,对称点在 $k=3$ 和 $k=4$ 中间.

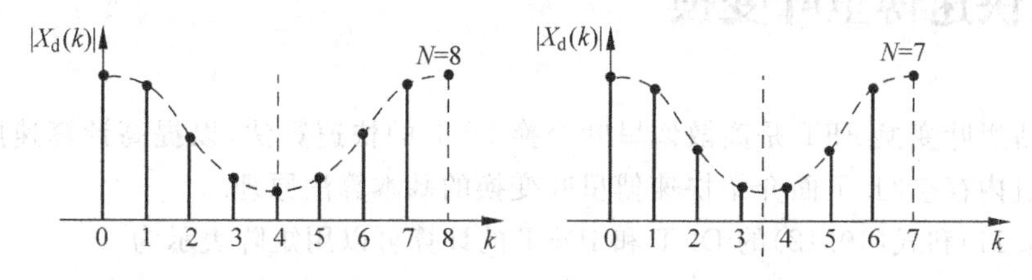

图 10-2　DFT 的奇偶对称性

离散傅里叶变换 $X_{\mathrm{d}}(k)=\mathrm{DFT}[x_{\mathrm{d}}(n)]$ 通常为一个复序列,$0\leqslant k\leqslant N-1$.当 $x_{\mathrm{d}}(n)$ 为实序列时,有

$$\begin{aligned}X_{\mathrm{d}}(k)&=\sum_{n=0}^{N-1}x_{\mathrm{d}}(n)\mathrm{e}^{-\mathrm{j}\frac{2\pi}{N}kn}\\&=\sum_{n=0}^{N-1}x_{\mathrm{d}}(n)\cos\frac{2\pi}{N}kn-\mathrm{j}\sum_{n=0}^{N-1}x_{\mathrm{d}}(n)\sin\frac{2\pi}{N}kn\\&=X_{\mathrm{dr}}(k)+\mathrm{j}X_{\mathrm{di}}(k),\end{aligned}\tag{10.25}$$

其中,

$$X_{\mathrm{dr}}(k)=\sum_{n=0}^{N-1}x_{\mathrm{d}}(n)\cos\frac{2\pi}{N}kn,\quad X_{\mathrm{di}}(k)=\sum_{n=0}^{N-1}x_{\mathrm{d}}(n)\sin\frac{2\pi}{N}kn,\tag{10.26}$$

因此有

$$X_{\mathrm{dr}}(N-k)=X_{\mathrm{dr}}(k),\quad X_{\mathrm{di}}(N-k)=-X_{\mathrm{di}}(k).\tag{10.27}$$

$$X_{\mathrm{d}}(k)=X_{\mathrm{d}}^{*}(N-k),\tag{10.28}$$

$$|X_{\mathrm{d}}(k)|=|X_{\mathrm{d}}(N-k)|,\tag{10.29}$$

$$\arg[X_{\mathrm{d}}(k)]=-\arg[X_{\mathrm{d}}(N-k)].\tag{10.30}$$

以上关系式表明,实数序列的离散傅里叶变换 $X_{\mathrm{d}}(k)$ 对于 $N/2$ 点呈对称分布,$X_{\mathrm{dr}}(k)$ 是偶对称,$X_{\mathrm{di}}(k)$ 是奇对称;$|X_{\mathrm{d}}(k)|$ 是偶对称,$\arg[X_{\mathrm{d}}(k)]$ 是奇对称.

如果 $x_{\mathrm{d}}(n)$ 是实偶序列,则 $X_{\mathrm{di}}(k)=0$,$X_{\mathrm{d}}(k)$ 是实偶序列;如果 $x_{\mathrm{d}}(n)$ 是实奇序列,则 $X_{\mathrm{dr}}(k)=0$,$X_{\mathrm{d}}(k)$ 是虚奇序列.

6. 帕塞瓦尔定理

帕塞瓦尔定理的本质是能量守恒,时域能量和频域能量相等:

$$\sum_{n=0}^{N-1}|x_{\mathrm{d}}(n)|^{2}=\frac{1}{N}\sum_{k=0}^{N-1}|X_{\mathrm{d}}(k)|^{2}.\tag{10.31}$$

10.4　快速傅里叶变换

快速傅里叶变换 FFT 是离散傅里叶变换 DFT 的快速算法，以提高计算速度和减少占用计算机内存空间. 下面介绍快速傅里叶变换的基本算法原理.

式(10.11)和式(10.12)的 DFT 和 IDFT 的计算可以用矩阵表示为

$$\begin{bmatrix} X_d(0) \\ X_d(1) \\ \vdots \\ X_d(N-1) \end{bmatrix} = \begin{bmatrix} W_N^0 & W_N^0 & W_N^0 & \cdots & W_N^0 \\ W_N^0 & W_N^{1\times1} & W_N^{2\times1} & \cdots & W_N^{(N-1)\times1} \\ \vdots & \vdots & \vdots & & \vdots \\ W_N^0 & W_N^{1\times(N-1)} & W_N^{2\times(N-1)} & \cdots & W_N^{(N-1)(N-1)} \end{bmatrix} \begin{bmatrix} x_d(0) \\ x_d(1) \\ \vdots \\ x_d(N-1) \end{bmatrix}, \tag{10.32}$$

$$\begin{bmatrix} x_d(0) \\ x_d(1) \\ \vdots \\ x_d(N-1) \end{bmatrix} = \frac{1}{N} \begin{bmatrix} W_N^0 & W_N^0 & W_N^0 & \cdots & W_N^0 \\ W_N^0 & W_N^{-1\times1} & W_N^{-2\times1} & \cdots & W_N^{-(N-1)\times1} \\ \vdots & \vdots & \vdots & & \vdots \\ W_N^0 & W_N^{-1\times(N-1)} & W_N^{-2\times(N-1)} & \cdots & W_N^{-(N-1)(N-1)} \end{bmatrix} \begin{bmatrix} X_d(0) \\ X_d(1) \\ \vdots \\ X_d(N-1) \end{bmatrix}. \tag{10.33}$$

对于一个长度为 N 的序列 $x_d(n)$，每计算 $X_d(k)$ 的一个元素，需要进行 N 次复数相乘，$N-1$ 次复数相加. 要计算出全部的 $X_d(k)$，需要进行 N^2 次复数相乘和 $N(N-1)$ 次复数相加. 显然，随着 N 的增大，运算工作量迅速增大. 在一些实时性要求高的场合，过长的计算时间限制了 DFT 的应用.

在式(10.32)和式(10.33)中，W_N^{kn} 具有周期性和对称性，使得矩阵中存在大量重复元素，DFT 计算中也存在大量重复计算. FFT 消除了 DFT 中的重复计算，从而显著提高了计算速度.

(1) W_N^{kn} 的周期性

$W_N = \mathrm{e}^{-\mathrm{j}\frac{2\pi}{N}}$ 是一个单位矢量，长度为 1，辐角为 $-\dfrac{2\pi}{N}$.

W_N^{kn} 也是单位矢量，长度为 1，辐角为 $-\dfrac{2\pi}{N}kn$，随着 kn 的变化，W_N^{kn} 以 N 为周期重复，有

$$W_N^{kn} = W_N^{((kn))_N}. \tag{10.34}$$

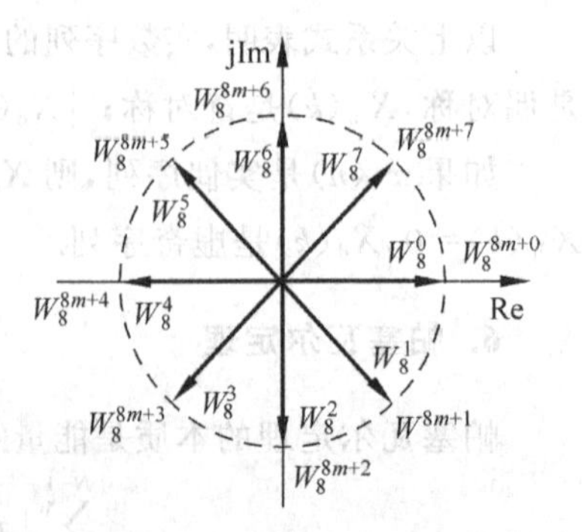

图 10-3　W_8^{kn} 的周期性和对称性

图 10-3 所示是 W_8^{kn}($N=8$)在复平面上随 kn 增加而旋转变化的情况，kn 每增加 8，W_8^{kn} 旋转一周，如此周期重复.

(2) W_N^{kn} 的对称性

从图 10-3 还可以看出，当 N 为偶数时，矢量关于

原点两两对称，有

$$W_N^{\left(kn+\frac{N}{2}\right)}=-W_N^{kn}. \tag{10.35}$$

利用 W_N^{kn} 的周期性和对称性，可以对式(10.32)和式(10.33)的矩阵元素进行简化. 仍以 $N=8$ 的 DFT 正变换为例，其矩阵表示变化为

$$\begin{bmatrix} X_d(0)\\ X_d(1)\\ X_d(2)\\ X_d(3)\\ X_d(4)\\ X_d(5)\\ X_d(6)\\ X_d(7) \end{bmatrix}=\begin{bmatrix} W_8^0 & W_8^0 & W_8^0 & W_8^0 & W_8^0 & W_8^0 & W_8^0 & W_8^0\\ W_8^0 & W_8^1 & W_8^2 & W_8^3 & W_8^4 & W_8^5 & W_8^6 & W_8^7\\ W_8^0 & W_8^2 & W_8^4 & W_8^6 & W_8^8 & W_8^{10} & W_8^{12} & W_8^{14}\\ W_8^0 & W_8^3 & W_8^6 & W_8^9 & W_8^{12} & W_8^{15} & W_8^{18} & W_8^{21}\\ W_8^0 & W_8^4 & W_8^8 & W_8^{12} & W_8^{16} & W_8^{20} & W_8^{24} & W_8^{28}\\ W_8^0 & W_8^5 & W_8^{10} & W_8^{15} & W_8^{20} & W_8^{25} & W_8^{30} & W_8^{35}\\ W_8^0 & W_8^6 & W_8^{12} & W_8^{18} & W_8^{24} & W_8^{30} & W_8^{36} & W_8^{42}\\ W_8^0 & W_8^7 & W_8^{14} & W_8^{21} & W_8^{28} & W_8^{35} & W_8^{42} & W_8^{49} \end{bmatrix}\begin{bmatrix} x_d(0)\\ x_d(1)\\ x_d(2)\\ x_d(3)\\ x_d(4)\\ x_d(5)\\ x_d(6)\\ x_d(7) \end{bmatrix}$$

$$=\begin{bmatrix} W_8^0 & W_8^0 & W_8^0 & W_8^0 & W_8^0 & W_8^0 & W_8^0 & W_8^0\\ W_8^0 & W_8^1 & W_8^2 & W_8^3 & -W_8^0 & -W_8^1 & -W_8^2 & -W_8^3\\ W_8^0 & W_8^2 & -W_8^0 & -W_8^2 & W_8^0 & W_8^2 & -W_8^0 & -W_8^2\\ W_8^0 & W_8^3 & -W_8^2 & W_8^1 & -W_8^0 & -W_8^3 & W_8^2 & -W_8^1\\ W_8^0 & -W_8^0 & W_8^0 & -W_8^0 & W_8^0 & -W_8^0 & W_8^0 & -W_8^0\\ W_8^0 & -W_8^1 & W_8^2 & -W_8^3 & -W_8^0 & W_8^1 & -W_8^2 & W_8^3\\ W_8^0 & -W_8^2 & -W_8^0 & W_8^2 & W_8^0 & -W_8^2 & -W_8^0 & W_8^2\\ W_8^0 & -W_8^3 & -W_8^2 & -W_8^1 & -W_8^0 & W_8^3 & W_8^2 & W_8^1 \end{bmatrix}\begin{bmatrix} x_d(0)\\ x_d(1)\\ x_d(2)\\ x_d(3)\\ x_d(4)\\ x_d(5)\\ x_d(6)\\ x_d(7) \end{bmatrix}. \tag{10.36}$$

此矩阵中有大量重复元素，导致了大量的重复计算. 为了消除重复计算，FFT 采用了以下算法.

设给定序列 $x_d(n)$ 的长度为 $N=2^M$，把 N 点序列的 DFT 分解为序数为偶数的 $\frac{N}{2}$ 个点序列的 DFT 和序数为奇数的 $\frac{N}{2}$ 个点序列的 DFT，即

$$\begin{aligned} X_d(k) &= \sum_{n=0}^{N-1} x_d(n) W_N^{nk}\\ &= \sum_{\text{even}[n]} x_d(n) W_N^{nk} + \sum_{\text{odd}[n]} x_d(n) W_N^{nk}\\ &= \sum_{r=0}^{(N/2)-1} x_d(2r) W_N^{2rk} + \sum_{r=0}^{(N/2)-1} x_d(2r+1) W_N^{(2r+1)k}\\ &= \sum_{r=0}^{(N/2)-1} x_d(2r)(W_N^2)^{rk} + \sum_{r=0}^{(N/2)-1} x_d(2r+1)(W_N^2)^{rk} W_N^k. \end{aligned} \tag{10.37}$$

因为 $W_N^2=W_{N/2}$，所以有

$$X_{\mathrm{d}}(k)=\sum_{r=0}^{(N/2)-1}x_{\mathrm{d}}(2r)(W_{N/2})^{rk}+W_N^k\sum_{r=0}^{(N/2)-1}x_{\mathrm{d}}(2r+1)(W_{N/2})^{rk}, \tag{10.38}$$

此式右边前项为偶数点组成的长度为$\frac{N}{2}$的序列的 DFT，后项为奇数点组成的长度为$\frac{N}{2}$的序列的 DFT，可表示为

$$X_{\mathrm{d}}(k)=X_{\mathrm{de}}(k)+W_N^kX_{\mathrm{do}}(k),\quad 0\leqslant k\leqslant N-1. \tag{10.39}$$

因为 $X_{\mathrm{de}}(k)$和 $X_{\mathrm{do}}(k)$具有周期性，周期为$\frac{N}{2}$，有

$$X_{\mathrm{de}}\left(k+\frac{N}{2}\right)=X_{\mathrm{de}}(k), \tag{10.40}$$

$$X_{\mathrm{do}}\left(k+\frac{N}{2}\right)=X_{\mathrm{do}}(k). \tag{10.41}$$

还因为 W_N^k 具有对称性，有

$$W_N^{k+N/2}=-W_N^k. \tag{10.42}$$

所以式(10.39)对 $X_{\mathrm{d}}(k)$的 N 个元素的计算可分解为前$\frac{N}{2}$个元素的计算和后$\frac{N}{2}$个元素的计算，分别为

$$X_{\mathrm{d}}(k)=X_{\mathrm{de}}(k)+W_N^kX_{\mathrm{do}}(k),\quad 0\leqslant k\leqslant \frac{N}{2}-1, \tag{10.43}$$

$$X_{\mathrm{d}}(k+N/2)=X_{\mathrm{de}}(k)-W_N^kX_{\mathrm{do}}(k),\quad 0\leqslant k\leqslant \frac{N}{2}-1. \tag{10.44}$$

可见，一个 N 阶矩阵的计算分解成了两个$\frac{N}{2}$阶矩阵的计算，计算量显著减少. 如果 $N=2^M$，即可被 2 连续整除，则这种分解可重复进行下去，直至最后的 2 阶矩阵的运算.

表 10-1　8 点序列 FFT 计算的分解过程

原始序列的时域和频域		第一步分解后的时域和频域		第二步分解后的时域和频域	
$x_{\mathrm{d}}(0)$	$X_{\mathrm{d}}(0)$	$x_{\mathrm{d}}(0)$	$X_{\mathrm{de}}(0)$	$x_{\mathrm{d}}(0)$	$X_{\mathrm{dee}}(0)$
$x_{\mathrm{d}}(1)$	$X_{\mathrm{d}}(1)$	$x_{\mathrm{d}}(2)$	$X_{\mathrm{de}}(1)$	$x_{\mathrm{d}}(4)$	$X_{\mathrm{dee}}(1)$
$x_{\mathrm{d}}(2)$	$X_{\mathrm{d}}(2)$	$x_{\mathrm{d}}(4)$	$X_{\mathrm{de}}(2)$	$x_{\mathrm{d}}(2)$	$X_{\mathrm{deo}}(0)$
$x_{\mathrm{d}}(3)$	$X_{\mathrm{d}}(3)$	$x_{\mathrm{d}}(6)$	$X_{\mathrm{de}}(3)$	$x_{\mathrm{d}}(6)$	$X_{\mathrm{deo}}(1)$
$x_{\mathrm{d}}(4)$	$X_{\mathrm{d}}(4)$	$x_{\mathrm{d}}(1)$	$X_{\mathrm{do}}(0)$	$x_{\mathrm{d}}(1)$	$X_{\mathrm{doe}}(0)$
$x_{\mathrm{d}}(5)$	$X_{\mathrm{d}}(5)$	$x_{\mathrm{d}}(3)$	$X_{\mathrm{do}}(1)$	$x_{\mathrm{d}}(5)$	$X_{\mathrm{doe}}(1)$
$x_{\mathrm{d}}(6)$	$X_{\mathrm{d}}(6)$	$x_{\mathrm{d}}(5)$	$X_{\mathrm{do}}(2)$	$x_{\mathrm{d}}(3)$	$X_{\mathrm{doo}}(0)$
$x_{\mathrm{d}}(7)$	$X_{\mathrm{d}}(7)$	$x_{\mathrm{d}}(7)$	$X_{\mathrm{do}}(3)$	$x_{\mathrm{d}}(7)$	$X_{\mathrm{doo}}(1)$

表 10-1 所示是对长度 $N=8$ 的序列进行分解以计算 DFT 的例子. 为了从 $x_{\mathrm{d}}(n)$计算 $X_{\mathrm{d}}(k)$,先把 $x_{\mathrm{d}}(n)$按序号的奇偶分解为两个子序列,由这两个子序列分别计算 $X_{\mathrm{de}}(k)$和 $X_{\mathrm{do}}(k)$,它们分别是 4 阶矩阵计算. 同样,为了计算 $X_{\mathrm{de}}(k)$和 $X_{\mathrm{do}}(k)$,把这两个子序列按其序号的奇偶进一步分解为四个子子序列,由四个子子序列分别计算 $X_{\mathrm{dee}}(k)$,$X_{\mathrm{deo}}(k)$,$X_{\mathrm{doe}}(k)$,$X_{\mathrm{doo}}(k)$,它们都是 2 阶矩阵计算,这是能够分解的最低阶数.

FFT 采用的是倒推计算,按照式(10.43)和式(10.44),由两点序列开始计算,逐级向后,最后得到 $X_{\mathrm{d}}(k)$. $N=8$ 序列的 FFT 的倒推计算过程如下:

$$\begin{cases} X_{\mathrm{dee}}(0) = x_{\mathrm{d}}(0) + W_2^0 x_{\mathrm{d}}(4), \\ X_{\mathrm{dee}}(1) = x_{\mathrm{d}}(0) - W_2^0 x_{\mathrm{d}}(4); \end{cases} \tag{10.45}$$

$$\begin{cases} X_{\mathrm{deo}}(0) = x_{\mathrm{d}}(2) + W_2^0 x_{\mathrm{d}}(6), \\ X_{\mathrm{deo}}(1) = x_{\mathrm{d}}(2) - W_2^0 x_{\mathrm{d}}(6); \end{cases} \tag{10.46}$$

$$\begin{cases} X_{\mathrm{doe}}(0) = x_{\mathrm{d}}(1) + W_2^0 x_{\mathrm{d}}(5), \\ X_{\mathrm{doe}}(1) = x_{\mathrm{d}}(1) - W_2^0 x_{\mathrm{d}}(5); \end{cases} \tag{10.47}$$

$$\begin{cases} X_{\mathrm{doo}}(0) = x_{\mathrm{d}}(3) + W_2^0 x_{\mathrm{d}}(7), \\ X_{\mathrm{doo}}(1) = x_{\mathrm{d}}(3) - W_2^0 x_{\mathrm{d}}(7); \end{cases} \tag{10.48}$$

$$\begin{cases} X_{\mathrm{de}}(0) = X_{\mathrm{dee}}(0) + W_4^0 X_{\mathrm{deo}}(0), \\ X_{\mathrm{de}}(1) = X_{\mathrm{dee}}(1) + W_4^1 X_{\mathrm{deo}}(1), \\ X_{\mathrm{de}}(2) = X_{\mathrm{dee}}(0) - W_4^0 X_{\mathrm{deo}}(0), \\ X_{\mathrm{de}}(3) = X_{\mathrm{dee}}(1) - W_4^1 X_{\mathrm{deo}}(1); \end{cases} \tag{10.49}$$

$$\begin{cases} X_{\mathrm{do}}(0) = X_{\mathrm{doe}}(0) + W_4^0 X_{\mathrm{doo}}(0), \\ X_{\mathrm{do}}(1) = X_{\mathrm{doe}}(1) + W_4^1 X_{\mathrm{doo}}(1), \\ X_{\mathrm{do}}(2) = X_{\mathrm{doe}}(0) - W_4^0 X_{\mathrm{doo}}(0), \\ X_{\mathrm{do}}(3) = X_{\mathrm{doe}}(1) - W_4^1 X_{\mathrm{doo}}(1); \end{cases} \tag{10.50}$$

$$\begin{cases} X_{\mathrm{d}}(0) = X_{\mathrm{de}}(0) + W_8^0 X_{\mathrm{do}}(0), \\ X_{\mathrm{d}}(1) = X_{\mathrm{de}}(1) + W_8^1 X_{\mathrm{do}}(1), \\ X_{\mathrm{d}}(2) = X_{\mathrm{de}}(2) + W_8^2 X_{\mathrm{do}}(2), \\ X_{\mathrm{d}}(3) = X_{\mathrm{de}}(3) + W_8^3 X_{\mathrm{do}}(3), \\ X_{\mathrm{d}}(4) = X_{\mathrm{de}}(0) - W_8^0 X_{\mathrm{do}}(0), \\ X_{\mathrm{d}}(5) = X_{\mathrm{de}}(1) - W_8^1 X_{\mathrm{do}}(1), \\ X_{\mathrm{d}}(6) = X_{\mathrm{de}}(2) - W_8^2 X_{\mathrm{do}}(2), \\ X_{\mathrm{d}}(7) = X_{\mathrm{de}}(3) - W_8^3 X_{\mathrm{do}}(3); \end{cases} \tag{10.51}$$

以上的计算过程可用图 10-4 所示的蝶形图表示. 当 $N=8$ 时,要进行 3 级蝶形运算;当 $N=2^M$ 时,要进行 M 级蝶形计算.

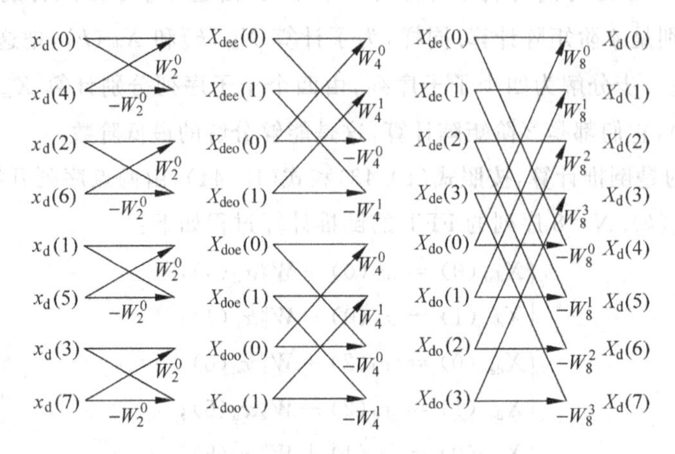

图 10-4　FFT 算法的蝶形图($N=8$)

在图 10-4 中,左边的 $x_d(n)$没有按自然顺序从小到大排列,而是按照码位倒序的方法排列. 码位倒序的过程是,先把按自然顺序排列的十进制数的序数转换为二进制数,然后把各二进制数按位颠倒,再把倒位后的二进制数转换为十进制数,由此得到新的序数排列,即为码位倒序. 表 10-2 所示是 $N=8$ 时的码位倒序. 当 $x_d(n)$按码位倒序的顺序排列时,按图 10-4 蝶形图计算得到的 $X_d(k)$正好按自然顺序排列.

表 10-2　自然顺序与码位倒序($N=8$)

十进制数	二进制数	二进制数的码位倒序	码位倒序后的十进制数
0	000	000	0
1	001	100	4
2	010	010	2
3	011	110	6
4	100	001	1
5	101	101	5
6	110	011	3
7	111	111	7

由图 10-4 可见,每一级蝶形运算只和它前一级的结果有关,和再前一级的结果无关,因此计算过程中不需要保存原始数据和中间数据,一级蝶形计算的输出数据可以覆盖其输入数据,由此可以减少内存占用,降低对存储空间的要求.

当 $N=8$ 时,采用 DFT 定义式进行计算,需要 64 次复数乘和 56 次复数加. 如采用

图 10-4 所示的 FFT 算法进行计算，总共需要 12 次复数乘和 24 次复数加，FFT 的运算量显著减少. 随着 N 的增加，FFT 运算量的减少将更加显著.

以上介绍的仅是 FFT 的典型算法，实际中还会遇到其他形式的算法，基本原理相同.

离散傅里叶变换 DFT 和逆变换 IDFT 是对称的，因此 FFT 的算法也可以应用于 IDFT，其差别在于，在正变换时，$W_N = e^{-j\frac{2\pi}{N}}$；而在逆变换时，$W_N = e^{j\frac{2\pi}{N}}$.

10.5　离散傅里叶变换的应用

离散傅里叶变换 DFT 及其快速算法 FFT 在实际中有非常广泛的应用，频谱分析和求卷积是两个典型的应用场合.

10.5.1　信号的频谱分析

DFT 和 FFT 既可以分析周期信号的频谱，也可以分析非周期信号的频谱. 在进行信号分析时，需要对信号进行抽样和截取，抽样间隔 T_s 和截取长度 T_1 直接影响频谱分析的结果和误差.

1. 抽样率和频谱的频率范围

抽样率 f_s 表示单位时间的抽样次数，有 $f_s = \frac{1}{T_s} = \frac{\omega_s}{2\pi}$，单位为 Sample/s 或 S/s. 抽样率决定信号频谱分析的频率范围，离散傅里叶变换 DFT(FFT) 计算得到信号 $(0,\omega_s)$ 或 $(0,f_s)$ 频率范围的频谱分布，表示的实际频率范围是 $\left(0,\frac{\omega_s}{2}\right)$ 或 $\left(0,\frac{f_s}{2}\right)$. 要增加信号频谱分析的频率范围，必须提高抽样率.

2. 抽样率和混叠误差

在对信号抽样时，如果抽样率不满足抽样定理，则产生混叠误差. 信号频谱混叠的关系如图 10-5 所示. 设信号频率有限，最高角频率为 ω_m. 如果信号抽样角频率为 ω_s，则当 $\omega_s \geqslant 2\omega_m$ 时，不出现混叠；当 $\omega_s < 2\omega_m$ 时，出现混叠. 在图 10-5 中，B1 频段为无混叠频段，FFT 的结果是准确的；B2 频段和 B3 频段相互混叠，FFT 的结果存在误差.

可以通过提高抽样率避免和减小混叠，但会导致数据量和计算量的增加. 实际中消除混叠的另一种方法是对抽样前的信号进行低通滤波，滤除无用的高频分量，保证有用信号频段不被混叠. 在图 10-5 中，如果滤除 B5 频段的信号分量，可使 B4 频段没有混叠；如果

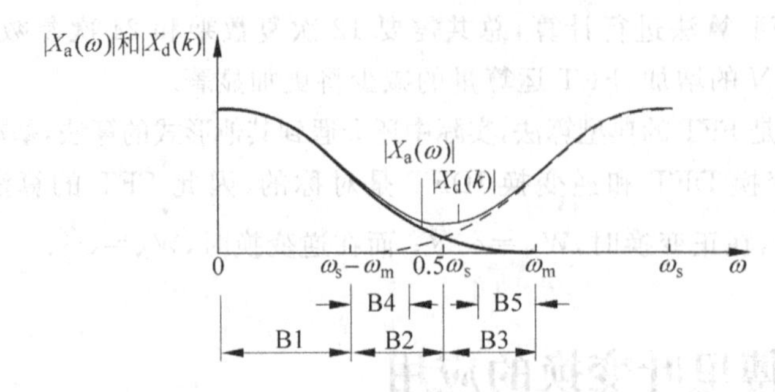

图 10-5　抽样率选择和混叠误差

滤除 B3 频段的信号分量，可使得 B2 频段没有混叠.

3. 抽样长度和频谱的频率分辨率

基于时域的 N 个离散值，DFT(FFT)计算得到频域的 N 离散值，每个频域离散值给出信号频谱的一根谱线，相邻两根谱线之间的离散角频率的间隔是 $\theta_1=\dfrac{2\pi}{N}$，对应连续角频率的间隔是 $\omega_1=\dfrac{2\pi}{T_1}=\dfrac{\omega_s}{N}$，$\omega_1\left(\text{或 } f_1=\dfrac{\omega_1}{2\pi}\right)$称为频谱分析的频率分辨率. 抽样长度 T_1 决定频率分辨率，T_1 越大，频率分辨率越高.

当抽样率 f_s 一定时，抽样点数 N 越多，频率分辨率越高. 在进行非周期信号的频谱分析时，通过增加抽样长度或给数据补零可以提高频率分辨率. 在周期信号的频谱分析时，需要满足完整周期抽样，因此不能任意增加抽样长度，而应该增加整周期的长度，即抽样多个完整周期.

4. 抽样长度和泄漏误差

DFT(FFT)分析周期信号时，如果没有进行完整周期抽样，将产生泄漏误差. 为了避免或减小泄漏误差，抽样间隔的选择应尽量满足完整周期抽样.

DFT(FFT)分析非周期信号时，如果信号被截断，则产生泄漏误差. 消除或减小泄漏误差的方法是增加抽样长度，但增加序列长度将显著增加计算工作量，这是一对矛盾，需要根据实际情况进行取舍.

5. FFT 算法对抽样长度的要求

FFT 算法对序列长度有要求，如 $N=2^M$，在这种情况下，需要首先根据频率范围、频率分辨率和误差的要求确定一个最低限度的抽样率和抽样长度，然后再根据 FFT 对序列长度的要求，向冗余的方向调整抽样率和抽样长度，同时满足频率范围、频率分辨率、误差和序列长度的要求.

例 10.2 利用 FFT 分析一连续非周期信号的频谱,要求频率分辨率 $f_1=100\text{Hz}$,最高频率 $f_m=3\text{kHz}$,确定抽样率和抽样长度.

解 抽样间隔 T_s 应符合抽样定理,即

$$T_s<\frac{1}{2f_m}=\frac{1}{2\times3\times10^3}=166.7\mu\text{s}; \tag{10.52}$$

抽样长度 T_1 与频率分辨率成反比,为

$$T_1=\frac{1}{f_1}=\frac{1}{100}=10\text{ms}; \tag{10.53}$$

抽样点数 N 为

$$N\geqslant\frac{T_1}{T_s}=\frac{10\times10^3}{166.7\times10^3}=60; \tag{10.54}$$

取 $N=2^M$,有

$$N=2^6=64. \tag{10.55}$$

再修正 T_s,得

$$T_s=\frac{T_1}{N}=\frac{10\times10^3}{64}=156.3\mu\text{s}. \tag{10.56}$$

10.5.2 快速卷积

已知系统的单位样值响应 $h_d(n)$,通过线卷积可以计算系统对任意输入 $e_d(n)$的零状态响应 $r_d(n)$,有 $r_d(n)=e_d(n)*h_d(n)$. 线卷积可以根据定义进行计算,也可以利用 FFT 进行计算. 设 $e_d(n)$的长度为 N,$h_d(n)$的长度为 M,根据 DFT(FFT)的圆周卷积特性,有

$$\begin{aligned}\text{FFT}[e_d(n)*h_d(n)]&=\text{FFT}[e_{d0}(n)\circledast h_{d0}(n)]\\&=\text{FFT}[e_{d0}(n)]\text{FFT}[h_{d0}(n)],\end{aligned} \tag{10.57}$$

其中 $e_{d0}(n)$和 $h_{d0}(n)$是 $e_d(n)$和 $h_d(n)$补零至长度 $N+M-1$. 由此求得

$$e_d(n)*h_d(n)=\text{IFFT}\{\text{FFT}[e_{d0}(n)]\text{FFT}[h_{d0}(n)]\}. \tag{10.58}$$

图 10-6 所示是借助 FFT 计算线卷积的过程. 利用 FFT 计算线卷积需要做 3 次 FFT 运算. 当序列长度较短时,与直接卷积相比,FFT 的方法并不减少计算量,甚至可能更多. 但当序列较长时,FFT 的方法将显示出速度上的显著优点. 此外,求解离散系统对激励的响应时,系统单位样值响应的 FFT 结果 $H_d(k)$通常已确定并置于存储器中,因此利用 FFT 计算线卷积实际只需进行 2 次 FFT 运算.

利用 FFT 计算线卷积比较适于两个序列长度接近的情况,如果两个序列长度相差很大,短序列需要大量补零,则无谓增大计算量. 在序列长度差别很大的场合,可对长序列分段,每一子段序列分别进行线卷积,然后把结果按时移关系叠加,得到最终的线卷积结果.

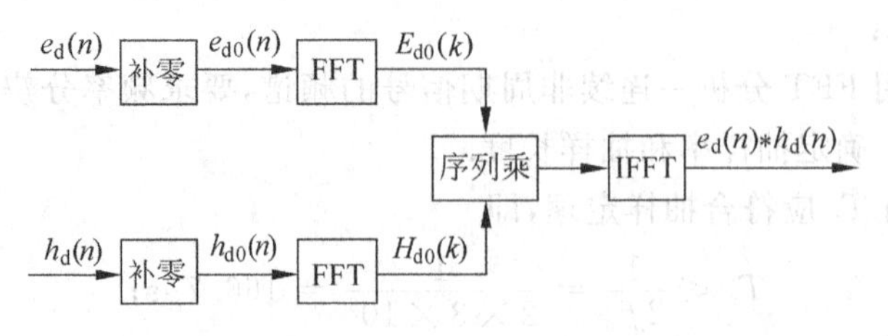

图 10-6 利用 FFT 计算线卷积的过程框图

习题

10.1 已知序列 $e_d(n)=\{4,3,2,1\}$ 和 $h_d(n)=\{5,4,3,2,1\}$，利用圆周卷积的方法求此两序列的线卷积.

10.2 一信号中有 4kHz,8kHz,14kHz 和 26kHz 几种频率分量，现以 10kS/s 的采样率对此信号进行抽样，试问其中哪些频率分量会相互混叠？

10.3 已知一连续周期信号，最高频率 $f_m=800\text{kHz}$，现以 $f_s=1400\text{kS/s}$ 的抽样频率对其进行抽样，并用离散傅里叶变换进行频谱分析，请问在哪个频段的频谱分析结果是准确的？

10.4 已知连续周期信号 $x_a(t)$，周期为 20ms，对其抽样，并利用 FFT 进行频谱分析，要求频率范围等于或大于 500Hz，频率分辨率等于或高于（谱线间隔等于或小于）20Hz，抽样长度满足 2^M. 请确定抽样时间间隔 T_s 和序列长度 N.

10.5 给定连续信号 $x_a(t)=32\cos\left(2\pi t-\frac{\pi}{4}\right)+16\cos\left(10\pi t+\frac{\pi}{4}\right)$，对该信号抽样，采用 MATLAB 软件的 FFT 功能对此信号进行频谱分析（幅值谱和相位谱），观测抽样频率、抽样长度（单周期和多周期）、完整周期和非完整周期抽样等因素对频谱分析结果的影响.

第 11 章　模拟和数字滤波器

在模拟信号和数字信号处理中，信号滤波有着最广泛的应用. 实现滤波功能的系统称为滤波器. 信号经过滤波器后，各频率分量的幅值以不同的程度被衰减，相位也以一定的规律被移位，滤波的结果使得一些频段的信号分量被抑制. 如果滤波系统的输入和输出都是模拟信号，称为模拟滤波器；如果系统的输入和输出都是数字信号，则称为数字滤波器. 数字滤波器可以由计算软件来实现. 随着数字化技术的发展，数字滤波的应用日益广泛.

本章学习模拟滤波和数字滤波的基本知识，借此加深对前面各章所学知识的理解.

11.1　信号不失真传输

图 11-1 所示是一个稳定的线性时不变连续系统，其单位冲击响应为 $h_a(t)$，系统函数为 $H_a(s)=\mathcal{L}[h_a(t)]$，系统频率响应特性为 $H_a(\omega)=\mathcal{F}[h_a(t)]=H_a(s)|_{s=j\omega}$. 给定系统输入信号 $e_a(t)$，零状态下产生输出信号 $r_a(t)$，输出信号和输入信号满足关系：

$$r_a(t)=e_a(t)*h_a(t), \tag{11.1}$$

$$R_a(s)=E_a(s)H_a(s), \tag{11.2}$$

$$R_a(\omega)=E_a(\omega)H_a(\omega), \tag{11.3}$$

$$\begin{aligned}|R_a(\omega)|e^{j\phi_{ar}(\omega)}&=|E_a(\omega)|e^{j\phi_{ae}(\omega)}|H_a(\omega)|e^{j\phi_{ah}(\omega)}\\&=|E_a(\omega)||H_a(\omega)|e^{j[\phi_{ae}(\omega)+\phi_{ah}(\omega)]},\end{aligned} \tag{11.4}$$

$$|R_a(\omega)|=|E_a(\omega)||H_a(\omega)|, \tag{11.5}$$

$$\phi_{ar}(\omega)=\phi_{ae}(\omega)+\phi_{ah}(\omega). \tag{11.6}$$

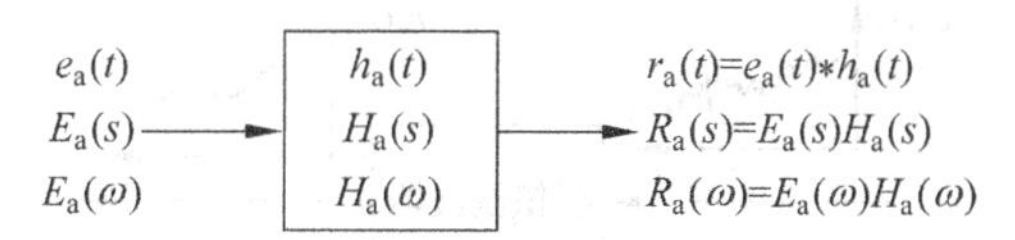

图 11-1　线性系统的信号关系

所谓信号不失真传输，即系统的输出信号 $r_a(t)$ 和输入信号 $e_a(t)$ 在波形上相似，在时间上可以存在延时，满足关系

$$r_a(t)=Ke_a(t-t_0), \tag{11.7}$$

其中 K 为表示系统衰减或增益的常数，t_0 为表示系统响应延时的常数.对上式做傅里叶变换，得频域关系

$$R_a(\omega)=KE_a(\omega)\mathrm{e}^{-\mathrm{j}\omega t_0}. \tag{11.8}$$

由此得系统的频率响应特性

$$H_a(\omega)=\frac{R_a(\omega)}{E_a(\omega)}=K\mathrm{e}^{-\mathrm{j}\omega t_0}. \tag{11.9}$$

幅频特性和相频特性分别为

$$|H_a(\omega)|=K, \tag{11.10}$$

$$\phi_{ah}(\omega)=-\omega t_0. \tag{11.11}$$

此二关系式表明，系统无失真传输的条件是：(1)系统的幅频特性是一常数，对所有频率分量做相同程度的衰减或放大；(2)相频特性为一过原点的直线，各频率分量的相移和其频率成线性，即线性相位特性.当相频特性满足条件、幅频特性不满足条件时，此时产生的信号失真称为幅度失真.当幅频特性满足条件、相频特性不满足条件时，此时产生的信号失真称为相位失真.当幅频特性和相频特性均不满足条件时，幅度失真和相位失真同时存在.

信号通过线性系统所产生的失真称为线性失真.在线性失真情况下，输出信号和输入信号相比各频率分量之间的相对幅值关系和相对相位关系发生了变化，但是没有产生新的频率分量.

11.2 理想模拟滤波器和系统物理可实现条件

信号通过滤波器时，允许通过的频带称为通带，被抑制的频带称为阻带.图 11-2 是一个低通模拟滤波器示意图，输入信号经过滤波器后，其低频分量得以有效保留，高频分量被显著抑制.

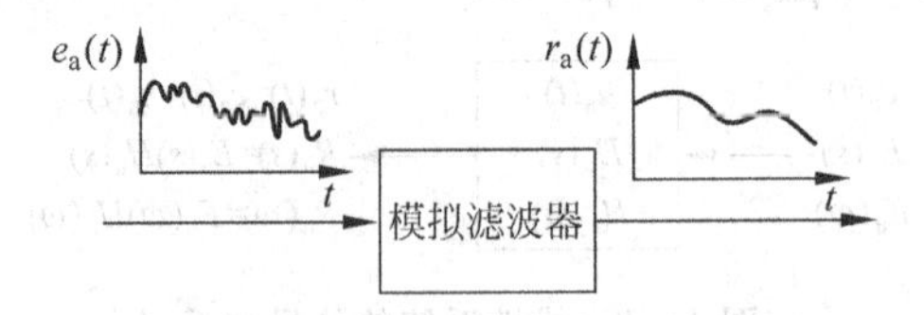

图 11-2 模拟低通滤波器示意图

系统频率响应特性 $H_a(\omega)$ 能够描述滤波器的滤波特性，幅频特性 $|H_a(\omega)|$ 描述了滤波器输出信号和输入信号相应频率分量的幅值关系.理想滤波器的幅频特性具有垂直的通带边沿，且通带内幅频特性为恒定常数、阻带内幅频特性为零，图 11-3 所示是四种不同

类型理想模拟滤波器的幅频特性，分别为低通、高通、带通和带阻.

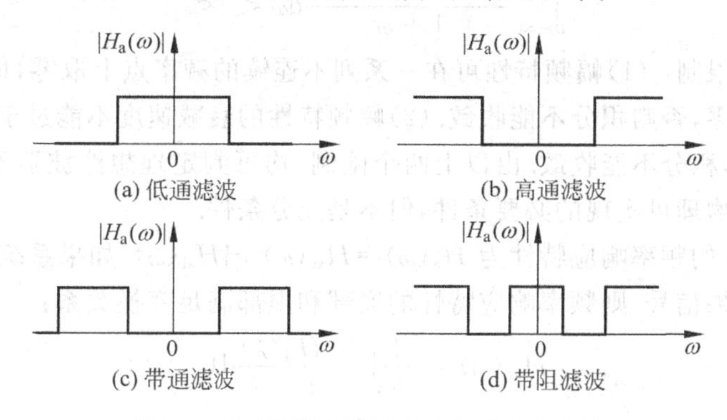

图 11-3　不同类型理想滤波器的频率特性

实际中无法获得具有理想滤波特性的滤波器，即理想滤波器是物理不可实现的. 系统物理可实现性的本质是系统的因果性，实际中无法实现一个非因果系统.

考察理想低通滤波器，设其频率响应特性 $H_a(\omega)$ 如图 11-4(a)所示，对其进行傅里叶逆变换，得此滤波器的单位冲激响应 $h_a(t)$ 如图 11-4(b)所示，它是一个延时 t_0 的抽样信号. 此波形表明，在 $t=0$ 时刻作用于此滤波器一个单位冲激信号，其响应是一个抽样信号，它从 $t=-\infty$ 开始出现. 实际中无法实现一个物体系统，在激励信号出现之前，响应信号已开始出现.

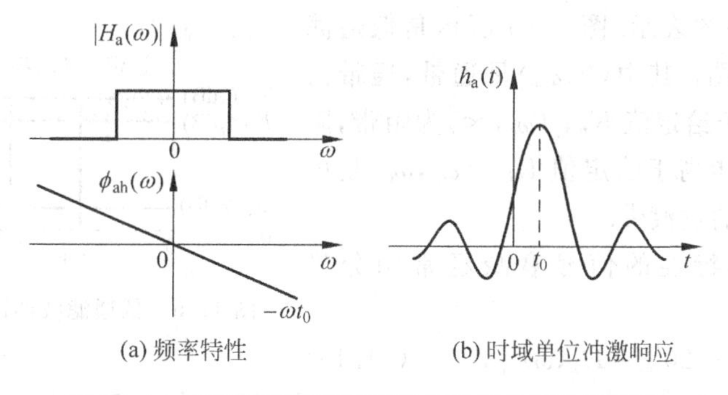

图 11-4　理想低通滤波器频率特性和单位冲激响应

佩利-维纳准则提供了从频域判断一个系统是否物理可实现的必要条件. 如果系统物理可实现，则系统函数需要满足平方可积：

$$\int_{-\infty}^{\infty} |H_a(\omega)|^2 \mathrm{d}\omega < \infty. \tag{11.12}$$

更进一步，其幅频特性 $|H_a(\omega)|$ 需要满足

$$\int_{-\infty}^{\infty}\frac{|\ln|H_a(\omega)||}{1+\omega^2}\mathrm{d}\omega<\infty. \tag{11.13}$$

此条件包含两个限制：(1)幅频特性可在一系列不连续的频率点上取零，但不能在一个连续的频率区间取零，否则积分不能收敛.(2)幅频特性的衰减速度不能过于迅速，当衰减速度超过指数阶时，积分不能收敛.由以上两个限制，均可判定理想滤波器不可实现.佩利-维纳准则是系统物理可实现的必要条件，但不是充分条件.

此外，设系统的频率响应特性为 $H_a(\omega)=H_{ar}(\omega)+\mathrm{j}H_{ai}(\omega)$，如果系统为因果系统，单位冲激响应为因果信号，则频率响应特性的实部和虚部满足变换关系：

$$H_{ar}(\omega)=\frac{1}{\pi}\int_{-\infty}^{\infty}\frac{H_{ai}(\lambda)}{\omega-\lambda}\mathrm{d}\lambda, \tag{11.14}$$

$$H_{ai}(\omega)=-\frac{1}{\pi}\int_{-\infty}^{\infty}\frac{H_{ar}(\lambda)}{\omega-\lambda}\mathrm{d}\lambda, \tag{11.15}$$

此变换关系称为希尔伯特变换.由此得，如果系统物理可实现，其频率响应特性的实部和虚部满足希尔伯特变换.

11.3 模拟滤波器——巴特沃兹低通滤波器

理想滤波器是物理不可实现的，实际滤波器设计需要给出通带、阻带和它们之间的过渡带，通常用容差图表示.图 11-5 所示是低通滤波器设计的容差图，其中 $(0,\omega_p)$ 是通带，通带内 $|H_a(\omega)|$ 不能低于给定值 K_p；(ω_e,∞) 为阻带，阻带内 $|H_a(\omega)|$ 不能高于给定值 K_e；(ω_p,ω_e) 是由通带过渡到阻带的过渡带.

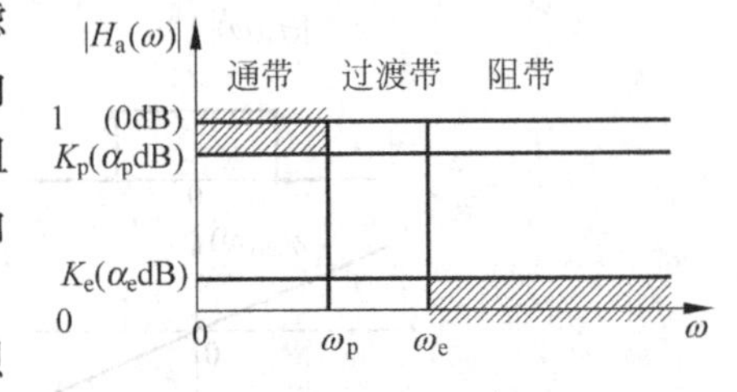

图 11-5 低通滤波器设计频域容差图

滤波器幅频特性的信号衰减经常用分贝表示，

$$\alpha=-20\lg|H_a(\omega)|, \tag{11.16}$$

单位为 dB，称为分贝.当 $|H_a(\omega)|=1$ 时，$\alpha=0$；当 $|H_a(\omega)|=K_p$ 时，$\alpha=\alpha_p=-20\lg K_p$；当 $|H_a(\omega)|=K_e$ 时，$\alpha=\alpha_e=-20\lg K_e$；当 $|H_a(\omega)|\to 0$ 时，$\alpha\to\infty$.在图 11-5 的容差图中，如果用分贝表示，则要求通带内的信号衰减小于 α_p dB，阻带内的信号衰减大于 α_e dB.

滤波器设计就是构造一个物理可实现的系统，满足给定的容差要求.显然，满足同样的容差要求，设计结果不是唯一的.为了工程设计的方便，人们建立了一些规范的滤波器类型和设计步骤，如巴特沃兹滤波器、切比雪夫滤波器、椭圆滤波器等.滤波器的内容非常丰富，在此仅介绍巴特沃兹低通滤波器的设计原理.

11.3.1　巴特沃兹滤波器特性

巴特沃兹滤波器具有如下的幅频特性：

$$|H_a(\omega)| = \frac{1}{\sqrt{1+(\omega/\omega_c)^{2n}}}, \tag{11.17}$$

其中 ω_c 称为滤波器的截止角频率，n 为滤波器的阶数，幅频特性曲线如图 11-6 所示. 巴特沃兹滤波器在 $\omega=0$ 附近比较平直，通带和阻带单调下降；随着阶数 n 的增加，频率特性接近理想滤波器；对于任何 n 值，在 ω_c 频点的衰减都是 3dB.

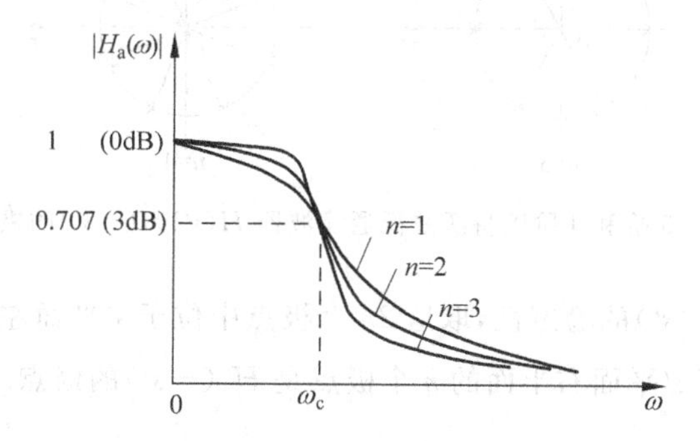

图 11-6　低通滤波器设计频域容差图

现在需要构造系统 $H_a(s)$，它具有式(11.17)的频率响应特性. 系统频率响应特性满足关系

$$|H_a(\omega)|^2 = H_a(\omega)H_a^*(\omega). \tag{11.18}$$

因为滤波器是稳定系统，所以有

$$H_a(\omega) = H_a(s)\big|_{s=j\omega}. \tag{11.19}$$

因为实际滤波器的单位冲激响应 $h_a(t)$ 是实信号，所以 $H_a(\omega)$ 的实部是偶函数，虚部是奇函数，因此有

$$H_a^*(\omega) = H_a(-\omega). \tag{11.20}$$

根据以上各式，有

$$|H_a(\omega)|^2 = H_a(\omega)H_a(-\omega), \tag{11.21}$$

$$|H_a(s)|^2 = H_a(s)H_a(-s) = |H_a(\omega)|^2_{\omega=s/j}. \tag{11.22}$$

把式(11.17)代入式(11.22)，得

$$H_a(s)H_a(-s) = \frac{1}{1+(s/j\omega_c)^{2n}}. \tag{11.23}$$

令 $s/\omega_c = s'$，得频率归一化表达式

$$H_a(s')H_a(-s') = \frac{1}{1+(s'/\mathrm{j})^{2n}}. \tag{11.24}$$

求此式分母多项式的 $2n$ 个根，可得 $H_a(s')H_a(-s')$ 的 $2n$ 个极点，有

$$p_k = \mathrm{j}(-1)^{\frac{1}{2n}} = \mathrm{e}^{\mathrm{j}\left[\frac{\pi}{2}+\frac{1}{2n}(2k\pi-1)\right]},\quad k=1,2,\cdots,2n. \tag{11.25}$$

这 $2n$ 个极点均匀分布在 s' 平面上以原点为圆心的单位圆上，且以虚轴为对称轴成对分布，在虚轴上没有极点. 图 11-7 所示是 $n=3$ 和 $n=4$ 时的极点分布.

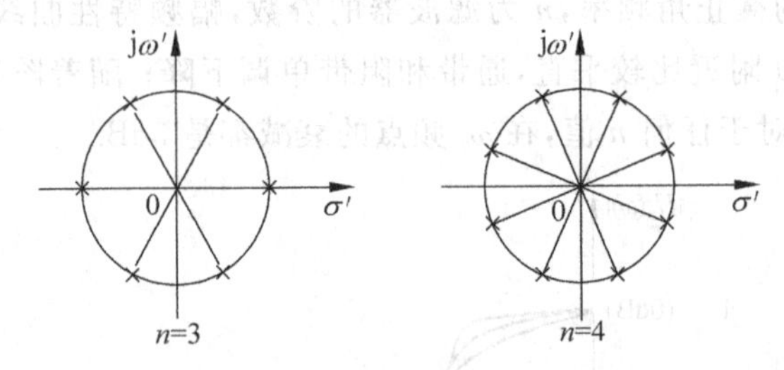

图 11-7 3 阶和 4 阶巴特沃兹低通滤波器 $H(s')H(-s')$ 的极点分布

为了满足系统 $H_a(s')$ 的稳定性，取这 $2n$ 个极点中位于 s' 平面左半面的 n 个极点作为 $H_a(s')$ 的极点，则位于 s' 平面右半面的 n 个极点是 $H_a(-s')$ 的极点. 由此构造了系统函数 $H_a(s')$.

以 s' 平面左半面的 n 个极点作为根的 n 阶多项式称为巴特沃兹多项式 $B_n(s')$，由此得到频率归一化的巴特沃兹低通滤波器的系统函数

$$H_a(s') = \frac{1}{B_n(s')}, \tag{11.26}$$

频率去归一化，得到所求滤波器的系统函数

$$H(s) = H(s')\big|_{s'=s/\omega_c} \tag{11.27}$$

各阶巴特沃兹多项式可制成表格，如表 11-1 所示，供使用查询.

表 11-1 频率归一化的巴特沃兹多项式

阶次 n	巴特沃兹多项式
1	$s'+1$
2	$(s')^2+\sqrt{2}s'+1$
3	$(s')^3+2(s')^2+2s'+1$
4	$(s')^4+2.613(s')^3+3.414(s')^2+2.613s'+1$
5	$(s')^5+3.236(s')^4+5.236(s')^3+5.236(s')^2+3.236s'+1$
6	$(s')^6+3.864(s')^5+7.464(s')^4+9.141(s')^3+7.464(s')^2+3.864s'+1$

11.3.2　巴特沃兹滤波器逼近

所谓逼近，就是根据给定的滤波器的容差要求，确定一个合理的滤波器的系统函数. 对于巴特沃兹滤波器，增加阶数 n 可获得更加理想的滤波效果，但同时也增加了系统的复杂性，因此逼近的过程通常是寻找满足容差要求的最简单的系统，下面是巴特沃兹滤波器逼近的一个例子.

例 11.1　根据以下模拟低通滤波器的容差要求设计巴特沃兹滤波器.

通带截止频率：$\omega_p=2\pi\times10^4$ rad/s，通带衰减：$\alpha_p\leqslant1$dB；

阻带截止频率：$\omega_e=4\pi\times10^4$ rad/s，阻带衰减：$\alpha_e\geqslant15$dB.

解　根据给定容差要求，有

$$-20\lg|H(\omega_p)|=-20\lg\left|\frac{1}{\sqrt{1+(\omega_p/\omega_c)^{2n}}}\right|\leqslant1, \tag{11.28}$$

$$-20\lg|H(\omega_e)|=-20\lg\left|\frac{1}{\sqrt{1+(\omega_e/\omega_c)^{2n}}}\right|\geqslant15. \tag{11.29}$$

由此两式得

$$(\omega_p/\omega_c)^{2n}=10^{\frac{1}{10}}-1, \tag{11.30}$$

$$(\omega_e/\omega_c)^{2n}=10^{\frac{15}{10}}-1. \tag{11.31}$$

两式相除得

$$n=\frac{1}{2}\lg\left(\frac{10^{\frac{1}{10}}-1}{10^{\frac{15}{10}}-1}\right)\Big/\lg\left(\frac{\omega_p}{\omega_e}\right)=3.443.$$

取满足要求的最小整数，得所需巴特沃兹滤波器的阶数为 $n=4$. 将 $n=4$ 代入式(11.30)，求得

$$\omega_c=1.19\times2\pi\times10^4\,\text{rad/s}.$$

若将 $n=4$ 代入式(11.31)，则得

$$\omega_c=1.30\times2\pi\times10^4\,\text{rad/s}.$$

显然，当 $1.19\times2\pi\times10^4\,\text{rad/s}\leqslant\omega_c\leqslant1.30\times2\pi\times10^4\,\text{rad/s}$ 时，都可满足设计要求.

查表 11-1 求 $n=4$ 的巴特沃兹多项式，得频率归一化的滤波器的系统函数

$$H_a(s')=\frac{1}{(s')^4+2.613(s')^3+3.414(s')^2+2.613s'+1}. \tag{11.32}$$

频率去归一化，求得所要的滤波器的系统函数

$$H_a(s)=\frac{\omega_c^4}{s^4+2.613\omega_c s^3+3.414\omega_c^2 s^2+2.613\omega_c^3 s+\omega_c^4}. \tag{11.33}$$

以上是巴特沃兹低通滤波器的设计原理和过程. 根据求得的 $H_a(s)$ 构造具体的系统

(如电路系统)是系统综合的内容,此处不再介绍.

11.4 数字滤波器

首先讨论离散信号中高频和低频的概念.观察离散复指数函数 $e^{j\theta n}$,该函数是复平面上的一个单位旋转向量,θ 为离散角频率,离散变量 n 每变化整数 1,$e^{j\theta n}$ 旋转角度 θ.

当离散角频率为 $\theta=2k\pi(k=0,\pm1,\pm2,\cdots)$ 时,n 每变化整数 1,$e^{j\theta n}$ 将旋转 k 周,回到原来的位置,表现为一个固定不变的向量.因此,对于离散信号,$\theta=2k\pi$ 是最低频.

当离散角频率为 $\theta=(2k+1)\pi(k=0,\pm1,\pm2,\cdots)$ 时,n 每变化整数 1,$e^{j\theta n}$ 将旋转 k 周半,处在以原点对称的位置,表现为正负交替变化的向量,也是离散向量的最快变化.因此,对于离散信号,$\theta=(2k+1)\pi$ 是最高频.

数字滤波器也有低通、高通、带通和带阻几种类型,图 11-8 所示是这 4 种类型理想数字滤波器的幅频特性.低通滤波是让靠近 $\theta=2k\pi$ 频段的信号低频分量通过,滤除高频分量;高通滤波是让靠近 $\theta=(2k+1)\pi$ 频段的信号高频分量通过,滤除低频分量;带通滤波是滤除靠近 $\theta=2k\pi$ 频段的低频分量和靠近 $\theta=(2k+1)\pi$ 频段的高频分量,让它们中间频段的信号分量通过;带阻滤波则正好和带通滤波相反.离散系统的频率响应特性是周期的,高频频段和低频频段也周期重复.

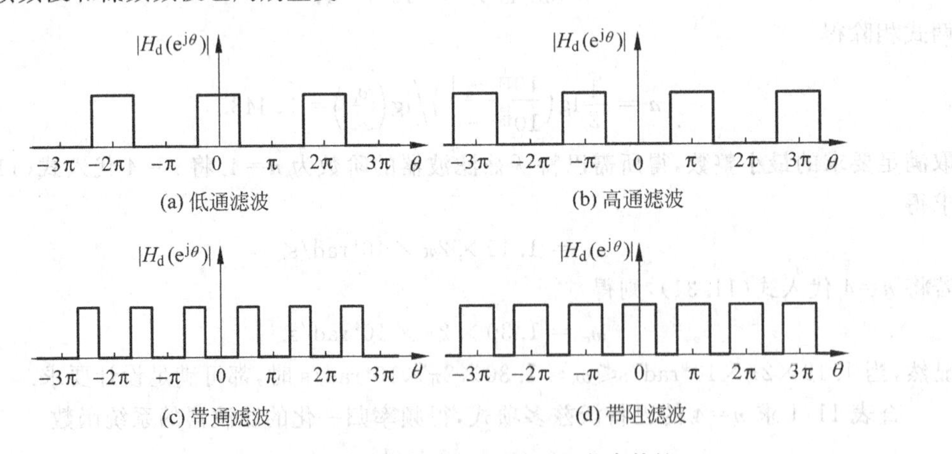

图 11-8 不同类型理想数字滤波器的频率特性

数字滤波器的设计就是构造一个离散系统(算法),对离散序列进行处理,实现所要求的滤波特性.当需要用数字滤波器对输入序列进行实时处理时,理想的滤波特性也是无法实现的.数字滤波的算法结构可分为递归算法和非递归算法.

1. 递归算法

递归算法的计算式形式为

$$r_{\mathrm{d}}(n)+\sum_{k=1}^{N}a_k r_{\mathrm{d}}(n-k)=\sum_{i=0}^{M}b_i e_{\mathrm{d}}(n-i), \tag{11.34}$$

$$r_{\mathrm{d}}(n)=\sum_{i=0}^{M}b_i e_{\mathrm{d}}(n-i)-\sum_{k=1}^{N}a_k r_{\mathrm{d}}(n-k), \tag{11.35}$$

其中至少有一个 $a_k\neq 0$. 在递归算法中，滤波器的当前输出 $r_{\mathrm{d}}(n)$既取决于当前的和历史的输入 $e_{\mathrm{d}}(n-i)(i=0,1,2,\cdots,M)$，还取决于历史的输出 $r_{\mathrm{d}}(n-k)(k=1,2,\cdots,N)$.

对式(11.34)取 Z 变换，得系统函数

$$H_{\mathrm{d}}(z)=\frac{R_{\mathrm{d}}(z)}{E_{\mathrm{d}}(z)}=\frac{\sum_{i=0}^{M}b_i z^{-i}}{1+\sum_{k=1}^{N}a_k z^{-k}}. \tag{11.36}$$

再取逆 Z 变换，得到滤波器的单位样值响应 $h_{\mathrm{d}}(n)$. 不难判断，式(11.36)形式的 $H_{\mathrm{d}}(z)$所对应的 $h_{\mathrm{d}}(n)$是无限长序列，因此采用递归算法的数字滤波器也称为无限冲激响应(IIR)滤波器.

2. 非递归算法

非递归算法的计算式形式为

$$r_{\mathrm{d}}(n)=\sum_{i=0}^{M}b_i e_{\mathrm{d}}(n-i). \tag{11.37}$$

在非递归算法中，滤波器的当前输出 $r_{\mathrm{d}}(n)$只与当前的和历史的输入 $e_{\mathrm{d}}(n-i)(i=0,1,2,\cdots,M)$有关，和历史的输出无关.

对式(11.37)取 Z 变换，得系统函数

$$H_{\mathrm{d}}(z)=\frac{R_{\mathrm{d}}(z)}{E_{\mathrm{d}}(z)}=\sum_{i=0}^{M}b_i z^{-i}, \tag{11.38}$$

所对应的系统单位样值响应 $h_{\mathrm{d}}(n)$是有限长 $M+1$，因此采用非递归算法的数字滤波器称为有限冲激响应(FIR)滤波器.

11.4.1 无限冲激响应滤波器

图 11-9 所示是无限冲激响应滤波器设计的一种方法，它是先按照容差要求设计模拟滤波器 $H_{\mathrm{a}}(s)$，然后通过 s 域和 z 域的映射，求得数字滤波器. 容差要求可能按照模拟滤

波器给出，也可能按照数字滤波器给出，它们之间可以转换.

前面介绍了巴特沃兹低通模拟滤波器的设计方法，把巴特沃兹低通滤波器的系统函数 $H_a(s)$ 由 s 域映射到 z 域，则可得到低通数字滤波器的系统函数 $H_d(z)$. 下面介绍由 s 域映射到 z 域的两种方法.

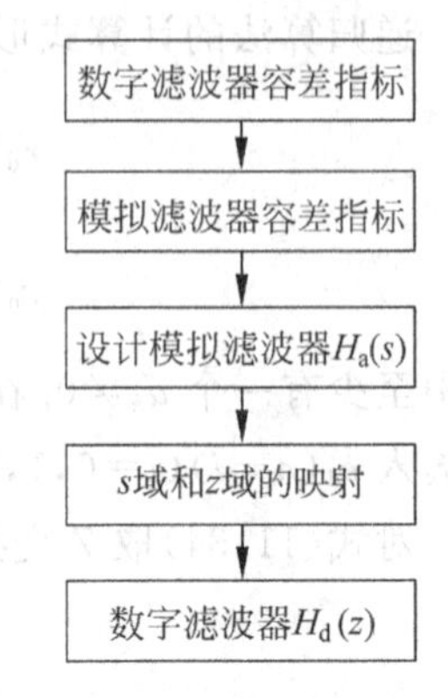

图 11-9　IIF 滤波器设计流程

1. 冲激响应不变法

所谓冲激响应不变法，即数字滤波器的单位样值响应 $h_d(n)$ 是对模拟滤波器的单位冲激响应 $h_a(t)$ 的抽样(可加上系数 T_s). 在冲激响应不变的情况下，如果数字滤波器的输入 $e_d(n)$ 是对模拟滤波器输入 $e_a(t)$ 的抽样(满足抽样定理)，则数字滤波器的输出 $r_d(n)$ 是对模拟滤波器输出 $r_a(t)$ 的抽样，因此，在信号抽样满足抽样定理的条件下，数字滤波器能够实现与模拟滤波器相同的滤波特性.

已知模拟滤波器的系统函数

$$H_a(s)=\frac{K}{s^n+a_{n-1}s^{n-1}+a_{n-2}s^{n-2}+\cdots+a_1s+a_0}$$
$$=\sum_{i=1}^{n}\frac{A_i}{s-p_i}, \tag{11.39}$$

按照冲激响应不变法，数字滤波器的系统函数为

$$H_d(z)=\sum_{i=1}^{n}\frac{A_iz}{z-e^{p_iT_s}}. \tag{11.40}$$

为了使数字滤波器和模拟滤波器的增益相等，加上系数 T_s，取

$$H_d(z)=T_s\sum_{i=1}^{n}\frac{A_iz}{z-e^{p_iT_s}}, \tag{11.41}$$

据此系统函数，即可建立数字滤波的算法.

在冲激响应不变法中，s 域和 z 域的映射关系为

$$z=e^{sT_s},\quad r=e^{\sigma T_s},\quad \theta=\omega T_s, \tag{11.42}$$

其中频率映射关系 $\theta=\omega T_s$ 是线性的.

在冲激响应不变法中，设定了对 $e_a(t)$ 和 $h_a(t)$ 的抽样都满足抽样定理，此时 $r_d(n)$ 是对 $r_a(t)$ 的准确抽样. 如果不满足这个条件，则存在误差. 对于巴特沃兹滤波器，频率响应特性 $H_a(\omega)$ 是频率无限的，因此对 $h_a(t)$ 的抽样必然存在混叠误差. 图 11-10 所示是巴特沃兹低通滤波器的幅频特性和由此构造的数字滤波器的幅频特性，由于混叠，数字滤波器的阻带与模拟滤波器相比上移，滤波特性变差.

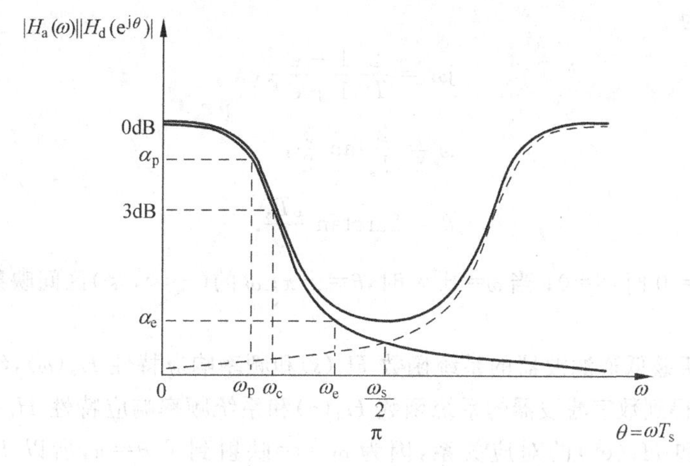

图 11-10　基于冲激响应不变法的滤波器的幅频特性

2. 双线性变换法

双线性变换法的目的是避免冲激响应不变法所存在的频谱混叠.双线性变换的映射关系为

$$s=\frac{2}{T_s}\frac{1-z^{-1}}{1+z^{-1}},\tag{11.43}$$

$$z=\frac{1+\frac{T_s}{2}s}{1-\frac{T_s}{2}s},\tag{11.44}$$

代入 $s=\sigma+\mathrm{j}\omega$ 和 $z=r\mathrm{e}^{\mathrm{j}\theta}$,得

$$\begin{aligned}r\mathrm{e}^{\mathrm{j}\theta}&=\frac{1+\frac{T_s}{2}(\sigma+\mathrm{j}\omega)}{1-\frac{T_s}{2}(\sigma+\mathrm{j}\omega)}\\&=\sqrt{\frac{\left(1+\frac{T_s}{2}\sigma\right)^2+\left(\frac{T_s}{2}\omega\right)^2}{\left(1-\frac{T_s}{2}\sigma\right)^2+\left(\frac{T_s}{2}\omega\right)^2}}\exp\left[\mathrm{j}\left(\arctan\frac{\frac{T_s}{2}\omega}{1+\frac{T_s}{2}\sigma}+\arctan\frac{\frac{T_s}{2}\omega}{1-\frac{T_s}{2}\sigma}\right)\right].\end{aligned}\tag{11.45}$$

在此式中,如果 $\sigma<0$,则 $r<1$,即 s 平面的左半平面映射为 z 平面的单位圆内,因此双线性变换的映射关系没有改变系统的稳定性.

此外,在式(11.45)中,如果 $\sigma=0$,则 $r=1$,即 s 平面的虚轴映射为 z 平面的单位圆,

频率映射关系为

$$j\omega = \frac{2}{T_s}\frac{1-e^{-j\theta}}{1+e^{-j\theta}}, \tag{11.46}$$

$$\omega = \frac{2}{T_s}\tan\frac{\theta}{2}, \tag{11.47}$$

$$\theta = 2\arctan\frac{\omega T_s}{2}. \tag{11.48}$$

此式显示，当 $\omega=0$ 时，$\theta=0$；当 $\omega=\pm\infty$时，$\theta=\pm\pi$；ω 的$(-\infty,\infty)$区间映射为 θ 的$(-\pi,\pi)$区间.

已知巴特沃兹低通滤波器的系统函数 $H_a(s)$和频率响应特性 $H_a(\omega)$，经过式(11.43)的双线性变换，得到数字滤波器的系统函数 $H_d(z)$和系统频率响应特性 $H_d(e^{j\theta})$. 图 11-11 所示是 $H_a(\omega)$和 $H_d(e^{j\theta})$的对应关系，因为 $\omega=\infty$映射到了 $\theta=\pi$，所以 $H_d(e^{j\theta})$避免了混叠.

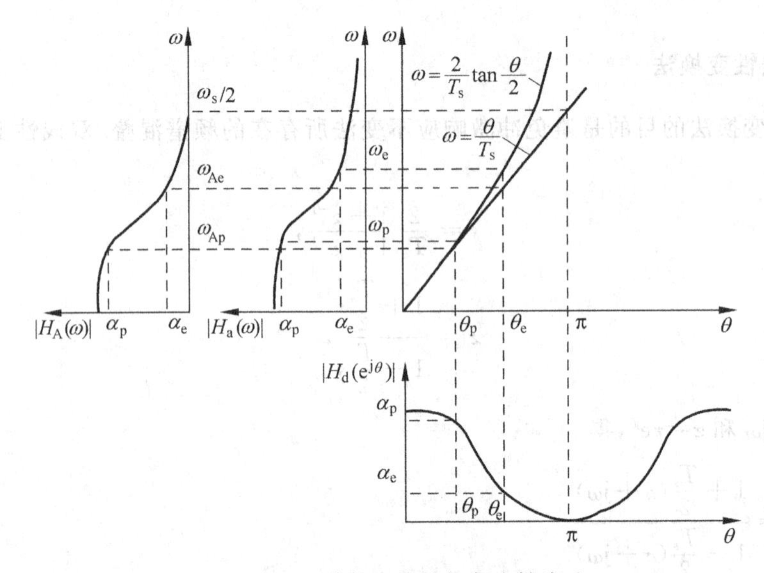

图 11-11　双线性变换的频率映射关系

现在有了数字滤波器 $H_d(e^{j\theta})$(暂且忘掉它是如何得来的)，按照冲激响应不变，它对应的模拟滤波器为 $H_A(\omega)$，滤波特性$|H_A(\omega)|$见图 11-11. 也就是说，数字滤波器 $H_d(e^{j\theta})$的单位样值响应 $h_d(n)$是对模拟滤波器 $H_A(\omega)$的单位冲激响应 $h_A(t)$的抽样. 也可以这样理解，采用双线性变换法由 $H_a(\omega)$构建出的 $H_d(e^{j\theta})$，相同于采用冲激响应不变法由 $H_A(\omega)$构建出的 $H_d(e^{j\theta})$，$H_A(\omega)$频率有限，避免了混叠. 因此，由双线性变换法所构建的低通滤波器 $H_d(e^{j\theta})$具有较好的高频抑制效果.

采用双线性变换法进行数字滤波器设计的步骤如下：

(1) 给定数字滤波的容差指标：(θ_p,α_p)和(θ_e,α_e)；

(2) 根据双线性频率映射关系 $\omega=\frac{2}{T_s}\tan\frac{\theta}{2}$，得到模拟滤波的容差指标：$(\omega_p,\alpha_p)$和$(\omega_e,\alpha_e)$；

(3) 根据模拟滤波的容差指标(ω_p,α_p)和(ω_e,α_e)，设计巴特沃兹滤波器 $H_a(s)$；

(4) 进行双线性变换，得到数字滤波器 $H_d(z)=H_a(s)\big|_{s=\frac{2}{T_s}\left(\frac{1-z^{-1}}{1+z^{-1}}\right)}$.

实际中也可能给出模拟滤波的容差指标来设计数字滤波器，此时需要进行容差指标的频率预校正. 滤波器设计步骤如下：

(1) 给定模拟滤波的容差指标：(ω_{Ap},α_p)和(ω_{Ae},α_e)，应视为滤波器 $H_A(\omega)$的容差指标；

(2) 根据线性频率映射关系 $\theta=\omega T_s$，得到数字滤波的容差指标：(θ_p,α_p)和(θ_e,α_e)；

(3) 根据双线性频率映射关系 $\omega=\frac{2}{T_s}\tan\frac{\theta}{2}$，得校正的模拟滤波的容差指标：$(\omega_p,\alpha_p)$和$(\omega_e,\alpha_e)$；

(4) 根据模拟滤波的容差指标(ω_p,α_p)和(ω_e,α_e)，设计巴特沃兹滤波器 $H_a(s)$；

(5) 进行双线性变换，得到数字滤波器 $H_d(z)=H_a(s)\big|_{s=\frac{2}{T_s}\left(\frac{1-z^{-1}}{1+z^{-1}}\right)}$.

11.4.2　有限冲激响应滤波器

有限冲激响应滤波器的设计有多种方法，常用的设计方法之一是窗函数法，本节简要介绍其原理.

如果要求设计的滤波器的频率响应特性为 $H_d(e^{j\theta})$，则它的单位样值响应为

$$h_d(n)=\frac{1}{2\pi}\int_{-\pi}^{\pi}H_d(e^{j\theta})e^{j\theta n}\,d\theta, \tag{11.49}$$

它可能是无限长的和非因果的. 现在需要寻找一个有限长样值响应的和因果的系统 $h_D(n)$，使其频率响应特性 $H_D(e^{j\theta})$逼近 $H_d(e^{j\theta})$，使所产生的均方误差

$$\varepsilon^2=\frac{1}{2\pi}\int_{-\pi}^{\pi}|H_D(e^{j\theta})-H_d(e^{j\theta})|^2\,d\theta \tag{11.50}$$

在允许的范围内.

所谓窗函数法，是用一个窗函数 $w_d(n)$乘以 $h_d(n)$，从而得到一个有限长单位样值响应 $h_d(n)w_d(n)$. 增大窗函数的宽度可以减小信号截取所产生的误差.

截取后的单位样值响应 $h_d(n)w_d(n)$可能是非因果的，通过右移序列可使其成为因果序列. 设右移 M 位后成为因果序列，则选择

$$h_D(n) = h_d(n-M)w_d(n-M), \tag{11.51}$$

所得滤波特性为

$$\begin{aligned} H_D(e^{j\theta}) &= \mathrm{DTFT}[h_d(n)w_d(n)]e^{-j\theta M} \\ &= [H_d(e^{j\theta}) * W_d(e^{j\theta})]e^{-j\theta M}. \end{aligned} \tag{11.52}$$

在以上过程中,信号乘以窗函数所产生的误差需要通过调整窗函数宽度和误差检验来控制.信号移位会使滤波器的输出产生延时,需要注意它对系统实时性的影响.

根据式(11.52),实际获得的滤波器的频率响应特性是期望的频率响应特性和窗函数的频谱密度函数的卷积,因此窗函数的选择对实际滤波特性有重要影响.实际中除了采用矩形窗函数外,还有其他的窗函数,如三角窗、汉宁窗、汉明窗和布莱克曼窗等.通过减小窗函数的窗沿陡度,可增加滤波器的阻带衰减.相关内容此处不再详细介绍.

例 11.2 设计长度 $N=13$ 的 FIR 数字滤波器,要求其频率响应特性逼近理想低通滤波器

$$H_d(e^{j\theta}) = \begin{cases} 1, & |\theta| < \dfrac{\pi}{5}, \\ 0, & \dfrac{\pi}{5} < |\theta| < \pi. \end{cases} \tag{11.53}$$

解 所逼近的理想数字滤波器的单位样值响应为

$$\begin{aligned} h_d(n) &= \frac{1}{2\pi}\int_{-\pi}^{\pi} H_d(e^{j\theta})e^{j\theta n}\,d\theta \\ &= \frac{1}{2\pi}\int_{-\pi/5}^{\pi/5} e^{j\theta n}\,d\theta \\ &= \frac{1}{5}\mathrm{Sa}\left(\frac{n\pi}{5}\right). \end{aligned} \tag{11.54}$$

选择长度为 $N=13$ 的窗函数

$$w_d(n) = \begin{cases} 1, & |n| \leqslant 6, \\ 0, & \text{其他}, \end{cases} \tag{11.55}$$

得

$$h_d(n)w_d(n) = \frac{1}{5}\mathrm{Sa}\left(\frac{n\pi}{5}\right), \quad n = -6, -5, -3, \cdots, 3, 4, 5, 6, \tag{11.56}$$

右移 $M=6$ 位,使其成为因果序列,得

$$h_D(n) = \frac{1}{5}\mathrm{Sa}\left[\frac{(n-6)\pi}{5}\right], \quad n = 0, 1, 2, 3, \cdots, 11, 12. \tag{11.57}$$

习题

11.1　已知模拟滤波器的系统函数为 $H_a(s)=\frac{3}{(s+1)(s+3)}$，试用冲激响应不变法求出相应的数字滤波器的系统函数 $H_d(z)$，并写出递归算式. 设定抽样周期 $T_s=0.5\text{s}$.

11.2　巴特沃兹低通滤波器容差要求如下：$\omega_p=10^4\pi\text{rad/s}$ 时，$\alpha_p\leqslant 3\text{dB}$；$\omega_e=5\times 10^4\pi\text{rad/s}$ 时，$\alpha_e\geqslant 40\text{dB}$；抽样周期 $T_s=10\mu\text{s}$. 用双线性变换法求出数字滤波器的系统函数 $H_d(z)$.

11.3　已知两个连续系统的系统函数 $H_{a1}(s)=\frac{1}{s+a}(a>0)$ 和 $H_{a2}(s)=\frac{s+a}{(s+a)^2+\left(\frac{2\pi}{T_s}\right)^2}(a>0)$，用冲激响应不变法将它们转换为离散系统（$T_s$ 为抽样间隔），试证明两离散系统具有相同的系统函数，即 $H_{d1}(z)=H_{d2}(z)$. 从物理概念上解释这一结果.